国家科学技术学术著作出版基金资助出版

现代竹结构

GluBam Structures

肖 岩 单 波 著

中国建筑工业出版社

图书在版编目（CIP）数据

现代竹结构/肖岩，单波著．—北京：中国建筑工业
出版社，2013.8（2025.2重印）
ISBN 978-7-112-15501-9

Ⅰ.①现…　Ⅱ.①肖…　②单…　Ⅲ.①竹结构—建筑
工程　Ⅳ.①TU759

中国版本图书馆 CIP 数据核字（2013）第 123989 号

责任编辑：王砾瑶　赵梦梅
责任设计：董建平
责任校对：张　颖　王雪竹

现代竹结构

肖 岩 单 波 著

*

中国建筑工业出版社出版、发行（北京西郊百万庄）
各地新华书店、建筑书店经销
华鲁印联（北京）科贸有限公司制版
北京中科印刷有限公司印刷

*

开本：787×1092毫米　1/16　印张：15½　字数：385千字
2013年8月第一版　2025年2月第二次印刷
定价：**47.00**元
ISBN 978 - 7 - 112 - 15501 - 9
（24066）

以竹子作为基本结构材料的现代竹结构是近年来出现的新型结构体系，已成为土木工程领域的一个新突破。本书是作者多年来有关胶合竹（GluBam）结构的研究以及工程实践的总结。全书共分为9章，包括：竹材作为现代建筑材料的前景、胶合竹的生产制造、胶合竹材及其力学性能、胶合竹结构构件的受力性能、胶合竹结构连接节点、胶合竹结构屋架、预制装配式竹结构板房的设计与建造、GluBam 胶合竹轻型框架结构房屋以及胶合竹结构桥梁的设计与建造，并在书后提供了近年来作者完成的胶合竹结构代表性工程。本书是国内外第一部全面系统介绍胶合竹结构研究以及工程应用的图书，希望能够给土木工程界提供一个新的结构体系的大致轮廓，推动竹结构的应用。

本书可供竹木结构设计与施工技术人员、科研人员使用，也可供从事竹材开发与利用的人员学习参考。

A modern structural system adopting bamboo as the basic structural material has become a new breakthrough in civil engineering, attracting more and more attentions in the trend towards the sustainable construction. This book combines the author's several years of research and engineering practice in developing glue laminated bamboo or GluBam. The book has 9 chapters, covering contents of the perspectives of bamboo as a modern building material; manufacture and mechanical properties of GluBam; mechanical behavior of structural components, joints; trusses made of GluBam; design and construction of prefabricated modular GluBam buildings, lightweight GluBam frame houses, and bridges. Several demonstration projects are also exhibited in the appendix. The book is the first of its kind systematically documenting the research development and applications of glue laminated bamboo structures. The author and the publisher hope the book can provide an overall framework of this new structural system for designers and researchers, to promote the applications of bamboo, which is one of the most valuable green materials.

序

　　竹子可以说是大自然赋予我们中国人的天然礼物。竹对中国人来说十分亲近，它已经融入我们生活的衣食住行，以及我们的文化里。古人苏轼在《于潜僧绿筠轩》中说："宁可食无肉，不可居无竹。无肉令人瘦，无竹令人俗。"竹又代表一种精神，一种坚韧顽强的精神，在某种意义上讲，这也是中国人性格的特质。

　　我们的祖先早就知道如何利用竹子建造各种房屋和桥梁。我们先民原始居住的"巢居"就采用了竹子。在南方一些地区，竹建筑一直是重要的建筑形式，甚至于"不瓦而盖，盖以竹；不砖而墙，墙以竹；不板而门，门以竹。其余若椽、若楞、若窗牖、若承壁，莫非竹者"（《粤西琐记》）。我国在20世纪50年代初期，由于钢材的匮乏，也一度在很多现代建筑中采用了竹材，如圆竹屋架和竹筋混凝土等。

　　人类的历史往往是以一种螺旋式的方式前进。在全世界关注可持续发展的今天，竹子作为一种绿色材料再次进入到建筑师和结构工程师的视野，国内外出现了研究竹材建筑和结构的一股热潮。在这方面，肖岩教授的课题组经过多年努力，在利用现代胶合技术制作和设计现代竹结构方面取得了一系列国际领先的科研和工程应用成果。这本《现代竹结构》专著正是作者的工作总结，涵盖了胶合竹的制造方法、环境影响、材料性能、构件性能和结构设计等方面，是比较完整的体系。笔者也曾参观过肖岩教授课题组设计并建造的竹结构示范建筑，印象深刻。

　　作为一位北方人，肖岩老师在盛产竹子的湖南做起了竹结构的学问，既是一种机缘，也是作者观察力和行动力的敏捷之处。笔者相信本书的出版会对竹材在现代建筑中的应用以及相关科学研究有非常积极的推动作用。

刘加平

刘加平
中国工程院院士、西安建筑科技大学教授

前　　言

当今社会，在工业和民用建筑以及交通建设领域，最主要的结构是钢筋混凝土和钢结构或二者的组合。经过一百多年的应用和考验，这些传统的结构形式通过合理的设计能够满足使用功能要求和环境耐久性要求，因而得到广泛应用，成为现代文明社会的基础。

随着社会的进步和经济的持续发展，传统的钢筋混凝土结构和钢结构也逐渐暴露出其固有缺陷，其中，最大的问题是建筑材料本身不环保，不符合当今可持续发展的要求。无论是钢材还是水泥的生产，都属于高能耗、高污染业的产品，生产过程中需要消耗大量能源，同时产生大量的废水、废气和废渣，严重影响了生态环境。在大力提倡可持续发展的今天，对传统建筑工业进行节能减排改造的同时，发展"绿色建筑"是必然的选择。开发新型材料、创新结构体系，在建筑领域的一定范围内，逐步取代钢和混凝土作为主要建筑材料和结构形式使用，这成为21世纪土木工程领域创新与变革的方向，也是土木工程这一较为传统学科所面临的挑战。

木结构属于绿色建筑，在欧美及工业化国家日本，现代木结构也占据了相当的市场。但中国由于20世纪的过多采伐，森林资源变得十分匮乏，尽管木结构在中国的发展极其有限，随着房地产装修需求的增加，中国已经成为世界最大的木材进口国。和木材一样，竹子更是一种可再生绿色材料，竹材利用可以说伴随了人类的发展。中国是世界上最大的竹产国之一，占据了世界竹林资源的约 1/5～1/4。将竹材这一自然资源应用于现代土木建筑工程业，作为主要的结构材料使用，发展新型竹结构体系，极有希望成为土木工程领域中变革的新突破点。采用竹材建造房屋，已有相当长的历史。中国在20世纪50年代也曾进行过一系列采用圆竹的竹结构研究和应用，但竹结构并没有形成一个可以由大多数工程师设计并建造的现代化建筑结构体系，实为遗憾。20世纪80年代以来，中国林业部门在竹材的深加工和利用方面取得了许多国际领先的成果，这些为作者课题组的研究打下了扎实的行业基础。作者决心开展有关胶合竹结构的研究得益于一位湘籍朋友、湖南大学刘克利教授的启迪。

本书是作者课题组近年来有关胶合竹（GluBam）结构的研究以及工程实践总结。作者深知，要使竹结构真正成为一个现代结构体系尚需进行大量的研究和工程应用开发，作为抛砖引玉，作者希望本书能够给土木工程界提供一个新的结构体系的大致轮廓。本书所述的研究成果主要是在国家自然科学基金委员会重点项目（项目批准号：50938002），湖南大学"985"计划，教育部建筑安全与节能重点实验室，以及美国南加州大学的资助下完成的。所介绍的工程项目是与长沙凯森竹木新技术有限公司合作实施的。这些项目来自多方面的资助，包括湖南大学，国际竹藤组织（INBAR），美国蓝月基金会（Blue Moon Fund），中国林业科学研究院等。

课题推进过程中得到了佘立永，周泉，陈国，杨瑞珍，李智，沈亚丽，马健，曾静宜，吕小红，李磊，王睿，陈杰，李佳，张伟亮，冯立和高宛成等同事、研究生们的大力协作。本书的撰写得到了陈国博士，周泉，杨瑞珍，李智，冯立，韩文雅等同学的配合与协助，一并表示感谢。本书的出版还荣幸获得了国家科学技术学术著作出版基金的资助。

书中错误在所难免，作者诚恳地希望广大读者能够给予批评指正。

肖　岩

2013 年晚春于岳麓山下自卑亭

目 录

第1章
竹材作为现代建筑材料的前景

竹子作为一种天然材料，已经有数千年的使用历史[1-1]。而以竹子作为基本结构材料的现代竹结构则是近年来才出现的新型结构体系，已成为土木工程领域的一个新突破。竹材用做基本结构材料具有以下几个重要特点：第一，竹材作为一种自然资源在许多国家来源广泛，尤其是在一些发展中国家，如中国、印度及中南美国家。竹子本质上是体形大的草，英文俗称 giant grass，生长速度比大多数树木更快。通常竹子生长约四年就可以砍伐，并且可以再生。第二，竹子具有良好的力学性能，并且加工方便。第三，竹材的加工制造过程对环境无实质性不良影响，基本没有污染，符合可持续发展要求。因此，发展以竹材为主要结构材料的现代竹结构，可以有效提高竹材的附加值，提高竹产区民众的收入，促进建筑业的可持续发展。

在北美以及许多工业化国家，木材已经在建造桥梁和房屋方面得到广泛应用[1-2～1-5]。尽管北美等地森林覆盖率高，木材资源丰富，但是为后代保留足够的树木仍是社会面临的紧迫任务。开发和利用现代竹质工程材料，可以在国际范围内为桥梁和房屋建设中提供新的材料选择。作为一种直接回报，现代竹结构的发展不仅有益于竹材丰富的发展中国家，也会引导生长快、成材期短的竹林在世界其他地方的种植与发展，并且有利于绿化环境。

但现实是竹材在现代结构中没有被充分利用，作者认为这在很大程度上是因为缺乏以力学、材料科学、结构设计和实验学为基础的理论及研究的支持，缺少现代设计施工规程、规范的实践指南。

本章首先对竹工业的现状做一概述，然后综述竹材在现代结构中的应用。

1.1 竹工业的现状

世界的竹林资源分布极不均匀，主要集中在亚洲，其次是南美，其他国家和地区很少。中国的竹林面积达到 440 万公顷。我国主要的竹材品种为毛竹（也称楠竹）[1-6]。毛竹学名为 Phyllostachys edulis，英文名 Moso Bamboo，为禾本科竹亚科刚竹属，单轴散生型，常绿乔木状竹类植物，秆大型，高可达 20m 以上，胸径达 20cm。主要集中生长在湖南、江西、浙江和福建等长江流域以南的亚热带地区。

作者的课题组通过对我国主要竹产区的湖南省进行实地考察，认为当前的竹资源和竹产业整体情况如下：

（1）我国竹资源丰富。长江中下游地区独特的地理环境极适于毛竹的生长，竹材生长繁殖快，成才周期短，竹材质量好。以湖南省益阳市的竹子大县桃江县为例，毛竹的种植面积达到了 89 万亩（2006 年），年可伐量为 800 万株以上，以每 3 根竹子 100 斤计算，年产量约为 1.3 亿公斤，产量巨大，且竹材直径粗，壁厚。

（2）竹材管理和开发水平不平衡。各竹材主产区的竹资源开发水平差异大，导致了竹资源管理差异也很大。以湖南省桃江县为例，该县以竹加工为支柱产业之一，拥有十多家规模较大的竹加工企业，一般企业都有自己的竹资源基地，对竹材的砍伐有材质和竹龄要求，实现有序管理，当地政府也大力推动竹林种植，年增加竹林约 4 万亩。湖南省耒阳市也拥有较为丰富的毛竹资源，但当地的竹加工产业基本处于空白，因此竹林砍伐基本处于无序状态，主要是出售圆竹，或制作建筑工地的竹跳板等，附加值极低，竹资源浪费严重。

（3）竹产业发展不平衡，整体水平不高。比如，湖南省较大规模的竹加工企业主要在益阳和邵阳等地，主要竹产品是建筑竹模板、竹地板和竹生活用品。由于产品技术含量相对较低产品竞争力不强，附加值较低。

（4）竹材除了作为模版、地板以及装饰材在现代建筑上有所利用以及在传统的非工业化的简单建筑上利用外，还没有真正作为能够承受荷载的结构材料进入到现代土木工程的主市场。

1.2　圆竹建筑

直接采用圆竹作为基本构件建造的竹建筑和桥梁，是最传统的竹结构形式。在我国以西南地区的傣族民居"干阑式"竹楼为代表。昆明市建筑工业管理局采用龙竹，在 1984 年和 1988 年分别在瑞士和德国建造了一座 38m 高的全竹楼和 55m 长的全竹桥，充分展示了竹材建筑的魅力。2004 年，英国与印度相关部门合作还对竹材建造的竹屋进行了抗震试验。圆竹在拉美国家被作为"穷人的木头"，在建筑中有比较广泛的应用。图 1-1 给出了作者于 2011 年受邀参加哥伦比亚一个国际会议时收集的部分圆竹结构照片。据作者所知，哥伦比亚可能是世界上目前唯一将圆竹结构正式列入其设计规范的国家[1-7]。此外，国际标准组织 ISO 也曾出版过圆竹结构的设计标准[1-8]。

(a)

图 1-1　哥伦比亚的圆竹结构（一）
（a）廊桥

(b)

(c)

图1-1 哥伦比亚的圆竹结构（二）

（b）正在搭建中的圆竹骨架；（c）圆竹结构别墅

我国学者在20世纪50年代也曾进行过一系列圆竹结构的研究和应用[1-9,1-10]，但圆竹结构在我国并没有形成一个现代化建筑结构体系。其原因可能有：

（1）圆竹竿的几何形状单一，造成建筑形式单调，往往显得简陋。

（2）原材料的不规则性导致浪费和不适合现代施工程序。如采用类似尺寸的竹竿必定造成选材上的麻烦和浪费。

（3）节点十分复杂（图1-2），往往造成连接不可靠或连接不牢靠，影响建筑的舒适度，如人走在圆竹造的楼板上常常会发出"嘎吱"声。

（4）竹材本身的严重各向异性，其中包括横向强度极低，如图1-3所示的破坏很难避免。

（5）尽管自然的选择使得单根竹竿能够非常优异的完成担负其自身重量的自然使命，但毕竟一根原材的直径有限，作为结构材料必须承担复杂荷载作用，这超出了大自然赋予的使命。

（6）在未经处理的情况下，竹材易虫蛀、腐朽和霉变等。

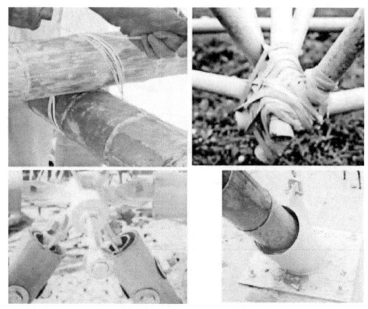

图 1-2　复杂的节点

图 1-3　横向压裂

作者认为，现代工业的一个最基本的特点就是其可重复性。根据科学原理和理论进行设计，根据设计进行施工建造，建成的结构满足设计要求，而这个"满足"是可以用现代科学手段进行实验验证的。由于圆竹本身固有的非规则几何形状，极端各向异性力学性能等，尽管利用圆竹的建筑可以产生一定的艺术和建筑效果，但恐怕难以成为主要的结构材料在现代建筑业中广泛应用。当然，圆竹建筑还是有其相应的市场，特别是在景观建筑及低成本建筑中的应用应当受到足够的重视。

1.3 竹筋混凝土结构

竹筋混凝土曾经是竹材在现代结构体系中应用的一个主要方面，竹筋混凝土的研究和应用已经有很长的历史[1-11,1-12]。20 世纪 50 年代，由于我国钢材匮乏，竹筋取代钢筋被用于混凝土结构中，有些建筑至今仍在使用[1-13]。Brink 和 Rush[1-11]在美国海军土木实验室的研究比较有代表性，其比较系统地研究了配置竹筋的混凝土梁的受力性能，给出了计算公式和与钢筋换算的方法及设计表格。采用竹筋混凝土在军事工程中的应用也许可以达到减轻电磁屏蔽的效果，但这种优势已经被 20 世纪 60 年代逐渐出现并得到推广应用的纤维增强塑料（FRP）筋所取代。总之，由于竹筋相对于钢筋及 FRP 筋，其强度过低，变形能力差，与混凝土的粘结强度低，导致了竹筋混凝土这种竹材利用形式不符合现代结构发展的要求，因此难以在结构性能要求较高的建筑及桥梁等土木工程中应用。

1.4 现代木结构及现代竹结构的发展方向

根据以上讨论，作者认为现代竹结构的发展方向应当是利用现代胶合工艺对原材料的圆竹材料进行改造和重组，制成符合现代建筑工业要求的规则的胶合竹材。其发展思路非常类似国外工业化国家广泛应用的胶合木材（plywood 及 glulam 等）。木材和圆竹相比，因为木材的体积大，所以可以裁锯成满足设计要求的规格尺寸的构件。但木材也是一种单一方向强度和刚度高的各向异性材料，又有许多由于木节、斜纹等造成的天然缺陷，因此其使用效率也有一定限制。20 世纪后半期逐步发展起来并得到广泛应用的胶合木（glulam）和胶合板（plywood）技术，使得木结构成为一种可以和现代钢结构、混凝土结构分庭抗礼的一种现代结构形式。在北美，木结构占据了建筑市场 30％以上的份额。

图 1-4 美国洛杉矶某大型购物中心的胶木（GluLam）大跨屋顶结构

现在，胶合木大梁可以达到 1m 多高的截面尺寸，作为简支梁跨度可达 20m 以上。图 1-4 所示为美国加州洛杉矶地区某大型购物中心的双向胶合木大梁屋架体系，最大跨度有 25m。胶合木还被广泛用于道路桥梁中，图 1-5 为美国某道路桥采用胶合木大梁的施工工地。在北美的一般道路、乡村道路桥梁和人行天桥中，胶合木结构体系占据了一定的市场份额。而世界最长的胶合木结构桥建在挪威（Ekeberg），如图 1-6 所示，该桥采用了拱悬索体系，主跨为 70m。

图 1-5　施工中的胶木（GluLam）公路桥

图 1-6　挪威 Flisa 主跨 70m 长的世界最长胶木大桥[1-14]

胶合木在公共建筑中的应用更为广泛。在国外体育馆及其他大型公共场馆的建筑中，胶合木辅以钢连接件被广泛用于建造大跨屋架体系。如图 1-7 所示，Tacoma 体育馆采用了 153m 跨木结构圆穹顶结构[1-15]。图 1-8 为捷克某体育馆所采用的大跨木结构桁架体系[1-16]。在大跨结构中，由于优异的力学性能及较小的自重，使得胶合木结构非常具有竞争力。

图 1-7　跨度达 153m 木结构网架穹顶结构的美国 Tacoma 体育馆[1-15]

　　木结构在层数为 5～6 层以下的多层建筑中应用也十分广泛。图 1-9 为瑞典某五层楼轻型木结构办公楼[1-17]。在北美，木结构住宅占据了主要市场，同时也占据了超过四分之一的整个建筑新开工面积。北美的木结构住宅建筑的主要结构体系为由木隔栅骨架和胶合木板钉制而成的墙体来传递重力和抵抗水平侧向力，这种结构简称 2×4 工法，因为所采用的竖向骨架为名义尺寸 2 英寸（in）×4 英寸（in）的棱木。由于木结构具有较好的抗震特性，在以往发生在美国加利福尼亚州的历次地震中，木结构总体上表现良好。在地震频繁的新西兰，木结构也应用广泛。图 1-10 所示为用胶木大梁和柱以及特殊开发的钢连接件组成的抗震框架体系。实际上，现代木结构已经摒弃了传统木结构的榫接，而采用经过设计的钢连接件、螺栓和钉等连接方法。图 1-11（a）所示为一种大承载力连接件的试验情况[1-19]。从图 1-11（b）所示试验结果的力与变形滞回曲线可以看出，这种连接方法在受拉方向有良好的承载力及延性。

图 1-8　捷克斯洛伐克某体育馆大跨木桁架[1-16]

(a)　　　　　　　　　　　　　　　　　　(b)

图 1 - 9　瑞典某五层楼轻型木结构办公楼[1-17]

（a）办公楼外部；（b）办公楼内部

图 1 - 10　新西兰胶木抗震框架体系[1-18]

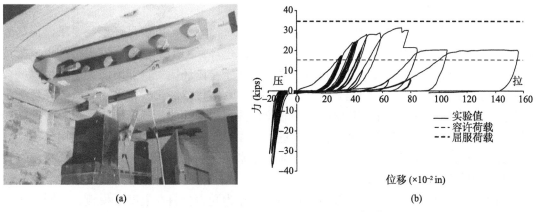

(a)   (b)

图 1 - 11   钢连接件及力—变形滞回曲线[1-19]

1.5   胶合竹材的研究现状

使竹材能够像现代木结构那样用于现代建筑和桥梁中，需要将竹材进行加工。目前，只有以竹材人造板的形式作为建筑辅助产品用于建筑领域，如地板、装饰板和模板等。根据对竹材的处理和加工工艺的不同，竹材人造板有多种类型，但现有能够用于建筑领域的竹材人造板主要工艺基本相同，一般需要经过将圆竹材加工成长条、去除内节、干燥、浸胶、组坯、热压、锯边等工序，将竹材加工成胶合竹结构使用[1-20,1-21]。最早出现的胶合竹板是竹席胶合板，这种板以竹篾纵横交叉编织的竹席为结构单元，通过施加尿醛树脂或酚醛树脂后，采用热—热胶合工艺成板。竹篾胶合板由于工艺较复杂、成本较高以及板材表面状况不理想等因素影响了其推广，现在已很少使用。中南林学院在竹篾胶合板的基础上进行了创新[1-22,1-23]，采用浸渍酚醛树脂的长、短竹帘交叉组坯热压而成一种结构板材，称为竹帘胶合板。这种板材成本较低，且力学性能较好，可用作车厢底板和混凝土模板等。其后又对竹帘胶合板进行了改进，主要是提高表面平整光滑度和耐水性等，成为了目前用量最大的竹胶合模板。采用酚醛树脂的竹胶合板与北美在建筑中广泛使用的木胶合板的工艺类似[1-3]，只要生产工艺控制得当，胶体反应充分，其有害气体挥发可以控制，从而满足作为室内建筑材料的要求。

南京林业大学的张齐生采用与竹胶板相同的工艺[1-24,1-25]，以带沟槽的等厚竹片为构成单元，按相邻层相互垂直组坯成对称结构的板坯，经热压而成，称为竹片胶合板，这种板材强度较高，可用于汽车车厢底板。竹层积材是另外一种结构板材[1-26,1-27]，它是将板材构成单元全部顺纹平行层积胶合而成的厚板，特点是纵向强度特别高而横向强度低，主要用于火车车厢底板。为了提高竹材的利用率，采用小径竹材和竹材加工余料加工成碎料，经干燥、施胶、铺装和热压，制成竹碎料板，其性能和用途与木刨花板接近，可用于室内隔墙和吊顶等部位。建筑用竹材人造板另一类产品是与木材复合[1-28]，利用竹材高强度、硬度大、耐磨的特点作板材的表面，利用木材出材率高、易加工的特点作为板材的芯材，制成竹木复合板，目前主要的产品有竹木复合胶合板、竹木复合刨花板、竹木复合层积材和竹木复合空心板等，依据各自的力学性能，这些板材可用于建筑模板、集装箱底板或制作家具和室内装修等。

尽管现代胶合木或胶合竹的加工工艺只要控制严格完全可以满足环保的要求，但随着社会对环境品质关注的意识进一步提高，材料的绿色环保加工工艺的研发与推广也成为迫切的需求，以便使得木或竹胶合材料可以直接裸露于室内环境。目前国内关于无甲醛胶合板的研究和生产相对较少。美国和欧洲在 20 世纪 70 年代曾经规模化采用豆胶或其他类蛋白胶生产胶合板，后来由于 UF 树脂良好的胶合性和耐水性能，逐渐取代了豆胶。但随着现代人们环保意识以及胶合技术的发展与进步，无醛胶合板在国外的生产和应用呈逐渐升温之势。国内在无醛胶应用于木胶合板方面近年来有了一些进展，但无醛胶或低醛胶在竹胶合材料中的应用基本是空白。

目前，一些竹材人造板强度较高、韧性好，作为受力材料在混凝土模板、车厢和集装箱底板方面得到成功应用和推广，但是根据课题组的前期研究，要将这些人造竹材直接作为建筑物的主要结构材料使用，还存在以下问题：

（1）材料定位存在偏差

虽然部分竹材人造板也可作为受力材料使用，具有一定的结构性能，但其产品技术特点并不是针对建筑结构领域，没有考虑竹材作为建筑结构应用的受力性能要求、材料的变形性能要求、材料的耐久性能要求等重要方面，因此，现有的竹板产品不适合作为建筑结构材料推广应用。

（2）产品尺寸太小

现有竹材人造板商品的幅面最大标准尺寸为 1220mm×2440mm，这对于制作有长度要求的梁、柱构件来说太小。用于大尺寸构件时，使得加工工艺复杂，导致成本增加，并且影响材料性能的充分发挥，限制了构件的尺寸，这对于实现建筑的使用功能要求极为不利。

（3）材料的构造不符合要求

将竹板材制作成构件，需要将板材进行二次加工。现有的竹板沿叠合方向没有竹纤维受力，仅仅是依靠树脂将各层竹材粘结在一起共同工作，这使得材料和构件的力学性能在叠合方向上受力性能薄弱，材料容易分层开裂，严重影响构件的力学性能和耐久性，对于处于复杂受力状态的构件极为不利。

（4）材料的耐候性和耐久性存在问题

现有竹材人造板基本上按照室内干燥环境使用要求制造，建筑竹胶板本身就是易耗品，而实际结构所处环境复杂，往往需要经受风、光照、雨水、甚至酸雨等腐蚀性介质的影响，必须具有一定的耐候性和耐久性。现有竹板材产品难以达到要求。

在采用胶合竹板制造结构和房屋方面，包括作者的课题组在内的国内外一些学者做了探索性的尝试。荷兰学者 Janssen 和他的弟子们利用竹胶合板（plybamboo）和木骨柱钉制成墙板，进行了试验研究[1-1]，但至今没有看到该研究组的相关的具体实用例子。国际竹藤组织和中国林科院合作于 2004 年在云南屏边小学建成了一栋校舍[1-29,1-30]，其目的是将竹人造板材用作部分房屋的建筑材料，该校舍的屋架采用竹层积材制作。特别应当指出的是，2008 年 5 月 12 日汶川大地震后，学术界和工程设计界对于抗震性能优异、生态环保的木结构有了更痛切的认识，同时也开始关注采用我国特有自然资源的竹结构建造抗震房屋[1-31~1-33]。

　　作者的课题组开发了新型胶合竹结构——格鲁斑（GluBam）[1-34]，并分别于 2006 年和 2007 年建造了世界首座竹结构人行天桥和行车道路桥，研发了胶合竹结构房屋技术，并用于四川抗震救灾和多个实际工程，受到国内外学术界和社会的广泛关注[1-35]。总的来看，胶合竹材用于建筑结构的研究才刚刚开始，在许多方面的研究还处于空白。而最主要的问题是缺乏系统的竹结构力学等性能试验依据以及相应的分析理论和设计方法。

参考文献

［1-1］ Janssen，J. J. A. "Designing and Building with Bamboo". Technical Report 20，Technical University of Eindhoven，Eindhoven，The Netherlands，2000.

［1-2］ Ritter，Michael A. "Timber Bridges：Design，Construction，Inspection，and Maintenance，" United States Department of Agriculture Forest Service，Washington，DC：p944，1990.

［1-3］ Forest Products Laboratory. "Wood Handbook-Wood as an Engineering Material," U. S. Department of Agriculture，Forest Service，Forest Products Laboratory，Gen. Tech. Rep. FPL-GTR - 113，Madison，WI，USA，March p463，1999.

［1-4］ 潘东辉. 加拿大木结构住宅的结构与施工［J］. 住宅科技，2003，（9）：23 - 26.

［1-5］ 潘景龙、祝恩淳. 木结构设计原理［M］. 北京：中国建筑工业出版社，2009：342.

［1-6］ 百度百科. 楠竹. http：//baike. baidu. com/view/701425. htm

［1-7］ NSR - 10 "REGLAMENTO COLOMBIANO DE CONSTRUCCIóN SISMO RESISTENTE：TiTULO G—ESTRUCTURAS DE MADERA Y ESTRUCTURAS DE GUADUA," Bogota D. C.，Columbia，2010.

［1-8］ ISO 22156 "Bamboo—Structural design," International Organization for Standardization，First Edition，Switzerland，May，2004.

［1-9］ 陈肇元. 有关竹屋架的几个问题［J］. 清华大学学报，1958，4（2）：269 - 286.

［1-10］ 黄熊，等. 屋顶竹结构［M］. 北京：中国建筑工业出版社，1959：161.

［1-11］ Brink，F. E. and Rush，P. J. Bamboo Reinforced Concrete Construction. U. S. Naval Civil Engineering Laboratory Report，Port Hueneme，California，USA，http：//www. romanconcrete. com/docs/bamboo1966/BambooReinforcedConcreteFeb1966. htm.

［1-12］ Ghavami，K. Ultimate load behavior of bamboo-reinforced lightweight concrete beams. Cement and Concrete Composites，1995，17（4）：281 - 288.

［1-13］ Rong，B. S. （2008）"Opening speech," Modern Bamboo Structures，Xiao et al. edited，CRC Press，London，UK，p299.

［1-14］ Ekeberg，P. K. and Søyland，K. Flisa Bridge，Norway—a record-breaking timber bridge. Bridge Engineering，158 Issue BE1.

［1-15］ Western Wood Structures. Clear-Span Timber Domes. website：http：//www. westernwoodstructures. com

［1-16］ Straka，B.；Vejpustek，Z. and Hradil，P. Innovative types of timber structures with steel-to timber connectors. Brno University of Technology，Czech Republic.

［1-17］ Thelandersson，S. and Larsen，H. J. Timber Engineering. John Wiley & Sons，2003. 3，p456.

［1-18］ Buchanan，A.；Pampanin，S.；Newcombe，M.；and Palermo. A. Multi-storey timber buildings using post-tensioning. NOCMAT，Bath，UK，September 2009.

［1-19］ Xiao，Y. and Xie，Li. Seismic Behavior of Base-Level Diaphragm Anchorage of Hillside Woodframe

Buildings. CUREE Publication，No. W‑24，Consortium of Universities for Research in Earthquake Engineering，Richmond，California，2003.

[1-20] 杨焕蝶. 竹胶板的生产方式与篾帘的编织 [J]. 木材工业，1995，9 (1).

[1-21] 赵仁杰，喻云水. 人造板工艺学 [M]. 北京：中国林业出版社，2002：1-18.

[1-22] 赵仁杰，陈哲，张建辉. 中国竹材人造板的科技创新历程与展望 [J]. 人造板通讯，2004，11 (2)：3-5.

[1-23] 赵仁杰. 竹帘胶合板的科技创新与发展方向 [J]. 人造板通讯，2005 (2)：4-8.

[1-24] 张齐生，孙丰文. 竹木复合集装箱底板的研究 [J]. 林业科学，1997，33 (6)：546-553.

[1-25] 张齐生，孙丰文，李燕文. 竹木复合集装箱底板使用性能的研究 [J]. 南京林业大学学报，1997，21 (1)：27-32.

[1-26] 范毛仔，许若璇，杨爱和. 碎单板－竹片平行胶合材的研究 [J]. 木材工业，1995，9 (1)：10-13.

[1-27] 殷苏州，李北冈，胡德彪. 竹材覆面定向刨花板性能的研究 [J]. 木材工业，1997，11 (4)：8-11.

[1-28] 江泽慧，王戈，费本华，于文吉. 竹木复合材料的研究及应用 [J]. 林业科学研究，2002，15 (6)：712-718.

[1-29] 唐宏辉，陈宏斌，王正. 结构用竹集成材制造工艺简介 [J]. 人造板通讯，2004，(9)：15-19.

[1-30] Chen Xuhe. Bamboo based panels-potential building materials. INBAR Newsletter，2005，12 (1)：18-19.

[1-31] 韦娜，刘加平. 西部山地乡村生态民居经济性分析——以四川大坪村灾后重建为例 [J]. 华中建筑，2011 (5)：59-61.

[1-32] 肖岩，佘立永. 装配式竹结构房屋的设计与研究 [J]，工业建筑，2009，39 (1)：56-59.

[1-33] 魏洋，吕清芳，张齐生，禹永哲，吕志涛. 现代竹结构抗震安居房的设计与施工 [J]. 施工技术，2009 (11)，52-54.

[1-34] Xiao，Y.；Shan，B.；Chen，G.；Zhou，Q.；and She，L. Y.，"Development of A New Type of Glulam-GluBam，" Modern Bamboo Structures，Xiao et al. edited，Proceedings of First Int. Conf. Of Modern Bamboo Structures 2007，CRC Press，UK，p299.

[1-35] PopSci，"The Bamboo Building-GluBam，the sustainable bridge，Best of What's New in 2008，" Popular Science Magazine，2008.

第 **2** 章

胶合竹的生产制造

2.1 胶合竹的定义

本书所述的胶合竹特指由作者提出的、经过一系列生产加工程序所制成的结构用胶合竹材 GluBam（Glue laminated bamboo，中文商标名格鲁斑®），其使用目的和性能类似国外广泛使用的胶合木 GluLam（Glue laminated lumber）。为了在国内外的推广应用，使得熟悉胶合木 GluLam 的国外工程师和学者更容易接受胶合竹材，作者也建议用 GluBam（格鲁斑）泛指用于结构的胶合竹材。

2.2 胶合竹的生产工艺

结构用胶合竹的生产工艺一般需要经过热压和冷压两道主要加工环节。作为前期的热压加工主要是生产胶合板材或片材，其厚度由于工艺限制一般不超过 30mm，而后期的冷压加工主要是生产出满足结构设计需要的各种不同尺寸和形状的结构构件。这两道主要工序恰似钢结构的生产过程。热压相当于炼钢和轧钢生产各种板材和型材，冷压则相当于钢结构构件的加工并形成最后可以拼装的各种构件。以下分别叙述热压和冷压工艺。

2.2.1 胶合竹板材生产工艺

结构用胶合竹 GluBam 所需的胶合板材的生产工艺与建筑模板的生产工艺类似。生产 GluBam 胶合竹所用的竹材为毛竹，毛竹选材的基本要求为竹龄 3～5 年，胸径约为 100mm 左右。首先，需要将砍伐下的圆竹锯成规格长度并破筒，再将竹片切削成厚度约为 2mm，宽度约为 20mm 的竹篾；然后将竹篾编织成竹帘；对竹帘进行干燥处理，至竹帘含水率为 16%～18%；将竹帘浸入胶池，进行施胶；然后对浸胶后的竹帘进行烘干，至竹帘的含水率降到了 12% 左右。以上过程结束之后，便可对竹帘按设计要求进行叠铺组坯，最外层为面席，面席材料可根据不同要求进行选择。由于 GluBam 的竹帘层数多，叠铺后厚度大，一般需要进行一次预压，以减少原材料的厚度。在特殊情况下，为提高板材本身的力学性能，可以在竹帘中增设 FRP 等高性能材料。然后将材料送入热压机进行热压，热压温度为 140～160℃，面压力为 3.0MPa 左右，热压时间为 30～45min；热压完成后，对热压板采用水冷降温，一般冷却至室温范围卸压出板；最后进行切边和包装。因此，结构用胶合竹材热压工艺为冷进冷出，生产流程主要步骤可以归纳为：破料——削篾——编帘——干燥——浸胶——烘干——铺装——预压——热压——冷却——锯边——包装[2-1]。图 2-1 展示了板材生产的主要工序。

图 2-1　GluBam 生产过程

①—原竹材；②—编帘；③—烘干；④—浸胶；⑤—铺装；⑥—热压成型；⑦—切边；⑧—成品

根据对课题组合作厂家的现场调查，目前，我国各地的胶合竹板生产企业的机械化程度还不够高。胶合板材生产的前期工序仍然以手工完成为主。

需要指出，胶合竹板材的生产与常见的胶合木板生产[2-2]一样，通常采用酚醛树脂作为粘结材料。在生产过程中作业人员需要注意防护化学挥发物，而只要生产质量和程序控制得当，胶合竹板材中的甲醛含量是可以控制到最低的。与作者课题组合作的生产厂家所生产的胶合竹产品经过香港检测机构检测，板材本身游离甲醛的含量极低。作者课题组最近的一项研究标明，GluBam 胶合竹即使在最不利的条件下的甲醛释放也能够满足国家标准[2-3]。当然，尽管比酚醛树脂更加环保，且胶合质量良好的新型胶粘剂产品由于经济性原因还不能够在大规模工业生产中得以应用，但这无疑是今后的发展方向。

2.2.2　胶合竹材冷压工艺

由于胶合板材的幅面尺寸及厚度相当有限，板材需要经过拼接和叠压才能制成胶合竹构件。根据实际工程的荷载设计出胶合竹结构构件，应选择与板材模数相关的截面尺寸，尽量减少拼接头的数量，接头需要错位排布。设计也需要根据受力性能考虑选用不同结构的胶合竹板材，也就是 GluBam 板材中纵向竹纤维与横向竹纤维的比。GluBam 的冷压生产工艺与工业化国家广泛使用的胶合木 GluLam 的生产工艺有相同之处，但因竹材与木材的加工性能存在一定差异，导致在一些关键工艺上有明显差别。冷压加工需要以下几个工序：

1. 切割

按照构件加工下料设计图的要求，将胶合竹板切割成所需的尺寸和形状。对于外形不规则的异形板材，可以采用超高压射流（俗称水刀）切割，并需要进行干燥。图 2-2 所示为采用水刀切割的一个较为复杂的样品。

2. 拼接

拼接是制成长度超过板材幅面尺寸构件不可缺少的工序，包括梳齿和接长两个步骤。拼接头的基本形式为指接，能够增大板材接触面积，提高节点的抗剪能力，与非指接头相比，胶合构件的强度和刚度都明显提高。对于截面高度不大的构件，指接接头采用专门的铣刀在板材的端头切削出一组形似手指的梯形榫，如图 2-3 所示。这种设备称为梳齿机。梳齿机采用旋转刀片和交流电动机进行快速的削切，该机器能够保证指接的形态统一，接口紧密，主要是用于薄板梳齿和短细指头的制作。图 2-4（a）所示为常用的梳齿机，最大加工宽度为 500mm，最大加工厚度为 170mm，电动机总功率 15kW。该梳齿机安装电动机保护装置，配有汽缸夹紧、自动退料和自动停机装置。工作台滑动均采用直线导轨，具有操作灵活、噪声低、使用寿命长等优点。而对于大尺寸的构件加工，则采用切齿的办法形成指接头。首先根据受力特点决定指接头的长度、指接边坡度、指端宽度和截面指接头数量，然后对每一层待指接板材用墨笔描画需切割的线路，再对各个板材进行切指。一般切指采用人工，如加工量大，也可以采用数控水刀进行加工。

图 2-2 采用水刀切割的样品

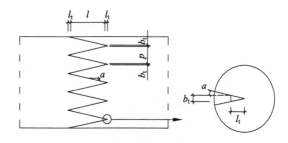

图 2-3 指接几何形状

在指接头成型后，就可以进行接长。对于中等尺寸的单层胶合竹板，可以采用接长机进行接长，设备如图 2-4（b）所示。常用的接长机有机床、推进器、定位器和气压机等部件。首先根据指接头的大小和形状进行配对，然后在接口部位涂刷胶粘剂，再将板材放在接长机上，最后操作气压机对各个板材的指接头进行挤压，使胶粘剂在压力作用下固化，形成接长单板。

3. 冷压胶合

胶合竹构件一般都由多层胶合竹板叠合而成，因此，对于一般小尺寸的构件，可以将接长后的单板进行叠层冷压制成构件。但对于尺寸较大的构件，接长与冷压是同时进行的，一次性整体胶合成型。将切割并开齿后的单板材按叠铺要求编号，然后按由下至上的原则分层在单板的指接头和叠合面涂刷胶粘剂，再将叠铺好的板材移入特制的冷压机上，然后施加压力，待胶粘剂固化达到要求后即可进行下一步加工。图 2-5 所示为作者课题组研制的组合式多功能冷压机，冷压机由标准节构成，因此冷压机的加工长度可根据加工构件的要求进行改变，且可以双向施加压力，压力通过同步液压系统加载。

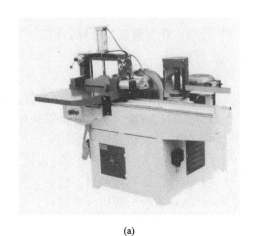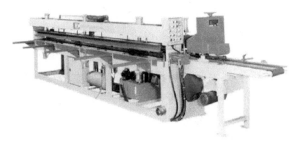

(a)　　　　　　　　　　　　　　　　　　(b)

图 2-4　常用 GluBam 板材加工设备

(a) 梳齿机；(b) 接长机

图 2-5　组合式冷压机

　　从冷压机上卸下构件胚体，进行必要的外观加工，如切边、刨光等处理，对于厚度差异较大的构件，可进行砂光定厚。根据设计要求，可能还需要对构件进行最后的加工，如钻孔或安装连接件等。

2.3 胶合竹结构构件

采用胶合竹材 GluBam 为结构材料，可以制成胶合竹梁、竹柱、屋架、墙体等一系列胶合竹构件。作者课题组根据 GluBam 的力学性能和加工工艺，并结合实际工程经验，提出了常用胶合竹构件的结构形式与加工方法，进行了大量试验与分析，提出了胶合竹构件的设计方法与组合方法。图 2-6 显示了一根胶合竹梁的基本加工工序，图 2-7 为课题组制作的大型结构柱，用在了某公园会所建筑上。

(a)
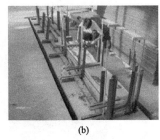
(b)

(c)

图 2-6 胶合竹材梁的加工
（a）板材切割；（b）板材涂胶；（c）压制成型

图 2-7 格鲁斑胶合竹柱

对于超长构件，如大跨度的胶合竹梁，或受到运输条件的限制，往往无法做到一次性冷压整体成型，因此需要分段胶合，然后再将各段在施工现场连接起来，这就涉及胶合竹梁的分段拼接。各个拼接段需要按设计要求加工出接口，常用的接口形式为直角形、三角形、倒梯形或蝴蝶形，接口间采用钢填板或钢夹板与螺栓连接，辅以钉连接，如图 2-8 所示。

需要特别指出的是，对于胶合梁构件，有两种不同的受力形式：一种是平卧，即板材的层间胶合面与梁顶面和底面平行；另一种是侧立，即板材层间胶合面与梁的侧面平行。在胶合木梁中，普遍采用的是平卧叠合梁，因为平卧梁与侧立梁比较，抗弯性能相对较高。主要原因是侧立梁外侧的指接胶合与夹紧情况不如内部，造成受力不均和应力集中，在侧面的上下部位形成原始缺口，影响构件的承载力。而在胶合竹梁中，由于 GluBam 的硬度大于常用的结构木材，无论是机械梳齿还是人工开齿，其加工精度和效果低于木材，如采用平卧受弯，则受拉一侧的指接头会先于材料出现破坏，导致竹梁承载力过低。因此，胶合竹梁一般采用侧立方式受弯。为提高指接头的可靠性，在加工过程中会在指接部位增设钉连接或采用螺栓增强。试验表明，胶合竹梁的侧立受弯承载力高出比平卧受弯30%以上，刚度也有一定程度的增加。总的来说，指接对于胶合竹梁是一种加工缺陷，在设计时需要对承载力进行折减，以提高构件的可靠度。

图 2-8　胶合竹梁的分段连接

胶合竹构件除了制成实心截面形式外，还可以根据实际情况与受力条件，制成空心截面或组合截面形式。空心截面有利于降低构件自重，对于受压构件，在相同的材料消耗下，可以有效提高构件的稳定性。因此，空心截面形式在竹柱中应用较多。图 2-9 所示为一座人行天桥中采用的空心截面胶合竹柱。

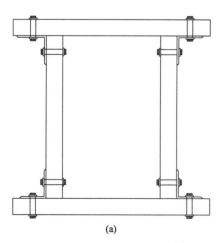

(a)　　　　　　　　　　　　　　　　(b)

图 2-9　空心截面的胶合竹柱

2.4 胶合竹生产的环保评估

作为一种结构材料，胶合竹材 GluBam 的生产对环境影响也是必须考虑的一个重要方面。众所周知，与混凝土、钢材、铝材等相比，木材是一种低碳环保的绿色建筑材料。之所以被称作"绿色"材料，是由于其具有固碳能力和较低的生产能耗。同样，我们需要对 GluBam 的生产能耗和碳排放进行研究，以评估它对环境的影响。

课题组成员经过对位于湖南省炎陵县的胶合竹 GluBam 生产基地厂家进行调研，考察了生产 GluBam 全过程，获得了相关数据，并进行了研究分析[2-4]。

2.4.1 生产总能耗分析

根据该厂家实际的生产状况，获得了计算每立方米 GluBam 胶合竹材生产能耗的相关数据。生产能耗主要从以下几方面考虑：材料的运输、电力消耗、胶粘剂制备、热压设备液压油消耗、加热和冷却用水消耗、锅炉燃料用量、厂房及设备的使用能耗等。为了节约燃料，厂家将竹材加工的余料（杆、叶等）作为锅炉燃料使用，可以采用代替燃煤。在计算竹材废料燃烧所释放的能量时，假设 70% 的能量用于 GluBam 板材的生产，其他用于工厂其他的供暖设施及能量损耗。由于该燃烧释放的能量来源于天然的竹材，所以在计算燃煤消耗时，此值作为负值进行相加。在 GluBam 能耗的计算中，压机加热和冷却过程中水循环所产生的能量损失不用计入总值中。主要的生产过程和相对应的能耗计算见表 2-1。

经过研究和计算，生产每立方米 GluBam 的能耗为 $2.67GJ/m^3$ [2-4]。从表 2-1 中可以发现，生产所消耗的电能及胶粘剂制备是能耗的主要来源。所以，提高热压效率和减少胶粘剂的使用量是降低 GluBam 生产能耗的重要手段。

图 2-10 对比了 GluBam 材料与较常用的几种建筑材料，如工程木、胶合木、水泥、铝材、钢材等的生产能耗。水泥的能耗数据来自 Hammond 和 Jones[2-5]，其他材料的数据来自 Buchanan 和 Honey[2-6]。从图 2-10 中可以看到，铝材和钢材的能耗远大于其他几种材料，GluBam 的能耗远低于水泥和钢材，高于工程木。值得注意的是，同为胶合材

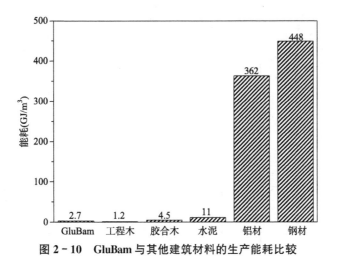

图 2-10 GluBam 与其他建筑材料的生产能耗比较

GluBam 主要生产过程的能耗值　　　　　　表 2-1

过程	运输	劈条	编筒 干燥 切边	胶粘剂制备	热压	
原材料或能源消耗	柴油	竹竿	电能	PF 酚醛胶	液压油	竹废料
材料或能源用量	—	672000 株（平均直径为 35cm）	145400kWh	1050000kg	4000kg	4200t
每立方米格鲁斑原料消耗量	6.5136kg	56 株	121kWh	87.5kg	0.33kg	350kg×70%
材料能耗系数	1.4571kg 标准煤/kg	—	0.400kg 标准煤/（kWh）	22.5MJ/kg	1.2kg 标准煤/kg	21.16MJ/kg
能耗（GJ/m³）	0.2783	—	1.4185	1.9687	0.0116	−5.184GJ

GluBam 主要生产过程碳排放　　　　　　表 2-2

| 过程 | 竹材固化碳 | 砍伐与运输 | 编筒 干燥 切边 性能测试 | 加工过程中的碳排放 | | 热压 | | |
				胶粘剂制备		液压油	冷却水	竹材废料（锅炉）
自动化程度	自然	半自动	自动与手工	手工		自动		
所需材料	自然环境	柴油	电能	PF 酚醛胶		液压油	冷却水	竹材废料（锅炉）
每年材料消耗量	—	—	145400kWh	1050000kg		4000kg	3000t	4200t
每立方米格鲁斑能源消耗量（能耗）	—	6.5136kg (0.2783GJ)[2-7]	121kWh (1.4185GJ)	87.5kg (1.97GJ)		0.33kg (0.012GJ)	250kg	350kg (7.406GJ)[2-9]
CO_2 排放系数	—	74.1kg/GJ[2-7]	0.975kg/kWh=271kg/GJ[2-8]	0.356kg/GJ[2-8]		2.1t/t 标准煤=73.3kg/GJ[2-7]	0	3.3t/t 标准煤=112000kg/TJ[2-9]
CO_2 排放（kg/m³）	−2166 [见式（2-1）]	482.66	384.41	31.15		0.85	0	829.47

料，GluBam 的生产能耗低于胶合木。这可能是由于 GluBam 目前的生产过程中机械加工程度相对较低，而这方面的影响在生产能耗的计算没有充分考虑，这与实际情况可能有些差异。

2.4.2　碳排放分析

竹材产品的低碳性能已经得到了较为广泛的认识，这使得 GluBam 在未来的低碳建筑中有望获得广泛的应用。GluBam 生产的主要碳排放过程及对应值见表 2-2。大量研究表明，竹子的固碳能力高于常见树种。每立方米竹子的中二氧化碳固化量可用下式计算[2-4]：

$$C = QY\frac{N}{M} \qquad (2-1)$$

其中，C 表示每立方米竹材中固定的 CO_2 量（tCO_2/m^3）；Q 表示每年每公顷毛竹林可以固定的 CO_2 量，约为 $36.44tCO_2/(hm^2)$[2-10]；N 是每立方米 GluBam 材料所需要的竹子数量，约 52 根；M 是每公顷竹林可容纳的竹子数量，约为 3500 根；Y 是竹子从出笋到成材所需的年限，约为 4 年。根据以上情况，按实际调查确定的该厂每立方米 GluBam 板材所需的竹材，在其生长过程中可以固定的 CO_2 量为 2.166t。

基于对 GluBam 生产全过程二氧化碳排放的研究和计算，得到了 GluBam 生产的 CO_2 排放量为 $-261kg/m^3$[2-4]。显然，GluBam 材料是一种负碳结构材料。

图 2-11 是对 GluBam 以及其他几种常用建筑材料，如工程木、胶合木、水泥、铝材、钢材等的生产碳排放量对比。水泥的碳排放数据来自参考文献 [2-5]，其他材料的数据来自参考文献 [2-6]。从图 2-11 看出水泥、铝材、钢材在生产过程中释放更多的二氧化碳。而 GluBam、工程木、胶合木等能够固定二氧化碳。对比显示，GluBam 的碳排放量为负值，且其固碳量大于工程木和胶合木。

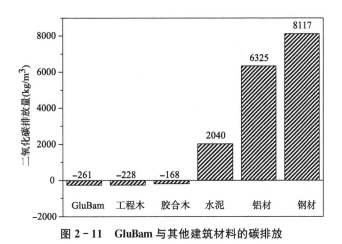

图 2-11　GluBam 与其他建筑材料的碳排放

最后需要说明，作者研究团队对 GluBam 生产过程碳排放数据的调查还是初步的，但它基本反映了在现有技术水平下，胶合竹产品对环境的影响。总之，可以肯定 GluBam 胶合竹是一种负碳的绿色结构材料。

参考文献

［2-1］杨瑞珍．胶合竹材力学性能及螺栓连接件性能的研究与应用［J］．湖南大学，2009.

［2-2］Forest Products Laboratory."Wood Handbook-Wood as an Engineering Material".U. S. Department of Agriculture，Forest Service，Forest Products Laboratory，Gen. Tech. Rep. FPL-GTR－113，Madison，WI，USA，March p463，1999.

［2-3］单波，陈杰，肖岩．胶合竹材 GluBam 甲醛释放影响因素的气候箱实验与分析［J］．环境工程学报，2013，7（2），649-656.

［2-4］Xiao，Y.；Yang，R. Z.；and Shan B. Production，Environmental Impact and Mechanical Properties of GluBam，Journal of Construction and Building Materials，(accepted)，2013.

［2-5］Hammond G，Jones C. Inventory of carbon & energy（ICE）. Version 16a：University of Bath，UK；2008.

［2-6］Buchanan AH，Honey BG. Energy and carbon dioxide implications of building construction. Energy and Buildings. 1994，20（3）：17-205.

［2-7］IPCC. 2006 IPCC guidelines for national greenhouse gas inventories：volume II：Energy. 2006.

［2-8］Xia DJ，Ren YL，Shi LF. Measurement of Life-Cycle Carbon Equivalent Emissions of Coal-Energy Chain. Statistical Research. 2010；27（8）：9-82.

［2-9］Zhou FC. Combustion values of 70 bamboo species. Bamboo Research. 1991；10（1）：18-21.

［2-10］Xiao FM，Fan SH，Wang SL，Xiong CY，Zhang C，Liu SP，et al. Carbon storage and spatial distribution in Phyllostachy pubescens and Cunninghamia lanceolata plantation ecosystem. Acta Ecologica Sinica. 2007，27（7）：801-2794.

第 3 章
胶合竹材及其力学性能

　　第 2 章所介绍的格鲁斑胶合竹材（GluBam）是一种具有特定的纤维排列方式，且经过特殊工艺加工的竹纤维和胶粘剂的复合材料。GluBam 最大的特点就在于明确了材料内部的纵横向纤维配比，而且立足于将不同的受力构件采用不同的纤维配比板材或片材来加工结构构件，以充分发挥材料的力学性能。本章介绍针对这一新型结构材料的各种基本力学性能、长期蠕变性能及老化性能的最新研究结果。

3.1　胶合竹材的基本物理指标

　　目前，作者课题组研发和应用的 GluBam 板材以双向配置竹纤维束为主，也就是沿板材幅面的两个方向均布置单向竹帘，而根据不同的构件用途来布置不同方向的竹纤维量，纵向与横向竹纤维量的比通过单向竹帘的用量来调节，通常来讲，分为主纤维方向（纵向）和次纤维方向（横向），分别对应于木材的顺纹方向和横纹方向。如图 3-1 所示，主纤维方向是受力的主要方向，也是纤维较多的方向；次纤维方向则正好相反，两个方向相互垂直。作者在研究和示范工程中所采用的 GluBam 板材纵横向纤维量比有 1:1、2:1、4:1 等多种形式。研究表明，在制作梁、柱构件时，尽量提高纵横向纤维比有利于提高 GluBam 胶合竹材的强度，提高材料利用率，但过高的比值有可能导致板材变形以及横向性能过于薄弱，对加工和施工造成不利影响。因此，在现有技术条件下，课题组应用最多也最为典型的是纤维配比为 4:1，其最基本的厚度为 30mm。这种板材的纵向力学性能较好，且横向也有一定的纤维量，保证板面不变形，也能够在次要方向保证材料乃至构件的整体性。作者课题组对纤维配比为 4:1、厚度为 30mm 的 GluBam 板材的力学性能进行了大量试验探索，获得了其基本力学性能。

　　GluBam 板材经过大量测试，在一般室内环境下，其平均含水率保持在 7.0%~12.0% 范围内，表观密度为 820~900kg/m³。在室内条件下，Glu-

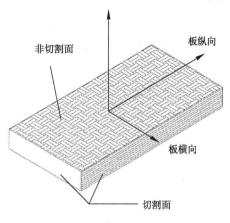

图 3-1　GluBam 板材结构示意图

Bam 板材具有良好的稳定性，存放多年板面仍无翘曲变形，无霉变，基本力学指标无明显波动。

3.2　胶合竹材力学性能的研究背景

国内外尚无结构用胶合竹技术规程，与之相关的是对竹胶板模板和车厢底板的技术规程，测试指标也相当有限。目前，关于人造板技术指标的国家规范和行业标准主要有：《人造板及饰面人造板理化性能试验方法》[3-1] 和《混凝土模板用竹材胶合板》[3-2] 等。但作为结构材料使用的 GluBam 与普通人造板和建筑模板相比，需要在复杂条件下承受各种荷载作用，而且有使用年限的要求，因此，已有相关技术规范和标准远不能满足需求。因此，GluBam 材料性能的试验测试，不可避免地涉及专用技术规程的建立。

中国林科院的刘波等对《竹材物理力学性质试验方法》GB/T 15780—1995 和《建筑用竹材物理力学性能试验方法》JG/T 1992—2007 两项标准进行了比较研究[3-3]。《建筑用竹材物理力学性能试验方法》JG/T 1992—2007 是针对竹材片状无疵小试样物理力学性质的试验方法标准，涉及试样制备、物理力学性能测试设备和方法等。但竹片的清材小样试件与胶合竹材在材料结构方面存在很大差别，这会影响到试件的取样、试件的尺寸、加工方法、试验方法和仪器设备等多方面。因此，现有建筑竹材的试验方法并不适用于 GluBam 板材的试验。

高黎、王正等对建筑结构用竹质复合材料的性能及应用进行了研究[3-4]，所涉及的竹篾层积材的产品形态和性质近似于结构用单板层积材，而经过拼长、拼厚的型材结构接近胶合木。因而他们选用日本农林水产省告示（JAS）第 237 号（2003 年 2 月 27 日）《结构用单板层积材》以及欧洲标准《木结构件胶合木——强度等级和特征值的测定》EN 1194—1999 对建筑用竹篾层积材进行性能判定。但其文中所得测定结果表明，由于竹材自身韧性好而刚度低的特性，使得竹篾层积材的弹性模量和静曲强度等级与胶合木材并不具有相对应的关系，完全套用日本和欧洲关于胶合木的测试规范也不完全合适。

张叶田、何礼平[3-5] 对竹集成材和竹指接集成材的物理力学性能进行了研究，并与几种常见的建筑木材、多孔砖砌体和混凝土的力学性能进行了对比，分析了竹集成材的抗拉、抗压、抗剪强度和弹性模量等力学性能。但是，他们所采用的竹集成材没有涉及类似 GluBam 板材中有关纤维纵横比的重要问题，但其研究成果对于 GluBam 板材的性能测试具有的参考价值。

除此之外，叶良明[3-6]、王正[3-7]、张晓冬[3-8]、蒋身学[3-9] 等都对竹材或竹材复合材料的力学性能研究进行了探索。从这些研究可以看出，目前我国对胶合竹材研究的开展越来越趋向于建筑结构方面的应用。

上述研究者都从各自材料的角度对胶合竹材力学性能的试验方法进行了探索。但是由于胶合竹材规格尺寸及测试方法并没有统一明确的行业标准或者规范，导致许多研究者所研究的胶合竹材在一定程度不具备可比性，而且目前对胶合竹材的力学性能的研究方法和研究结果并没有得出统一的结论，这也给胶合竹材的性能研究和在建筑结构中的应用带来了很大的不确定性。可见，完全采用现成的规范并不能解决这种特殊材料的力学性能测试问题。作为一种结构材料，GluBam 板材在设计原则、制造方法、性质测定等方面都应遵循建筑材料的等级制度，即材料根据等级进行选择，因此，GluBam 板材试验方法的核心是如何确定材料的分级。国家现行标准《木结构设计规范》GB 50005 规定原木和方木（含板材）采用清材小试件的试验结果作为确定木材设计强度取值的原始数据[3-10]。对于规格材，尚未规定测定强度的方法，但倾向于采用"足尺试验"的方法。对于胶合竹材，作者将其看作一种竹材复合材料，主要参考《木材物理力学性能试验方法》[3-11]及《木材无疵小试样的试验方法》ASTM D143—2009[3-12]并对相应方法进行一定的改进，以适合 GluBam 这种新型胶合竹材的力学性能测试。

值得关注的是，目前北美和欧洲所用的商品木材已经实现了结构木材的定级，而很少采用清材小试件定级的方法，这避免了两种方法在试件尺寸效应、试验数据分布等方面给结果带来的不一致性。然而，结构木材定级的实现需要完善的生产和试验设备。特别是对复合木材、竹材而言，其结构定级的实现还需要整个生产行业的进步。所以，清材试件试验的研究对目前胶合竹材应用及今后向结构胶合竹材结构定级的发展仍然具有重要的意义。

3.3 胶合竹材的抗拉性能

3.3.1 拉伸试验试件

胶合竹材与木材相比最大的差异在于其硬度较大，作者课题组经过试验发现，我国常用的木材抗拉试验方法中规定的试件形态尺寸无法对胶合竹材进行试验。作者课题组参照 ASTM D143—2009 的试件制备方法，进行了相应的调整，以更加符合格鲁斑胶竹板本身的特点。标准 GluBam 试件尺寸如图 3-2 所示，试件的截面高度即为板材厚度，不进行削弱。

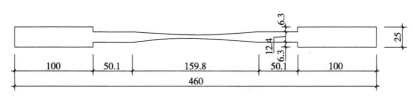

图 3-2 GluBam 抗拉试件

抗拉性能是材料性质测试中非常重要的一项。对于诸如钢材的各向同性材料，其弹性模量和抗拉强度在各个方向是相同的，但是对于木材、竹材或各种纤维复合材料等各向异性或正交各向异性材料，其弹性模量和抗拉强度在各个方向是存在较大差异的。GluBam 不同于木材和原竹材，它纵向和横向都分布有竹纤维，且两方向的纤维含有率不同，所以不同方向的抗拉强度和弹性模量必然存在差异。为充分揭示 GluBam 沿不同方向的抗拉性能，分别制作了 7 种与板材纵向成不同角度的试件，试件的截取示意图如图 3-3（a）所示。除 0°试件外，每种角度的试件数量为 10 个。为了更准确地测定顺纹方向的材料性能，0°试件个数选取为 16 个。由于试件形状较为复杂，加上 GluBam 板材的硬度大，手工加工的拉伸试件尺寸偏差较大，作者建议采用机械加工，课题组是采用数控水刀进行切割，如图 3-3（b）所示。

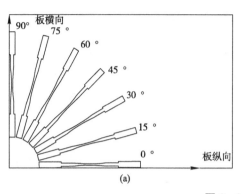

（a）　　　　　　　　　　　　　（b）

图 3-3　抗拉试件

（a）切割角度；（b）水刀切割

3.3.2　拉伸试验

如图 3-4 所示，试验设备为 50kN 的人造板万能试验机，并采用标距为 50mm 的引伸计测量试件中部的变形。引伸计需安装于抗拉试件切割面的中部位置，且保证引伸计上下刀口中心连线与试件长轴向重合。试验时，先将试件固定在夹具上，将给试件施加一个很小的预拉力以便于引伸计的安装，然后将引伸计固定在试件预先标出的位置上。引伸计安装好后，将数据归零，然后选择合适的加载速度开始试验。试验速度应保证试件在 2min 内破坏，本试验中采用的变形控制加载，加载速度为 2mm/min。

图 3-4　抗拉试验装置

在试验过程中，试件即将达到最大承载力时，由于竹纤维束断裂，会发出脆断响声。经过最大荷载之后，伴随着承载力的不断下降，试件断裂的声音会逐渐增大，最后试件突然断裂并发出较大的声响，试件在大约中部完全断裂。在试验过程中，为避免试件的突然断裂损伤引伸计，在试件断裂前应及时将其取下，其后荷载—变形曲线可由试验机自带的传感器记录。

3.3.3　抗拉性能与纤维角度的关系

图 3-5 显示了各个拉伸角度试件抗拉试验的结果，从图中可以看出，T-0 试件的承载力明显高于其他纤维角度的试件。图 3-6 和图 3-7 表示出了角度与抗拉强度和抗拉弹性模量之间的关系。两条关系曲线形状相似，表现出了相同的变化趋势。GluBam 板在顺纹即 0°方向的抗拉强度和弹性模量分别为 83MPa 和 10.3GPa，而在横纹即 90°方向的抗拉强度和弹性模量为 17MPa 和 2.4GPa。可见两个方向性能参数的比值都在 4：1 左右徘徊，这与板材本身顺纹和横纹的纤维比 4：1 是基本吻合的。

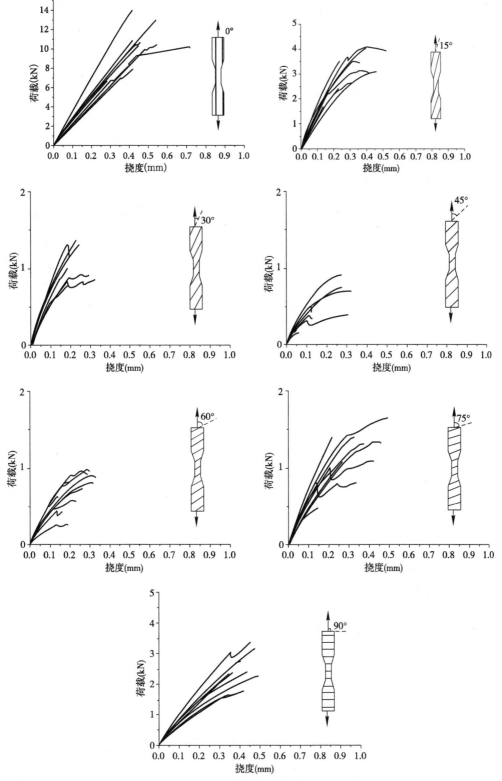

图 3 - 5 不同纤维角度的试件的位移荷载曲线图

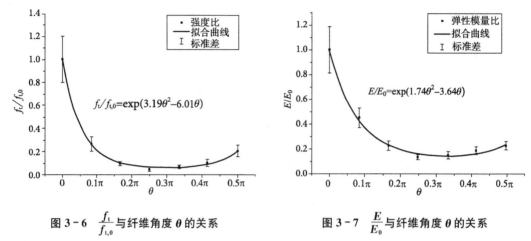

图 3-6 $\dfrac{f_{\mathrm{t}}}{f_{\mathrm{t,0}}}$ 与纤维角度 θ 的关系　　图 3-7 $\dfrac{E}{E_0}$ 与纤维角度 θ 的关系

关锡鸿、冼定国等于 1987 年对竹材这种天然材料的力学性能就进行了研究，其文中对竹纤维量和弹性模量之间的关系进行了研究。结果表明，杨氏模量（E）与试验的纤维含量的关系是线性的[3-13]。这与一般的纤维增强复合材料的力学行为很相似。竹材本身的这个特性为 GluBam 的设计、生产、实验和应用提供了依据。然而，更值得注意是，与天然竹材不同，GluBam 板材中当纤维与荷载角度为 45°时，胶合竹材的强度值和弹性模量都达到最小值，如图 3-6 和图 3-7 所示。这种现象的产生与 GluBam 中纤维的布置和相互作用是紧密相关的。

目前，尚没有关于一定纵横向纤维量比的胶合竹材受力方向与纤维方向角度对其受拉性质影响的经验公式。课题组根据各个角度的抗拉试验值，获得了各个方向强度与弹性模量拉伸方向夹角的关系。根据尽可能获得高拟合优度的原则，得到了 GluBam 板材强度与弹性模量随纤维夹角 θ 变化的指数关系曲线[3-14]：

$$\frac{f_{\mathrm{t}}}{f_{\mathrm{t,0}}} = \exp(3.19\theta^2 - 6.01\theta) \qquad 0 \leqslant \theta \leqslant \pi/2 \qquad (3-1\mathrm{a})$$

$$\frac{E}{E_0} = \exp(1.74\theta^2 - 3.64\theta) \qquad 0 \leqslant \theta \leqslant \pi/2 \qquad (3-1\mathrm{b})$$

式（3-1）中，f_{t} 代表抗拉强度；$f_{\mathrm{t,0}}$ 代表 0°方向的抗拉强度；E 代表弹性模量，E_0 代表 0°方向的弹性模量。以上两条拟合曲线的决定系数分别为 0.998 和 0.995。此外，式（3-1）中当角度 $\theta=0°$ 时，比强度及比模量值为 1.0，$\theta=\pi/2$ 时约为 0.2。

3.4 胶合竹材的抗压性能

3.4.1 试件选取

抗压强度是建筑材料一项重要的力学性能指标，混凝土、木材、石材等皆是如此。胶合竹材抗压性能测试的基本指标是顺纹受压，即荷载作用在板材的切割面上。需要说明的是，GluBam 板材分为非切割面和切割面，非切割面是指胶合竹材经压制成型后形成的表面，切割面是指在对胶合竹材加工过程中切割而产生的与非切割面垂直的面。

根据切割面不同，抗压试验设计了六种不同的试件，且六种试件均为顺纹受压。抗压实验的主要依据为《木材物理力学性能试验方法》GB 1927～1943—2009 并参考了《木材无疵小试样的试验方法》ASTM D143—2009 中的试样制备方法。其中，国内规范中试件的高宽为 3∶2，而 ASTM 标准中试件的高宽比为 4∶1。

GluBam 板材抗压试件的尺寸根据材料的实际情况进行了综合考虑。首先，按照国家标准，抗压试件的尺寸为 20mm×20mm×30mm（顺纹受压），但考虑到 GluBam 板板的通用厚度为 30mm，如果完全按照国标尺寸来制作试件，势必给试件的加工带来不确定性，也不便于试件的加工。所以，课题组取板材厚度作为受压截面的基本尺寸，最终标准试件的尺寸为 30mm×30mm×45mm（长×宽×高）。试件的尺寸、胶合情况及数量见表 3-1。由于 GluBam 制成胶合竹构件，需要进行二次冷压，构件中的冷压胶合面对构件性能存在影响，为真实反映结构中材料的实际受力条件，表 3-1 中包含了含冷压胶合面的试件。此外，抗压试验中还制作了两种非标准试件，主要用于其他试件作为对比。

抗压试件分组   表 3-1

试件组	试件描述	试件数量（个）
C—1	30×30×45 有冷压胶合面试块	26
C—2	30×30×45 无冷压胶合面试块	26
C—3	20×20×30 无表面无冷压胶合面试块	26
C—4	20×20×30 无表面有冷压胶合面试块	26
C—5	20×20×30 有一表面但无冷压胶合面试块	26
C—6	30×30×30 无冷压胶合面试块	26

注：1. 表中未经标出的数字单位均为 mm；
　　2. 冷压胶合面指 GluBam 板材经过冷压而形成的胶合面；
　　3. 表面为 GluBam 板材生产时因热压而成型面，即非切割面。

根据国家标准《木材物理力学性能试验方法》中的规定，试样数量按 0.95 的置信水平确定，因此，试验按准确指数取 $P=5\%$ 时所需的最少试样数量进行计算：

$$n_{\min}=\frac{V^2 t^2}{P^2} \tag{3-2}$$

式中，V 为待测定性质的变异系数；t 为结果可靠性指标，按 0.95 的置信水平，取值为 1.96。

《木材物理力学性质试验方法》还给出了常用木材主要性质的变异系数平均值，对于木材顺纹抗压强度，此值为 13%。由于胶合竹材缺乏相关的数据，所以作者参考木材的相关取值来确定试样的数量。根据式（3-2）的计算结果，GluBam 板材在顺纹抗压试验中所需的最少试样数量为 26 个。

3.4.2 抗压试验

抗压试验设备采用人造板万能压力试验机，试验机的最大加载能力为 50kN。图 3-8

为试验所采用的带有球铰的抗压夹具。

　　试验时，先将试件放置于夹具的中心点处，保证试件轴心受压。然后进行加压，并在 1.5～2min 内使试件达到破坏。试验中所采用控制位移速度进行加载，加载速度为 2mm/min。试件随着荷载逐渐增大，出现胶缝开裂的声音。当承载力越过峰值点后，开裂声明显增大，随后试件内部胶缝出现开裂，随着变形的增加裂缝不断扩展，当荷载下降到最大值的 50% 以下，试验终止。

　　抗压试验的破坏形式如图 3-9 所示，表现出了几种不同的破坏模式，即端部压碎、中间开裂、中间层压屈和斜向压碎四种形式。从四种破坏形态可以看出，GluBam 的破坏基本源于竹篾层的开裂，竹纤维被弯曲但并没有断裂。

图 3-8　抗压强度试验夹具

(a)

(b)

(c)

(d)

图 3-9　GluBam 抗压试验的破坏形态

（a）端部压碎；（b）中间开裂；（c）中间层折断；（d）斜向压碎

3.4.3　抗压试验结果分析

　　与木材类似，竹材的力学性能与其含水率有一定的关系。所以，每测定一批试件的性能，必需对其含水率进行测定。试验时，试件均在温度（20±2）℃、湿度 65%±5% 的条件下调质处理到质量稳定再进行测试，试件含水率约12%。在目前阶段，对于其他含水率条件下的 GluBam 力学性能测试还没有开展，因此，含水率与 GluBam 板材抗压性能的关系还不能给出，需要进行进一步研究。

GluBam 的抗压强度按式（3-3）进行计算，结果准确至 0.1MPa。

$$\sigma_w = \frac{P_{max}}{bl} \tag{3-3}$$

式中 σ_w——试样的切割面抗压强度（MPa）；

    P_{max}——破坏荷载（N）；

    b——试样宽度（mm）；

    l——试样厚度（mm）。

表3-2列出了六组试件抗压强度的平均值、标准差、变异系数和准确指数等，从中可以看出：

（1）有无冷压胶合面的对 GluBam 板材的抗压强度有显著影响。如 C-1 组的抗压强度明显高于 C-2 组，C-3 和 C-4 试件也有同样的现象。

（2）有表面的试件，抗压强度要高于没有表面的试件强度，如 C-3 与 C-5 抗压强度对比。

（3）尺寸小的试件测得的抗压强度反而要大，GluBam 板材强度具有明显的尺寸效应，如 C-1 与 C-4 试验结果的对比。

（4）试件的抗压强度与高宽比有关，如 C-2 组试件的抗压强度小于 C-6 组的测试结果，这与混凝土抗压试验的结果类似。

从试验分析结果来看，GluBam 材料的抗压性能受到二次加工的影响，冷压相对于热压，可能会导致试件缺陷的增加，而去除表面会造成板材损伤，因此，都导致测试强度降低。由于冷压是胶合竹结构不可缺少的加工工艺，而从试验数据来看，冷压胶合面可使抗压强度降低约40%。所以，必须正确区分 GluBam 单板与构件在顺纹抗压强度方面的差异，正确选用强度指标用于设计。同时必须看到，通过提高冷压胶合面的性能，改善胶合竹结构的承载能力，还有很大的空间。

从表3-2中还可以看到，大部分试件组的变异系数均在13%以下，相对于木材的变异系数较小。从试验数据的准确指数可以看出，试验数据的置信水平均接近于估计试件数量时所取 0.95 的置信水平。

GluBam 顺纹抗压强度分析   表3-2

试件组	试件名称	平均强度（MPa）	变异系数	准确指数
C-1	30mm×30mm×45mm 有冷压胶合面试块	31.6	23%	8.8%
C-2	30mm×30mm×45mm 无冷压胶合面试块	50.8	5%	2.0%
C-3	20mm×20mm×30mm 无表面无冷压胶合面试块	38.3	10%	4.0%
C-4	20mm×20mm×30mm 无表面有冷压胶合面试块	35.4	12%	4.9%
C-5	20mm×20mm×30mm 有一表面但无冷压胶合面试块	40.6	9%	3.7%
C-6	30mm×30mm×30mm 无冷压胶合面试块	55.5	13%	5.3%
平均值	—	42.0	—	—

3.5　胶合竹材的抗弯性能

3.5.1　抗弯强度试验试件

弯曲试验试样的尺寸为 300mm×30mm×30mm，长度方向为顺纹方向。按照《木材物理力学性能试验方法》规定，可在同一试件上进行抗弯模量测试后再进行抗弯强度测试，但注意两者加载方式有所区别，需要更换一次压头。如前章所述，GluBam 胶合竹梁，侧立抗弯性能显著高于平卧抗弯性能，因此，GluBam 板材的抗弯性能测试也是进行侧立受弯试验，试件如图 3-10 所示。

试验时，首先精确测量弯曲试件的跨度、截面高度等基本尺寸，精确至 0.1mm。试验所需最小试件数目依然按式（3-2）进行计算，抗弯强度变异系数参照木材规范取 15%，置信水平为 0.95。计算表明抗弯强度试验所需的试件数量为 32 个。

3.5.2　抗弯试验

试验设备为木材万能试验机，测定荷载误差不超过±1.0%。试验装置的支座及压头的曲率半径为 30mm，两支座中心间距为 240mm，试件的挠度采用百分表测量。弹性模量试验采用三等分段四点加载，而强度试验采用中央加载。实验时，将试样放在试验装置的两支座上，沿非切割面方向以均匀速度加载。加载装置如图 3-11 所示。

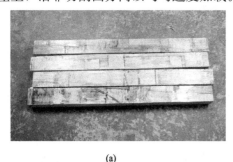
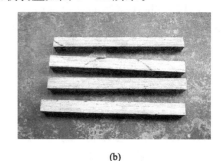

(a)　　　　　　　　　　　　　　　　(b)

图 3-10　抗弯强度试验试件

（a）试件非切割面；（b）抗弯试件切割面

图 3-11　抗弯试验装置

GluBam 受弯时，在比例极限范围内，按应力—应变的曲线确定其弯曲弹性模量。为保证加载范围不超过试样的比例极限应力，试验前，可在每批试样中，选 2～3 个试样进行试验，然后可获取材料的弯曲荷载—变形图，即可在其直线范围内确定上、下限荷载。接下来进行弯曲弹性模量测试，试验机以均匀速度先加载至下限荷载，立即读百分表指示值，读至 0.005mm，并填写在记录表中。然后经 20s 加载至上限荷载，再记录百分表读数，随即卸载。如此反复四次。根据最后三次测得的试样变形值，分别计算出上、下限变形平均值。上、下限荷载的变形平均值之差，即为上、下限荷载间的变形值。

试件的弯曲弹性模量按式（3-4）计算，准确至 10MPa。

$$E_{\mathrm{w}} = \frac{23Pl^3}{108bh^3f} \tag{3-4}$$

式中　E_{w}——试样含水率为 $W\%$ 时的抗弯弹性模量，本书中测试条件为 12% 的含水率（MPa）；

　　P——上下荷载之差（N）；

　　l——两支座间跨度（mm）；

　　b——试样宽度（mm）；

　　h——试样高度（mm）；

　　f——上、下荷载间的试样变形差值（mm）。

完成弯曲弹性模量测试后，更换压头，进行抗弯强度试验，要求在 1～2min 内将试样破坏。记录破坏荷载值，准确至 10N。抗弯强度按式（3-5）进行计算：

$$\sigma_{\mathrm{bw}} = \frac{3P_{\mathrm{max}}l}{2bh^2} \tag{3-5}$$

式中　σ_{bw}——试样含水率为 $W\%$ 时的抗弯强度，本书中测试条件为 12% 的含水率（MPa）；

　　P_{max}——破坏荷载（N）；

　　l——两支座间跨度（mm）；

　　b——试样宽度（mm）；

　　h——试样高度（mm）。

3.5.3　抗弯性能试验分析

作者课题组的试验结果表明，GluBam 的弯曲弹性模量平均值为 9407MPa，抗弯强度平均值为 99.0MPa，弹性模量的标准差为 92.7MPa，变异系数约为 10%；抗弯强度的标准差为 11.0MPa，变异系数约为 10%。

根据 ASTM D143-R2007 标准的总结，通常情况下，木材在静力条件下的抗弯试验破坏形态有六种，包括拉断、层间拉断、分裂拉断、断裂、压碎、水平剪坏等[3-11]。

GluBam 的弯曲破坏模式主要有两种：第一种为竹纤维拉断，如图 3-12 所示，这与木材典型破坏模式中的拉断很相似；第二种破坏模式可称为分层开裂，如图 3-13 所示。这种破坏现象与 GluBam 板材的分层叠合结构密切相关，由于各层竹帘的材料性质及厚度不可避免的存在差异，且热压胶合过程中存在缺陷，使得各个竹篾层在弯曲荷载作用下的变形不协调，导致竹篾分层开裂。这是胶合竹材有别于木材抗弯试验的一个特点。

图 3 - 12　GluBam 的弯曲破坏模式——拉断

试件局部

图 3 - 13　GluBam 的弯曲破坏模式——分层开裂

3.6　胶合竹材的抗剪性能

3.6.1　试件制作

GluBam 抗剪试验试件的尺寸根据《木材无疵小试样的试验方法》制作。如图 3 - 14 所示，试件厚度为 60mm，是两块 GluBam 板材的公称厚度，具体的尺寸按试验时测量数据为准。

3.6.2　抗剪试验

试验采用的夹具如图 3 - 15 所示，从该图中可以清楚看到，课题组进行的 GluBam 板材抗剪试验本质上属于单面直剪试验，剪切面与胶合面正交，为非胶合面。

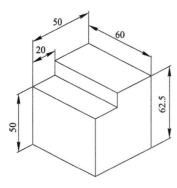

图 3 - 14　剪切试件尺寸

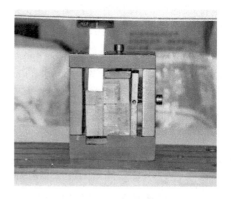

图 3 - 15　抗剪试验夹具

试验时，先将试件放置于夹具中，并将两个方向的挡板夹紧，保证试件夹持部分在试验时不会松动。然后将安装好试件的夹具放置在万能试验机压板上。试验中所采用的等位移加载，加载速度为2mm/min，并在2min内使试件达到破坏。抗剪试件在试验过程中，随着荷载逐渐增大会出现纤维撕裂的声音。当试件的加载进入下降段后，剪切面出现显著的变形，随后试件进入残余抗剪强度阶段，试件沿剪切面的相对滑移明显加剧时，试验终止。

3.6.3 抗剪强度

GluBam的抗剪强度平均值为16MPa，试验值得变异系数为12%，小于木材剪切强度试验所规定的变异系数，表明试验结果的分散程度是可以接受的。各个试件最大强度分布及平均值如图3-16所示。

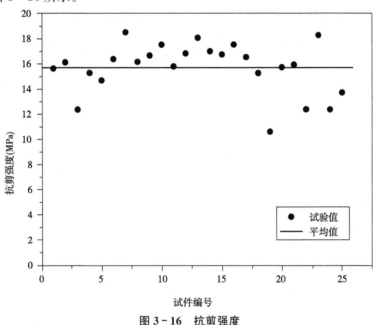

图3-16 抗剪强度

3.7 胶合竹材基本力学性能及设计值

通过试验和分析所得出的GluBam基本抗拉、抗压、抗弯、抗剪力学性能数据汇总见表3-3。

GluBam 基本力学性能汇总　　　　　　　　　　　表 3-3

试验类型		试件数量	平均值（N/mm²）	标准差（MPa）	结果变异系数	准确指数
抗拉	强度	16	83	16	20%	10%
	弹性模量	16	10344	1735	19%	
抗压强度	有冷压胶合面	26	35	7.1	23%	8.8%
	无冷压胶合面	26	51	2.6	5%	2.0%
抗弯	强度	32	99	11	10%	4%
	弹性模量	32	9407	927	10%	3%
抗剪强度		25	16	2	12%	5%

注：表中所列性质均为试件顺纹方向。

中国的木结构设计采用以概率理论为基础的极限状态设计方法，以可靠度指标 β 度量结构构件的可靠度，采用分项系数的设计表达式。这种设计方法是确定性设计表达式和半经验半概率系数的结合，是结构可靠度设计方法概率水平的第一阶段。而欧洲 Euro code 采用的也是极限状态设计法（LRFD），美国 National Design Specification（NDS）-2005 已经采用了 LRFD 方法。总之，当前国际木结构设计方法处于容许应力设计法（ASD）、以概率理论为基础的极限状态设计法（MFLSD）、极限状态设计方法（LRFD）三种方法并存的局面。在一些特别重要的重大工程中，有时还采用全概率设计方法。

3.7.1 容许应力设计值

由上述的试验研究得出的 GluBam 板材的力学性质，与设计中使用的胶合竹材构件中的实际受力状态存在差别，将其直接应用到现代竹结构设计中并不合理，因此，需要对材料基本力学指标进行合理的折减，方可作为结构设计时的强度，使竹结构具有一定的可靠度。在木材学中，将这种折减后的木材强度称为木材的容许应力。在对 GluBam 的研究中，课题组采用类似的方法获得其容许应力。

在木结构中，清材小样的木材强度与实际木结构构件的设计强度之间的差异主要包括木材强度的变异、木材的缺陷、荷载的持久性、不可预计的超载、设计和施工中可能出现的偏差，以及构件缺口处应力的集中等。为了保证木结构设计的安全可靠，这些因素对木材强度的影响必须加以综合考虑，对清材小样的强度值进行合理的折减。目前，各国木材容许应力的计算方法存在一定差异，但是基本原则大体相似。中国木结构设计所采用的木材容许应力是根据多年来国产木材性质研究结果，以及木结构设计和使用的经验，经过多次方法上的改进而确定的。木材容许应力 $[\sigma]$ 按下式计算：

$$[\sigma] = \sigma_{12} K_1 K_2 K_3 K_4 K_5 / (K_6 K_7) \tag{3-6a}$$

或 $$[\sigma] = [\sigma]_{\min} K_2 K_3 K_4 K_5 / (K_6 K_7) \tag{3-6b}$$

式中，σ_{12} 是含水率为 12% 时的强度平均值；$[\sigma]_{\min}$ 为试验测得的强度平均值在考虑变异性影响后的强度最小值；K_1 为木材强度变异系数；K_2 为长期荷载系数；K_3 为木材缺陷系数；K_4 为干燥缺陷系数；K_5 为应力集中系数；K_6 为超载系数；K_7 为结构偏差系数。

GluBam 的基本材料为竹材，物理力学性能与木材具有很多类似之处，参考木材的容许应力计算方法是可行的。但 GluBam 是将竹材进行结构重组后的人造复合材料，分散了缺陷对原材料性能的影响，降低了原材料的各向异性程度，因此，其物理性能和力学性能的离散性和变异性比天然的竹材和木材要小。在综合考虑各种影响因素，按照木材容许应力计算方法，课题组给出了 GluBam 材料的各项折减系数，见表 3-4，表中同时也给出了木材的折减系数。

在表 3-4 中，确定各项折减系数时的主要考虑如下：

（1）GluBam 的折减系数以木材相应的折减系数为基础，综合考虑材料性能的差异，主要调整的折减系数包括木材强度变异系数 K_1、材料缺陷系数 K_3、干燥缺陷系数 K_4。

（2）当对于木材强度变异系数 K_1，当 GluBam 的材料强度变异系数比木材相应材料变异系数每减小 10% 时，对应的将该系数调大 0.01。因此，对 GluBam 顺纹抗拉、顺纹抗压、抗弯强度、抗剪强度等构件类型的强度变异系数分别乘以了 1.00、1.06、1.03、1.04 的调整系数，得到了格鲁斑胶合板的强度变异系数 K_1。

（3）对于材料缺陷系数 K_3 和干燥缺陷系数 K_4，由于 GluBam 经过了较严格的选料和工业化生产，原材料本身缺陷的影响程度大大降低了，选择了乘以系数 1.2 作为此系数的调整，对于干燥缺陷系数选择了 1.1 为调整系数。

（4）由于其他系数 K_2、K_5、K_6、K_7 等受材料影响较小，故不作调整，直接引用木材的相应折减系数。

需要说明的是，在以上所有的折减系数中，并没有考虑冷压胶合工艺本身对材料性能波动的影响。冷压胶合后，GluBam 材料某些力学指标的变异性可能会增大。因此，必须保证胶合竹构件在冷压加工过程中的工艺和质量，当生产中如冷压加工质量出现显著波动时，有必要对该批构件的 GluBam 材料进行额外测试，必要时对容许应力作进一步的折减。

GluBam 材料力学性能折减系数 表 3-4

构件类型	$K'_1(K_1)$	K_2	$K'_3(K_3)$	$K'_4(K_4)$	K_5	K_6	K_7	总折减系数 $K'(K)$
顺纹抗拉	0.50 (0.50)	0.67	0.46 (0.38)	0.94 (0.85)	0.90	1.20	1.10	0.099 (0.074)
顺纹抗压	0.76 (0.72)	0.67	0.80 (0.67)	1.00 (1.00)	—	1.20	1.10	0.309 (0.245)
抗弯强度	0.72 (0.70)	0.67	0.62 (0.52)	0.88 (0.80)	—	1.20	1.10	0.200 (0.148)
顺纹抗剪	0.69 (0.66)	0.67	0.96 (0.80)	0.83 (0.75)	—	1.20	1.10	0.279 (0.201)

注：括弧中数据为木材系数。

胶合竹结构安全系数也可以通过容许应力计算，也就是总折减系数的倒数，为强度平均值 σ 与容许应力 $[\sigma]$ 的比值，一般用 A 来表示：

$$A = 1/K = \sigma/[\sigma] \tag{3-7}$$

对于木结构而言，由于木材构造不均匀，同时强度易受缺陷和含水率等影响，因此，木结构的安全系数比混凝土结构和钢结构等要求高。按照我国木结构设计规范，木结构的安全系数一般为 3.5～6。参考木结构确定的胶合竹结构容许应力设计方法，其结构安全系数也基本相同。

3.7.2 极限状态设计法（MFLSD）

中国和欧洲的现行木结构设计均采用了极限状态设计方法。在极限状态设计法中，结构或构件能满足设计规定的某一功能要求的临界状况，超过这一状态，结构或构件就不能满足设计的要求。在极限设计状态法中，部分荷载和材料强度采用统计方法进行确定，而荷载和抗力系数仍然是采用经验系数。因此，对确定的极限状态并没有明确的保证概率。而在材料设计值的获得方面，我国规范和欧洲规范有着一定的差别。

中国规范中对清材小试样强度标准值 f_K 进行了调整，得出了材料强度的设计值。调整时分别考虑了抗力分项系数 γ_R，方程准确性系数 K_P，尺寸误差系数 K_A，构件材料强度折减系数 K_Q 等对结构抗力的影响，如式（3-8）所示：

$$f = (K_P K_A K_Q f_K)/\gamma_R \tag{3-8}$$

由于欧洲木结构规范中木材及以木材为基础的材料的力学性能一般是通过足尺试验获得的，所以在计算设计值时，不必考虑尺寸效应的影响，而是把材料的荷载作用系数和含水率的影响考虑到修正系数中。总的来说，在对材料设计值的确定，极限状态设计法与容许应力设计法有很多相似之处。目前，由于胶合竹结构在材料强度和荷载分项系数方面缺乏的必要地原始数据积累，因此不可能进行相应参数的统计分析，在现阶段还不能提出现代竹结构的极限状态设计方法，在本书的工程设计中，基本参照木结构设计，但使用本章所述材料参数。

3.7.3　荷载抵抗系数法

LRFD 在我国的结构设计，特别是木结构的设计中还没有得到应用。美国 NDS2005 从新的 LRFD 方法和传统的 ASD 方法两种角度对旧的规范作了修改，并鼓励设计者使用 LRFD 方法进行相关的木结构设计，因为 LRFD 方法不仅具有较为明确的安全等级，而且能够在某种程度上节约建筑材料。在 LRFD 中，设计是根据构件所受的力和弯矩进行的，而在 ASD 中则是基于构件的应力。

作者研究了美国的 NDS2005，其 LRFD 方法是建立在之前的 ASD 设计方法之上的，特别是在材料设计值的取值上。LRFD 中材料设计值的获得需要将 ASD 中的参考设计值（Reference Design Value）先乘以转换系数 K_F，然后再乘以 LRFD 相关的调整系数。以抗弯计算为例：

$$F_{bn} = F_b K_F \tag{3-9}$$

$$F'_{bn} = F_{bn}(\phi_b \lambda C_M C_t C_F C_r C_i) \tag{3-10}$$

$$M'_n = F'_{bn} S_x \tag{3-11}$$

式中，F_{bn} 为名义设计值；F'_{bn} 为调整后的 LRFD 设计值；M'_n 为调整后的 LRFD 抵抗力。

由于美国 NDS 的 LRFD 方法是由 ASD 方法发展而来的，在材料设计值的最初取得上仍然延续了 ASD 的内容，而我国的 ASD 设计方法与 NDS 的 ASD 方法也存在着差别，所以直接套用 NDS 中 LRFD 的方法进行设计显然不可行。

综上分析，胶合竹结构的研究与应用仍然处于起步阶段，虽然有木结构设计规范作为参考，但是材料性质差异及各影响因素等诸多不确定性，决定了现阶段胶合竹结构设计要从最基本的容许应力设计方法开始。随着对胶合竹材料性能研究的不断完善和深入，其结构设计方法也能不断发展。

3.8　GluBam 容许设计应力

根据清材小样试件试验的结果，以及调整后的容许应力折减系数，作者计算得到了 GluBam 的容许应力设计值，并与几种常见的胶合木材进行了对比，见表 3-5。从计算结果可以看到，GluBam 的容许设计应力与 LVL、PLS 和 LSL 大致相当，有的容许应力甚至高于这几种材料。今后，经过生产水平的提高和检验手段的完善，GluBam 的力学性能更有保障，GluBam 作为新型绿色结构材料的应用前景极为广阔。

构件类型	花旗松旋切板胶合木（LVL）	花旗松平行木片胶合木（PLS）	胶合竹（GluBam）	层叠木片胶合木（LSL）
弹性模量	11000	12400	10300	9000
顺纹抗拉	8.5	13.4	8.2	7.4
顺纹抗压	14.5	17.2	16.2	9.6
抗弯强度	14.7（梁或搁栅）	17.2（荷载平行木片宽面）	19.5	13.1（梁或搁栅）
顺纹抗剪	2.0（梁或搁栅）	1.6（荷载平行木片宽面）	4.6	1.0（梁或搁栅）

格鲁斑结构构件容许设计应力（MPa）　　　　　　表 3-5

3.9 胶合竹材的长期蠕变性能

作者研究团队通过在室内环境下对 GluBam 胶合竹材料的长期蠕变试验[3-14]，检测到其在不同应力水平下的拉伸和压缩蠕变变形，获得了长期变形数据，为研究和总结胶合竹材的拉伸和压缩蠕变性能和规律、建立胶合竹材的蠕变本构模型提供了依据，同时也为构件的蠕变分析提供基础。在长期蠕变性能试验中，根据短期力学性能试验获得的材料强度值来确定长期力学性能试验的应力水平，通过新型胶合竹材料试件在不同应力水平下的拉伸和压缩蠕变试验获得蠕变变形的规律。

3.9.1 试验用材

本试验所用的竹胶合材由作者研究团队的合作厂家生产。该批胶合竹板的尺寸为 2440mm×1220mm×28mm，为了保证试验试件的材料性质均匀一致以及含水率的不变，材料运到后统一放置于恒温恒湿的房间等待切割试件。

3.9.2 胶合竹材长期蠕变性能试验

（1）试件设计：胶合竹材长期蠕变试验试件参考《木材无疵小试样的试验方法》ASTM D143—2009 来进行设计，同时参照《木结构试验方法标准》GB/T 50329—2002 的相关规定来指导试件的加工，因此长期蠕变试验的受压蠕变试件尺寸为 28mm×28mm×200mm，受拉蠕变试件标准段尺寸为 28mm×10mm×200mm，具体尺寸如图 3-17 和图 3-18 所示。

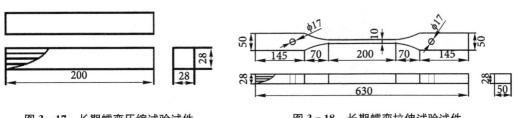

图 3-17　长期蠕变压缩试验试件　　　　　图 3-18　长期蠕变拉伸试验试件

（2）试验装置：长期蠕变试验在特制的蠕变试验装置上进行，装置设计参考了哈尔滨工业大学的木材蠕变试验装置，在长沙制作而成，如图 3 - 19 所示。在拉伸蠕变装置中，三个试件并联在一起承受恒力的作用，而在压缩蠕变装置中，三个试件是串联在一起的，三个试件的端部都设置有单向铰，而且同一个试件的两个单向铰是相互垂直的，并且在单向铰所在部位设置了侧向支撑板，如图 3 - 20 所示。

　　试验中试件的蠕变变形用专门制作的夹具来测量，如图 3 - 21 所示，夹具上安装 2 个百分表分别测量每个试件的两侧变形，将得到的变形值取平均值作为该试件的变形，这种方法可以消除试件弯曲而产生的测量误差。百分表的标距为 150mm，对于应变测量的分辨率为 0.0067。试件加载过程中，前三天的 8：00～23：00 每隔 4h 记录一次各个表的读数，接下来一个月每半天记录一次各个表的读数，再下来两个月每三天记录一次各个表的读数，最后每 5 天测试一次各个表的读数直到蠕变试验结束。

(a)　　　　　　　　　　　　　　　(b)

图 3 - 19　长期蠕变试验装置

（a）拉伸蠕变试验装置；（b）压缩蠕变试验装置

图 3 - 20　蠕变试验试件连接细部　　　　**图 3 - 21　蠕变变形测量装置**

　　（3）加载方案：根据短期力学测试所得到的材料的平均强度值，将长期蠕变试验的应力水平分为 0.2、0.4 倍和 0.6 倍平均强度三个等级，见表 3 - 6。

蠕变试验荷载级别（以抗压强度平均值作为计算依据） 表 3-6

压缩蠕变试验 （截面尺寸 28mm×28mm，3 个串联）			拉伸蠕变试验 （截面尺寸 10mm×28mm，3 个并联）		
应力比	最大应力（MPa）	理论加载（kN）	应力比	最大应力（MPa）	理论加载（kN）
0.6	35.076	27.500	0.6	35.076	29.464
0.4	23.384	18.333	0.4	23.384	19.643
0.2	11.692	9.167	0.2	11.692	9.821

3.9.3 蠕变试验结果

长期蠕变试件从 2011 年 4 月 24 日开始，一直持续到 2012 年 4 月 24 日，经历了春夏秋冬完整的四季循环。通过长达一年的蠕变变形观测，获得了拉压蠕变试件在不同应力水平下的蠕变变形记录，得到如图 3-22（受压）和图 3-23（受拉）的蠕变变形—时间曲线，每条曲线都是取三个试件蠕变变形的平均值。

从图 3-22 和图 3-23 中可以看出，在不同应力等级下的蠕变变形趋势相似。在前 50 天由于正值春夏季节，长沙地区的相对湿度波动较为剧烈，导致蠕变变形的蠕变的波动变大，之后到达湿度相对固定的秋冬季节，蠕变变形的波动变小，蠕变缓慢增加。而到了试验后期又回到了春夏季节，降雨量大，室内湿度变化又开始波动，所得的压缩变形较前一段波动明显。由于试验过程没有排除正常使用环境下的温湿度对试件的影响，因此，后期用这些数据来研究胶合竹材的蠕变规律的时候，蠕变规律同样也包含了温湿度的影响条件[3-15]。

从图中也可以看出，在荷载加载初期，试件的蠕变变形较大，而且较快。随后蠕变的变化速率逐渐变慢，减少至最小，然后基本保持不变。并且在相同的应力等级下，拉伸蠕变和压缩蠕变的变形基本相同。

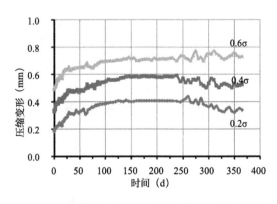

图 3-22 单轴压缩下平均蠕变变形—时间曲线   图 3-23 单轴拉伸下平均蠕变变形—时间曲线

由于中国木结构规范未对木材的蠕变性能作相应规定，因此参考美国 ASTM 规范的规定进行蠕变数据的验证。根据 ASTM D6815—02a 对于木材构件的跨中蠕变应该满足：

$$D_{30} - D_i > D_{60} - D_{30} > D_{90} - D_{60} \tag{3-12}$$

并且：

$$FD_{90} = D_{90}/D_i < 2.0 \qquad (3-13)$$

式中 D_i——初始的弹性蠕变；

    D_{30}，D_{60}，D_{90}——第 30 天，60 天，90 天的蠕变变形。

试验得到的数据结果满足规范要求，并且在不同受力情况下的试件总变形与初始变形的比值介于 1.5～1.9 之间，小于 2.0。这表明蠕变试验结果可靠，GluBam 胶合竹材的蠕变具有一般材料蠕变的性质，在本试验的条件下蠕变变形稳定。

3.10 胶合竹材的老化性能

3.10.1 概述

胶合竹材的耐气候老化性能极其重要，为了得到胶合竹材耐气候老化性能方面的数据，陈杰[3-16]设计了一种人工加速老化试验装置进行研究。所谓人工加速老化试验，就是用人工的方法，模拟近似于大气环境条件或某种特定的条件，并强化某种因素，以期在较短的时间内就能获得试验结果。人工加速老化试验包括人工气候老化试验、人工湿热老化、人工热老化等。本文采取人工气候老化试验，模拟自然气候中的太阳光照和降雨对胶合竹材的影响。

3.10.2 加速老化试验条件及方法

该加速老化试验是以长沙地区的气候作为参考条件。在长沙，每年有 1300～1800h 的日照，每年年均降水量为 1200～1700mm。试验所使用的设备为紫外光耐气候老化试验箱，如图 3-24 所示。试验箱具有辐照、冷凝及自动喷淋循环功能，模拟室外条件如阳光、降雨等。测试中，紫外光源的照射强度比太阳光高出约 4.3 倍，其喷水量大约相当于每小时 300mm 的降雨量。模拟测试的循环为首先辐照 8h，模拟气候环境中的太阳光对GluBam 板材的降解作用；然后冷凝和喷水各 1h，分别模拟自然气候环境中的露水作用和降雨过程。因此，它每天可以完成单次试验的 2.4 倍，表 3-7 显示了人工加速老化试验的基本信息及等效老化时间，试验根据辐照总量相当来选定老化时间进行分析。

(a)   (b)

图 3-24 紫外光耐气候老化试验箱

(a) 老化试验箱外观；(b) 老化试验箱内部

人工加速老化试验基本信息 表3-7

测试箱时间	等效老化时间	
	根据辐射量	根据喷水量
12d	240d	600d
24d	480d	1200d
48d	960d	2400d

3.10.3 老化试件及处理

老化试件是从一批胶合竹材 GluBam 标本中随机选取，并将其切割成长度为 400mm，宽度为 200mm，厚度为 28mm 的样本，一批样本包括 3 块板材，放置于测试箱内进行老化测试，直到预设的测试时间。试验样本分为三组，见表3-8。

试件分组 表3-8

试件组	处理措施
第一组试件（1号）	切割面裸露
第二组试件（2号）	切割面用沥青漆进行封边处理
第三组试件（3号）	切割面用 GFRP 进行封边处理

3.10.4 试件老化后的测试内容

测试前，为了能够使得试验前后的 GluBam 板材各性能测量时的含水率一致，需进行试样含水率调整，调整方法参照现行行业标准《建筑用竹材物理力学性能试验方法》JG/T 199—2007 的规定，将试样置于温度 20℃±2℃，相对湿度 65%±5% 的恒温恒湿环境下保存两周，待含水率达到稳定状态后测量试样的初始尺寸，然后开始进行老化测试，直到预设的测试时间。然后将试样拿出，再次进行上述工作，待含水率稳定后，进行变形测试以及力学性能测试。

（1）试样的变形测量：GluBam 在干湿循环下呈现明显的变形，特别是在板材的厚度方向。这种变形的增量与老化性能直接相关，所以样本老化试验后，需测量其变形，测量点如图 3-25 所示。变形测量的时间为样本的含水量到达稳定状态，测量工具为长宽度测量使用游标卡尺和厚度测量使用千分尺。

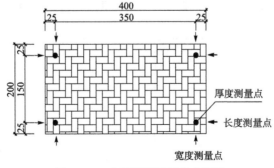

图 3-25 变形测量的测点布置图

（2）试样的基本力学性能测试：试件完成老化后进行基本的力学性能测试，包括拉伸强度及弹性模量、压缩强度、弯曲强度及弹性模量和内结合强度等力学指标的测试，通过对比老化前后的测试结果，得到胶合竹材的基本老化性能。

3.10.5　试验结果及分析

（1）试件老化后的变形测量结果：经过测量得到老化试验后各组试件沿三个方向上的膨胀率变化，从变形数据可以看出，试样表面不论做何处理以及老化时间长短，试样沿长度和宽度方向上的变形增量均很小，基本可以忽略不计，表明 GluBam 沿平面方向具有优良的尺寸稳定性。然而，如表 3-9 所示，切割面裸露的 GluBam 沿厚度方向的变形增量呈现出明显的发展，且随老化时间增加不断增长。但经过封边处理，厚度变形减缓，特别是 GFRP 封边效果较好。这也是作者研究团队在进行室外工程时常用的封边处理方法。

（2）试件老化后基本力学性能测试结果：将经过加速老化试验后的各组试样按照前述的测试方法进行抗拉、抗压、抗弯以及内结合强度的测试，结果如图 3-26～图 3-31 所示。各力学指标都是随着老化时间的增加呈下降趋势，其中，内结合强度的下降幅度最大[3-15]。

厚度变形测量结果　　　　　　　　　　　　　　　　　　表 3-9

加速老化时间	切割面裸露	沥青漆封边	GFRP 封边
12d	14.2%	11.7%	5.19%
24d	18.6%	17.2%	10.3%
48d	23.6%	20.5%	14.1%

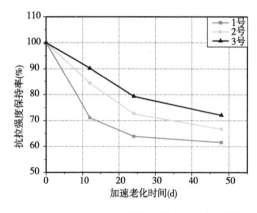

图 3-26　加速老化后拉伸强度的变化曲线

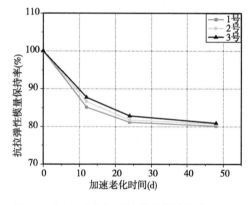

图 3-27　加速老化后拉伸弹性模量变化曲线

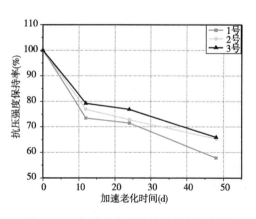

图 3-28　加速老化后压缩强度变化曲线

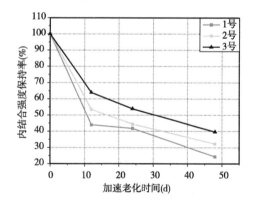

图 3-29　加速老化后内结合强度变化曲线

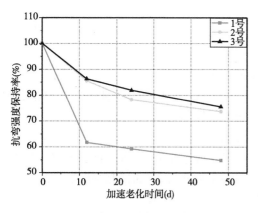

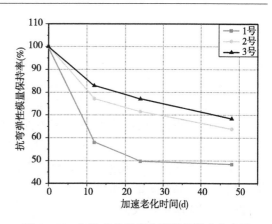

图 3-30　加速老化后试样弯曲强度变化曲线　　　图 3-31　加速老化后弯曲弹性模量变化曲线

（3）试样的老化性能分析：上述的力学性能测试结果均与老化时间有关。陈杰提出一个老化因子 β，它可由下式得到[3-16]：

$$\beta=\frac{f_t}{f_0} \tag{3-14}$$

式中　f_t——试件经过老化时间 t 后的强度；

f_0——试件未经过老化的强度。

而对于老化后的厚度变化，老化因子 β 定义为：

$$\beta=\frac{T_0}{T_t} \tag{3-15}$$

式中　T_0——试件老化前的厚度；

T_t——试件经过老化时间 t 后的厚度。

老化因子 β 与老化时间 t 之间的关系如图 3-32 所示。从图 3-32 中可以看出，所有的力学强度结果随老化时间增长均呈单调下降的趋势。而且，在所有的力学性能指标中，内结合强度对老化时间最为敏感，而其他强度都与其有着密切关系。所以内结合强度老化因子 $\beta_{b,t}$ 与其他强度老化因子 $\beta_{s,t}$ 存在着一个内结合强度相关系数 η，它通过下式进行定义。

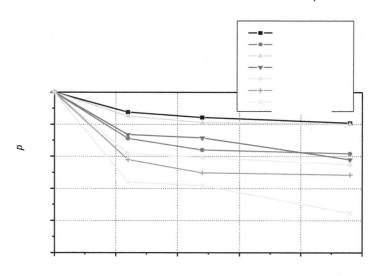

图 3-32　老化因子 β 与加速老化时间的关系曲线

$$\eta = \frac{\beta_{s,t}}{\beta_{b,t}} \tag{3-16}$$

式中　$\beta_{s,t}$——试件经过老化时间 t 后，其他力学指标的老化因子；

　　　$\beta_{b,t}$——试件经过老化时间 t 后内结合强度的老化因子。

通过上式可得到一个较好的关系曲线，如图 3-33 所示。根据几条曲线，可以拟合得到一条直线，得出他们之间的线性相关性，线性相关方程如下。

$$\eta = 1.0917 + 0.0013t \tag{3-17}$$

厚度的变化是一个几何参数，可以直接测量得到，可方便地用来评价胶合竹的老化性能，根据相关系数 η 的分析方法，可以建立厚度相关系数 θ 与老化时间之间的关系，其结果如图 3-34 所示，线性相关方程为式（3-18）。

$$\theta = 1.1275 + 0.0023t \tag{3-18}$$

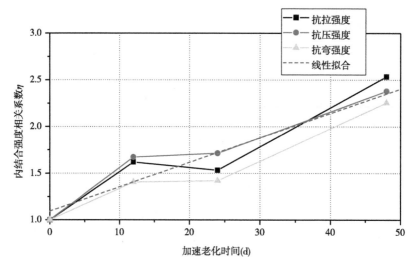

图 3-33　相关系数 η 的拟合曲线

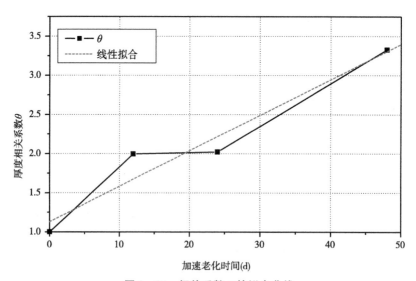

图 3-34　相关系数 θ 的拟合曲线

由上述分析可知，只要通过简单的测量试样的厚度变化，就能够很容易评价胶合竹材的基本力学性能。然而，必须要注意的是，该结果是建立在准确的厚度－内结合强度及力学性能－内结合强度相关关系的基础上。因此，要想得到比较准确的相关关系，需要进行大量人工加速老化测试及自然环境下的老化测试。

从结构应用的角度来研究胶合竹材的老化性能，作者研究团队所做的工作尚属首次，但试验量还不够充分[3-15]。根据有限的试验结果，作者认为在应用 GluBam 胶合竹材建造室外结构构件时应尽可能避免雨水的直接侵蚀，如可将桥梁的大梁置于桥面板下，否则应设法做好防水处理，特别是切割面的防水处理。

参考文献

[3-1] 国家标准．GB/T 17657—1999 人造板及饰面人造板理化性能试验方法［S］．北京：中国标准出版社，1999．

[3-2] 行业标准．LT/T 1574—2000 混凝土模板用竹材胶合板［S］．北京：中国标准出版社，2003．

[3-3] 刘波，等．两项竹材物理力学性质试验方法标准的比较［J］．木材工业，2008，22（4）：26-29．

[3-4] 高黎，王正，常亮．建筑结构用竹质复合材料的性能及应用研究［J］．世界竹藤通讯，2008，6（5）：1-5．

[3-5] 张叶田，何礼平．竹集成材与常见建筑结构材力学性能比较［J］．浙江农林大学学报，2007（01）．

[3-6] 叶良明，姜志宏，叶建华，孟建雄．重组竹板材的研究［J］．浙江林学院学报，1991，（2）．

[3-7] 王正，郭文静．新型竹建筑材料的开发利用［J］．世界竹藤通讯，2003，1（3）：7-11．

[3-8] 张晓冬，李君，王泉中，等．竹木复合层合板力学性能预测与分析［J］．南京林业大学学报：自然科学版，2005，29（6）：103-105．

[3-9] 蒋身学，程大莉，张晓春，等．高温热处理竹材重组材工艺及性能［J］．林业科技开发，2008，22（6）：80-82．

[3-10] 国家标准．GB 50005—2003 木结构设计规范［S］．北京：中国建筑工业出版社，2003．

[3-11] 国家标准．GB/T 1927～1943—2009 木材物理力学性能试验方法［S］．北京：中国标准出版社，2009．

[3-12] ASTM Standard D143—2009. Standard Test Methods for Small Clear Specimens of Timber, ASTM International, West Conshohocken, PA, www. astm. org.

[3-13] 关锡鸿，冼定国，叶颖薇．竹材——一种天然的复合材料［J］．复合材料学报，1987，4（4）：79-83．

[3-14] 肖岩，杨瑞珍，单波，佘立永，李磊．结构用胶合竹板力学性能的试验研究［J］．建筑结构学报．2012，33（11）：150-157．

[3-15] 李磊．现代新型胶竹材料蠕变性能及组合结构蠕变研究［D］．湖南：湖南大学，2012．

[3-16] 陈杰．GluBam 胶合竹材的耐久性能及环保性能试验研究［D］．湖南：湖南大学，2012．

第 **4** 章
胶合竹结构构件的受力性能

第 3 章介绍了 GluBam 的力学性能以及材料强度设计取值的基本方法。GluBam 板材需要根据结构设计的要求进行二次冷压及后续加工，才能制成各种胶合竹构件。在现代竹结构住宅和桥梁中，最基本的受力构件包括胶合竹柱、胶合竹梁以及轻型竹结构墙体。本章详细介绍有关这些构件的研究成果。但尚需指出的是，作者及其他研究人员有关胶合竹结构构件的研究还在继续，这方面还需要做大量的工作。

4.1　胶合竹结构柱

本节介绍胶合竹柱的轴心受压试验，探讨胶合竹柱的破坏机理，研究胶合竹柱轴心受压的相关力学性能参数。

4.1.1　轴心受压柱试件

课题组共进行了 5 组不同规格的胶合竹柱轴心抗压试验，每组竹柱 3 个试件，总共进行了 15 个构件的试验[4-1]。通过试验和分析，测定出竹材胶合柱轴心受压破坏时的临界荷载，获得荷载—应变曲线和长细比—侧向位移曲线等。

试验设计 5 组竹柱采用同一批 GluBam 板材制成，板材公称厚度为 30mm，实测厚度约为 28mm。所有试件具有相同的截面，即试件模型柱由两块 GluBam 板材经过二次冷压胶合而成，再经过切割、砂光等工序加工成试验构件。试件的加工工艺与第 2 章介绍的完全相同。此外，为确定每个试件材料的抗压强度，从每个试件上切取 3 个标准小试件，进行了材料的抗压强度试验和弹性模量测定。具体的竹柱规格见表 4-1。

胶合竹柱试件一览表　　　　　　　　　　　　　表 4-1

试件编号	截面尺寸（mm）	试件长度（mm）	理论长细比
Z400	55.9×56.1	402.3	24.7
Z600	55.6×56.0	600.7	37.1
Z1000	56.1×56.1	1001.6	61.8
Z1200	56.3×56.4	1202.1	74.2
Z1600	55.6×55.8	1601.6	78.9

注：表中，GluBam 材料的抗压强度平均值为 42.0MPa。

4.1.2 试验装置与测量方案

试验采用湖南大学现代竹木及组合结构研究所实验室的反力架进行。轴向荷载采用一个加载能力为 160kN 的手动式液压千斤顶施加，加载速度可以通过油缸进油阀门进行调节。试件两端采用双向刀铰作为支撑，双向刀铰可在试件截面两个正交方向的轴线上绕任何方向转动，两个刀铰的加载中心与试件截面的形心重合，尽量保证轴心受压状态。试验装置如图 4-1 所示。

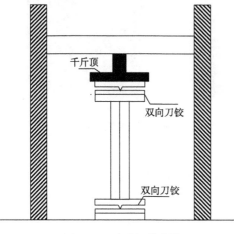

图 4-1 试验加载装置

为了测定试件的应变值，在柱的中央截面的四个侧面沿竖向和横向粘贴标距为 15mm 的电阻应变片。同时，为了测量试件侧向挠度，在柱的中间高度两个正交方向安装了位移传感器 LVDT。

在正式加荷之前，对安装好的试验柱进行预加压，使它进入正常的工作状态，同时检查试验装置是否可靠和所用测量仪表的工作是否正常。F_0 就是为了满足这些要求所需的最小荷载值。木结构试验方法标准[4-2]规定 ΔF 约取预估的破坏荷载的 $1/15 \sim 1/20$，F_1 值约取 ΔF 的 $1 \sim 2$ 倍，$F_0 \approx \Delta F$，但考虑到本试验中，胶合竹柱的承载力较大，为了仔细观察试验过程中相关参数的变化，在本试验中，各试件对应的 F_0、F_1 和 ΔF 取值见表 4-2 所示。

加载参数表		表 4-2
初始荷载 F_0	初始荷载 F_1	荷载步 ΔF
2kN	4kN	2kN

试验时，首先测定各试件的偏心距和弹性模量。具体测试方法为：初加荷载到 F_0 后，用静态电阻应变仪测应变值，再加载到 F_1 后测相应的应变值，卸载到 F_0，反复进行 5 次，取其中相近的 3 次读数的平均值作为计算初始偏心和初始弹性模量的应变值。然后卸载到 F_0，随即以均匀的速度连续逐级加载，每级荷载为 ΔF，并读出每级荷载下的应变和变形值，而 F_0、F_1 和 ΔF 是根据压杆的长细比和估计的破坏荷载来确定。

4.1.3 试验结果与分析

试验中，不同高度的试件破坏形式有所差别。对于高度为 400mm 和 600mm 的胶合柱，破坏是由竹柱中部 GluBam 板材的冷压胶合面开裂导致的，破坏前试件未发生明显的弯曲变形，破坏具有一定的突然性，如图 4-2 所示。试件高度为 1000mm、1200mm 和 1600mm 的胶合柱，破坏时发生明显的弯曲变形，柱子中部切割面挠度值分别为 3mm、6.4mm 和 10.7mm，中部非切割面挠度值分别为 7.1mm、10.3mm 和 17.2mm，属于失稳破坏，如图 4-3 所示。

图 4 - 2　冷压胶合面开裂　　　　　　　　图 4 - 3　失稳破坏

　　试验测得了各级荷载下，柱子的中央截面 4 个面沿竖向和横向的应变值，图 4 - 4（a）和图 4 - 4（b）分别为胶合竹柱 Z1000 - 2 的横向应变和纵向应变随荷载增大变化情况。从试验的数据可以看出，试件 Z1000 - 2 在轴心受压的加载过程中，在开始阶段，荷载与应变基本呈线性关系，且横向受拉，竖向受压。随着荷载的增大，应变的增长速度显著快于荷载的增长速度，荷载—应变曲线的斜率减小。在试件的承载力超过其峰值后，试件的荷载—变形曲线出现了下降段，这显然是由于试件受力的二阶效应导致的。其他试件的荷载与应变的关系与 Z1000 - 2 相似。

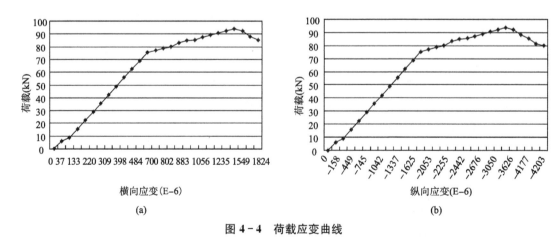

图 4 - 4　荷载应变曲线

（a）荷载随横向应变的变化曲线；（b）荷载随纵向应变的变化曲线

4.1.4　长细比—荷载关系

　　取每组试件 3 个强度数据的平均值代表本组试件的试验结果，并把试验结果与《木结构设计规范》GB 50005—2003 以及美国木结构设计规范的允许应力法（ASD）及极限设计法（LRFD）[4-4] 计算的承载力计算结果进行比较，结果如图 4 - 5 所示。在

图4-5中，中国规范的理论曲线1和理论曲线2是按不同树种强度等级所确定的用于计算受压构件稳定性的两条曲线。从图中可以看出，试验结果高于中国规范的设计承载力而与美国 LRFD 规范的设计曲线接近。如果采用我国木结构规范，作者建议可以采用树种强度等级较高的木结构受压构件稳定性计算公式来进行胶合竹轴心受压构件的设计。

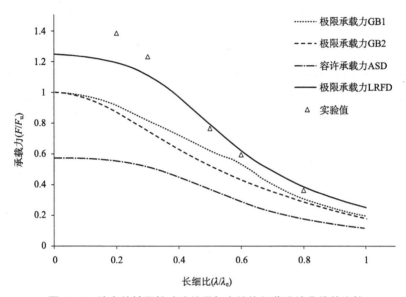

图4-5 胶合竹轴压柱试验结果与木结构规范设计曲线的比较

4.2 胶合竹梁

如胶合木 GluLam 一样，胶合竹 GluBam 的一个更为主要的应用是作为梁承受竖向荷载。在设计竹材梁时可以考虑采用 FRP 增强，同时需要考虑由于接长而设的指接连接、螺栓连接等对胶合竹梁性能的影响。本节介绍了胶合竹梁构件的研究成果，包括破坏机理和相关力学性能参数，并就其指接连接性能、构件稳定性能等方面进行了理论分析与探讨。

4.2.1 GluBam 胶合竹梁连接方式对比试验

GluBam（格鲁斑）胶合竹梁可分为指接梁和非指接梁，这主要取决于梁的长度，如果长度不超过原材料的基本模数，不需要进行指接接长，当竹梁在大跨度空间上使用时，就需要采用特殊的方式进行接长。胶合工艺中常用的接长方式有3种，即钢板螺栓连接、错层叠合连接、FRP 局部加强。为了了解哪种工艺方法更加适合 GluBam 胶合竹梁，结合一个人行天桥工程，作者课题组分别对3种连接方式的竹梁进行抗弯性能对比试验[4-5]。

1. 试验方案

由于 GluBam 板材长度只有 2440mm，达不到使用要求，需要对板材进行对接加长加工，作者提出三种不同的主梁加工方案，并通过对三种方案加工出来的竹梁做对比试验，以决定竹梁的成型方式。试验共三个足尺试件，试件长度均为5m，试件 BEAM-1 为300mm 高、56mm 厚，即两块板材胶合而成，采用平接加钢板螺栓连接；试件 BEAM-2 和 BEAM-3 截面尺寸均为 300mm 高、84mm 厚，即 3 块板材错位层叠胶合压制而成，其中 BEAM-3 是在 BEAM-2 的基础上在底部增设了一层 CFRP（表4-3）。试验装置采用两点加载，纯弯段长 1300mm。梁的两侧增设了两对侧向支撑，仅为了防止梁的扭转或侧向失稳，侧向支撑要求不产生沿加载方向的反力，挠度测量采用百分表。加载装置和试验情况如图 4-6 所示。

足尺竹梁试件的参数　　　　　　　　　　　　　表 4-3

试件	截面高度	截面厚度	加工方法
BEAM-1	300mm	56mm	两层胶合分段钢板螺栓连接
BEAM-2	300mm	84mm	三层胶合错位层叠
BEAM-3	300mm	84mm	三层胶合错位层叠，CFRP 增强

2. 试验结果

（1）荷载与变形状态：

①试件 BEAM-1 由于钢板与竹材的力学性能差异大，使得在加载初期节点就开始出现缝隙，之后连接钢板出现屈服，当竹梁在节点处发生折曲时，试验中止，荷载卸载后残余变形有 23mm。

②试件 BEAM-2 在加载初期并无异常，当加载到 10kN 时，跨中开始出现可见的裂纹；当加载到 15kN 时，裂纹加宽，并且梁的跨中挠度持续加大；当加载到 17.5kN 以后，跨中受压区竹材外鼓，力传感器的数据不再增加，试验中止，荷载卸载后变形不能复原。

③试件 BEAM-3 在加载到 25kN 时开始出现开裂声，加载到 32.5kN 左右时，跨中受压区竹材突然错位断裂，试验中止。各模型最终破坏形态如图 4-7 所示。

图 4-6　足尺竹主梁加载试验

(a)   (b)   (c)

图 4 - 7 各模型最终破坏形态

(a) BEAM - 1；(b) BEAM - 2；(c) BEAM - 3

（2）荷载与跨中挠度关系。图 4 - 8 给出了各试件跨中截面荷载与跨中挠度之间的关系。

①模型 BEAM - 1 连接钢板处节点过早屈曲，使得竹梁没有发挥出其应有的性能，增加连接钢板的材料用量可以提高竹梁的承载能力，这种方案虽未被采用，但仍不失为一种控制破坏部位和模式的结构形式。

②模型 BEAM - 2 加载初期性能较为稳定，由于竹梁为 3 层板材叠合，在板与板的连接节点处受力面积只能按两层板材受力进行折减，竹材性能没有充分发挥。

③模型 BEAM - 3 在加载初期荷载与挠度表现出良好的线性关系，承载力比 BEAM - 2 提高了一倍左右，且在荷载较高的情况下抗弯刚度较为稳定，但发生破坏时没有明显征兆，因此，在设计应当控制竹梁的变形量，避免竹梁承受过大荷载而发生脆性破坏。

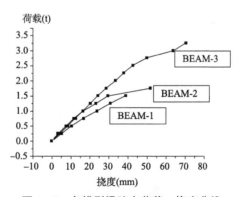

图 4 - 8 各模型梁跨中荷载—挠度曲线

利用结构力学理论并采用第 3 章所述材料试验获取的弹性模量计算所得的 BEAM - 2 和 BEAM - 3 竹梁的初期挠度为 28.2mm/t，BEAM - 1 竹梁的初期挠度为 18.8mm/t。而实际测得的挠度均小于计算值，说明挠度计算偏于安全。试验结果表明：BEAM - 3 方案的承载力最大，错位层叠胶合工艺能够充分发挥竹材的性能，CFRP 增强也会大大提高竹梁的强度。

4.2.2 GluBam 非指接梁的叠合方式对比试验

欧美木结构常采用平铺叠压的方式进行梁板生产和加工，这种工艺要求每层木板的厚度

53

很小，才能充分发挥胶的粘结效果和弥补节点的强度削弱。而胶合竹材料的硬度较大，并且原材料的每层胶合板的厚度较大，如果采用平铺叠合的方式会使构件在受力过程中容易发生胶合面剥离而失效。以往有关胶合竹梁研究的一个盲点也许就在于此。作者提出 GluBam 胶合竹的叠合方式为板材侧立叠合，外力作用在板材的平面内，在受力过程中考虑侧向稳定因素。侧立叠合方式能够更好地发挥胶合竹平面内自身的刚度和强度，简化了指接工艺和胶合技术。为了验证侧立叠合与平铺叠合方式的优劣性，以及研究两种叠合方式对 GluBam 胶合竹承载力和刚度的影响，作者的研究课题组设计了两种不同方式的竹材梁进行对比试验[4-6]。

1. 试验方案

试验加工了 4 组共 10 根矩形截面竹梁试件，为消除剪应力对竹梁抗弯试验的影响，参考《木材无疵小试样的试验方法》[4-7]ASTM D143—2009 和《竹材物理力学性质试验方法》GB/T 15780—1995[4-2]相关规定，所有试件的跨高比都等于 18，高宽比约为 2，见表 4-4。其中 1、3 组为侧立叠合梁，2、4 组为平铺叠合梁，试验在木材万能试验机上进行，采用两点加载方式。

试验中各试件一览表　　　　　　　　　　　　　　　　　　表 4-4

分组号	试件编号	截面尺寸（mm×mm）	跨度（mm）	叠合方式
1	GBIP1~GBIP3	56×112	2016	侧立叠合
2	GBOP1，GBOP2	56×112	2016	平铺叠合
3	GBIP4~GBIP6	84×160	2240	侧立叠合
4	GBOP3，GBOP4	84×160	2240	平铺叠合

在跨中安装位移传感器，并使用采集箱 DH3816 采集数据（图 4-9）。分级加载方式为：在试验初期，每级增加 2kN 的荷载加载，加载到 20kN 后按每级增加 5kN 的荷载加载；当加载至即将破坏时，按每级增加 2kN 的荷载加载，每次加荷过程大约持续 3min，进行三次数据测量，待三次数据的差异在误差范围内，进行数据采集。从加载结束到下一级开始，持续时间大约为 5min，以使此级荷载作用下的变形基本稳定并完成内力重分布。在每级荷载下读数稳定后，记录应变及位移，同时记录裂缝开展情况。

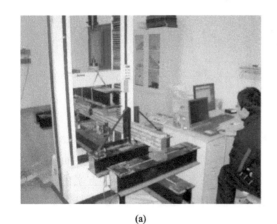
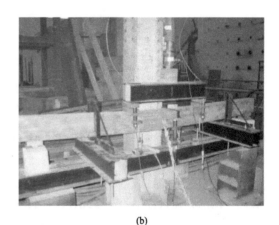

(a)　　　　　　　　　　　　　　　　　　　(b)

图 4-9　抗弯试验加载装置

(a) 平铺叠合方式加载装置；(b) 侧立叠合方式加载装置

2. 试验结果

图 4-10 给出了 4 组试件试验过程中的跨中荷载-挠度曲线。从图中可以看出，第 2、4 组试件的承载力分别远低于 1、3 组试件，这表明平铺叠合梁的承载力远低于侧立叠合梁；在抗弯试验中没有充分发挥 GluBam 胶合竹自身的强度；在试验初期，平铺叠合试件的初始刚度不比侧立叠合试件差，第 4 组试件的初始刚度甚至超过了第 3 组试件；当试验进行到一半时，平铺叠合试件均不同程度地发生脆性破坏，但试件并没有完全失效，而是进行内力重分布，形成二次刚度，当继续加载到前一次的最大荷载时才发生失效。从试验结果可以看出，平铺叠合梁虽然能够表现出较好的初始刚度，但其抗弯过程中表现出严重的脆性失效和不稳定性。

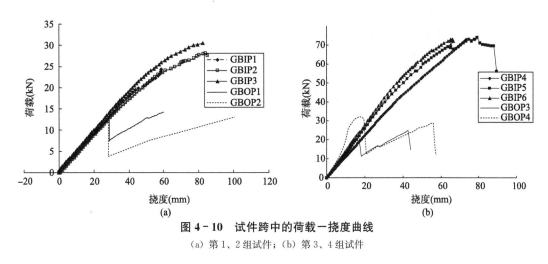

图 4-10 试件跨中的荷载-挠度曲线

(a) 第 1、2 组试件；(b) 第 3、4 组试件

从图 4-11 中试件的破坏形态可以看出，平铺叠合梁的破坏是发生在胶合层处，呈现层与层之间的胶合面滑移，最终形成通缝从而导致承载力突然下降；平铺叠合梁发生数次胶合面破坏才导致最终的失效，表现为梁端的凹凸不平。侧立叠合梁的抗弯性能较好，没有明显的刚度突变，承载力较高。综上所述，平铺叠合方式不适应于 GluBam 胶合竹梁的使用，这也是以往学者研究的误区。如无法避免这种叠合方式，应当考虑必要的加强措施。

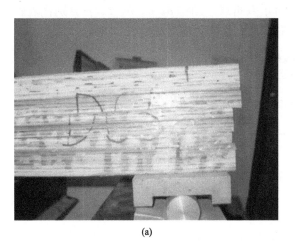 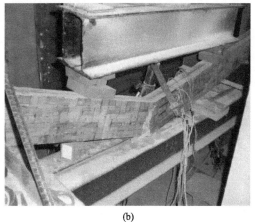

(a)   (b)

图 4-11 不同叠合方式胶合竹梁受弯破坏形态

(a) 平铺叠合梁破坏形态；(b) 侧立叠合梁破坏形态

3. 计算模型

本文采用的 GluBam 胶合竹梁作为一种新型的结构用材，在没有相关规范的指导下，只能对复杂的受力过程进行简化计算。竹梁的破坏一般属于脆性破坏，特别在有指接和缺陷的构件的失效过程中几乎没有塑性变形过程。在非指接梁承载力的计算中，考虑胶合竹梁的塑性变形。

图 4-12 所示是胶合竹在受压过程中的挠度—荷载典型曲线。参考工程木的应力—应变关系，可以推测出可接受的竹材梁计算方法。南京工业大学刘伟庆、杨会峰以江苏速生杨为原材料加工的工程木材，提出几种新型的构件截面形式，对受弯构件的结构性能影响因素进行了详细分析[4-8]。图 4-13 给出了典型的工程木顺纹应力—应变关系曲线，图中 mE_w 为受压本构曲线塑性下降段斜率，m 为材料受压本构曲线下降段斜率与材料弹性模型的比值。

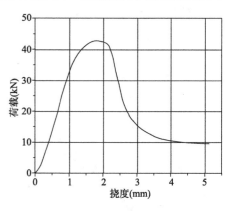

图 4-12　胶合竹受压挠度—荷载曲线

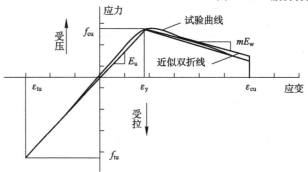

图 4-13　工程木顺纹应力—应变关系曲线

作者课题组的周泉[4-6]结合工程木的文献和胶合竹的试验数据，对胶合竹的受力过程应力—应变曲线进行简化，得到如图 4-14 所示双折线。图中 o、a、b、c、p 分别代表胶合竹的零点、比例极限、屈服极限、极限压应变值和极限拉应变值。

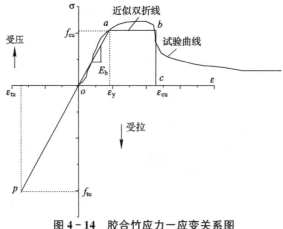

图 4-14　胶合竹应力—应变关系图

由于 GluBam 梁受弯破坏时较为复杂，不能单从试验现象和变形情况推算出理想公式，所以对在纯弯下临界破坏时的截面应力分布情况列出以下 3 种可能的破坏模型（GluBam的材性性能如第 3 章所述，本节用的 GluBam 胶合竹材弹性模量为 9400MPa，抗压强度为 $f_c=42$MPa，抗拉强度为 $f_t=81$MPa，极限应变为 0.0114）。

模型 A：破坏准则是基于完全弹性假设，中性轴位置不变，受压区竹材达到极限应力，竹纤维压碎后试件断裂。

模型 B：假设构件失效时受压竹材进入塑性阶段，中性轴下移，最终受拉边缘竹材达到极限应力，竹纤维逐层撕裂，从而竹梁受拉破坏。

模型 C：假设破坏时，受拉和受压区竹纤维同时全部达到并保持极限应力，不能继续增加弯矩，从而临界破坏。

讨论一下 3 种模型的可行性推导计算公式，如图 4-15。模型 A 过于理想，因为当受压边缘竹材剥离，应力会重新分布，中性轴移动达到另一种平衡，不会马上破坏；模型 B 和模型 C 似乎可能是正确的解释，下面通过计算推导出各模型的计算公式，最后通过计算结果与试验结果对比，确定其准确性。

图 4-15　无指接截面计算模型图

①A 模型计算：可直接通过数值积分计算出最大弯矩值。

②B 模型计算：结合胶合竹的应力应变关系，推算非指接竹梁的计算模型，得到如图 4-16 所示极限状态下梁的横截面上的应力图和应变图。其中 H 和 H_t 代表了截面高度和受拉区高度，f_{uc}、f_{ut}、ε_c、ε_y、ε_{ut} 分别代表了胶合竹的屈服压应力、极限拉应力、截面边缘的压应变、比例极限处的压应变和极限拉应变。在抗弯试验中，如果极限压应变大于极限拉应变，那么破坏时竹梁下边缘的拉应力和拉应变可以确定；竹梁受弯时，抗压和抗拉的弹性模量均相同，在构件破坏时最大拉应力就已经达到极限拉应力。当极限压应变小于极限拉应变的情况，在这里不作赘述。

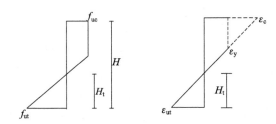

图 4-16　非指接胶合梁在极限状态下的应力和应变分布图

从而根据极限状态下的应力分布图，我们可以列出静力平衡方程：

$$\left(H-\frac{f_{uc}}{f_{ut}}\times H_t-H_t\right)\times f_{uc}+\frac{f_{uc}}{f_{ut}}\times H_t\times f_{uc}\times 0.5=f_{ut}\times H_t\times 0.5 \qquad (4-1)$$

受拉区高度可以从式（4-1）中解出：

$$H_t = \frac{f_{uc}H}{\dfrac{1}{2}f_{ut} + \dfrac{f_{uc}(f_{uc}+f_{ut})}{f_{ut}} - \dfrac{1}{2}\dfrac{f_{uc}^2}{f_{ut}}} \tag{4-2}$$

列出极限状态下的总弯矩方程式，可得：

$$M = B\int_0^{H_t} f_t(x)x\mathrm{d}x + B\int_{H_t}^{H} f_c(x)x\mathrm{d}x \tag{4-3}$$

式中，B 是指竹梁的截面宽度；$f_t(x)$ 和 $f_c(x)$ 分别是截面高度 x 处的压应力和拉应力函数。

将式（4-2）代入到式（4-3）中，可整理得到如下公式：

$$M_{max1} = B\left[\left(C_1 + \frac{1}{2}C_2\right)C_2 f_{uc} + \frac{1}{3}C_1^2 f_{uc} + \frac{1}{3}H_t^2 f_{ut}\right] \tag{4-4}$$

其中，

$$C_1 = \frac{f_{uc}}{f_{ut}}H_t$$

$$C_2 = \left(H - \frac{f_{uc}}{f_{ut}}H_t - H_t\right)$$

式（4-4）即为非指接梁模型 B 的假设条件下的极限承载力计算公式。

③C 模型计算：用同样的方法，列出静力平衡方程式（4-5）解出受拉区高度，然后求出最大弯曲值。

$$f_{ut}H_t = f_{uc}(H - H_t) \tag{4-5}$$

从表 4-5 看出，计算模型 A 的计算值与试验值的差别很大，过于保守。虽然计算模型 C 的计算结果与试验结果较为接近，但偏于不安全。模型 B 计算结果与试验结果也比较接近，且比试验值大约低 10%，作为设计方法应当可行。

非指接梁承载力的计算值与试验值比较　　　　　　表 4-5

	计算模型 A	计算模型 B	计算模型 C
GBIP1~GBIP3（计算值－试验值）/试验值	−46%	−11.8%	6.8%
GBIP4~GBIP6（计算值－试验值）/试验值	−45%	−10%	9.3%

4.2.3　GluBam 胶合指接梁试验

1. 试验方案

为了研究不同尺寸、指接段长度和螺栓加强对竹胶合梁的承载能力和破坏形态的影响，周泉对比分析 6 根矩形截面胶合梁指接试件，以筛选出最为合理和可靠的构件形式，并试图推导出了可行的胶合指接梁抗弯强度的计算公式[4-6]。试验共采用 3 种不同跨度的试件，分别为 3.5m、4.0m 和 4.5m，各试件的截面尺寸统一为 100mm×600mm，见表 4-6。其中 LF 是指采用长指接头，SF 是指采用短指接头，NB 是指没有螺栓加强。所谓螺栓加强是采用直径 10mm 双头螺栓对穿梁身，以抵抗胶合层的层间滑移，靠近受拉和受压边缘沿梁轴向各布置一排，间距为 0.5m。例如，GBL35-LF-NB 指的是采用长指接的非螺栓加强的 3.5m 胶合竹梁。指接段长度是指胶合梁各指接节点的指接头长度，由于工艺要求，其指接头宽度统一为 10mm，本试验采用 20mm 和 30mm 的指接段长度进行对比试验。

试验各试件一览表　　　　　　　　　　　　　　　表 4 − 6

组号	截面尺寸（mm×mm）	跨度（mm）	螺栓加强	指接段长度（mm）
GBL35 − LF − NB	100×600	3500	—	30
GBL35 − SF	100×600	3500	是	20
GBL40 − LF	100×600	4000	是	30
GBL40 − SF	100×600	4000	是	20
GBL45 − LF	100×600	4500	是	30
GBL45 − SF	100×600	4500	是	20

试验采用四点加载，参照《木结构试验方法标准》GB/T 5032—2002 有关规定进行，在竹梁的支座处、跨中及跨区各处等分距离安装 7 个位移计。由于竹梁长宽比大于 3，为防止梁在试验过程中出现平面外的失稳，试验中的梁侧向设有 4 对支撑，并确保侧向支撑不对试件产生沿加载方向的反力，如图 4 − 17 所示。

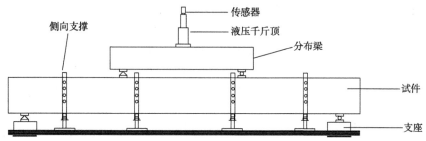

图 4 − 17　试验装置图

试验采用分级加载方式：在初期，每级增加 2kN 逐级增加，加载到 20kN 后按每级增加 5kN 逐级增加；当加载至即将破坏时，按每级增加 2kN 逐级增加，每次加荷过程大约持续 3min，进行三次数据测量，待三次数据的差异在误差范围内，进行数据采集。从加载结束到下一级开始，持续时间大约为 5min，以使此级荷载作用下的变形基本稳定并完成内力重分布。在每级荷载下读数稳定后，记录应变及位移，同时记录观察到的现象。

2. 试验结果与分析

图 4 − 18 给出了 GBL35 − SF 和 GBL35 − LF − NB 试件的挠度−荷载曲线，从中可以看出，螺栓加强对试件抗弯承载力和刚度的提高作用显著低于指接长度的影响。试验过程中，GBL35 − LF − NB 的刚度略高于 GBL35 − SF，并且前者的裂缝出现时间要晚于后者。当试件临近破坏时，GBL35 − SF 受力点截面处部分螺栓由于胶合板层间剪力过大而剪断

或者拉屈，随后指接节点处的竹纤维达到受拉极限应力失效，如图 4 - 19（a）所示。GBL35 - LF - NB 尽管没有螺栓加强，但位于梁的中部截面的指接层因为指接长度较大能够较好地发挥胶合作用，所以刚度较大，而最终当指接层滑移导致试件突然失效。两者相比，螺栓加强对提高试件的变形性能有一定贡献。

图 4 - 20 给出了 4.0m 和 4.5m 跨度试件的挠度－荷载曲线。其中 GBL40 - SF 和 GBL45 - SF 采用 20cm 指接头长度，GBL40 - LF 和 GBL45 - LF 采用 30cm 指接头长度，LF 试件的刚度走势明显优于 SF 试件。GBL40 - SF 在试验初期的刚度与 GBL40 - LF 无异，当荷载增长到 100kN 左右，指接处裂缝开展明显，刚度也随之减小，之后挠度迅速放大而破坏；GBL45 - SF 在试验初期的刚度已经明显低于 GBL45 - LF，当荷载增长到 150kN 左右时，刚度和承载力都迅速下降。LF 试件的曲线基本无明显波动，但是其破坏形态也表现出脆性，如图 4 - 21 所示，其中 SF 试件的破坏形态都是属于指接区受拉破坏；LF 试件的指接效果较好，4m 跨度的梁的破坏位置是跨中，表现为脆性的受拉破坏，4.5m 跨度的梁破坏表现为跨中的受压区纤维压屈。

3. 计算模型

GluBam 指接梁是按作者提出的大跨胶合竹梁加工工艺生产的产品。其指接头按一定尺寸切割成型后，两指接头进行对接胶合形成连续板，如图 4 - 22 所示。其计算模型是基于纯弯荷载条件下的简化模型，并且考虑材料的物理力学性能得到的计算方法[4-6]。

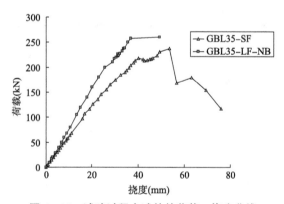

图 4 - 18　试验过程中试件的荷载－挠度曲线

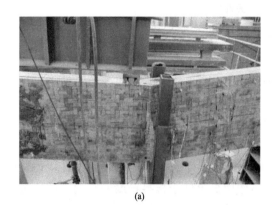
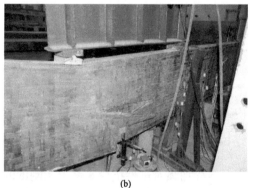

(a)　　　　　　　　　　　　　　　　　(b)

图 4 - 19　试件的破坏情况

(a) GBL35 - SF；(b) GBL35 - LF - NB

图 4-20 试验过程中试件的荷载—挠度曲线

(a) 4m 跨度试件；(b) 4.5m 跨度试件

图 4-21 试件的破坏情况

(a) GBL40-SF；(b) GBL40-LF；(c) GBL45-SF；(d) GBL45-LF

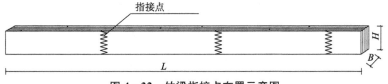

图 4-22 竹梁指接点布置示意图

　　首先，假设 GluBam 梁有一处截面存在一个指接接头，没有指接点的其他层仍然按前述无指接梁进行应力分布计算。单看有指接头的板层，在试验加载初期，指接接口能很好承受拉应力，竹材压应力基本不受指接影响。随着荷载不断增加，指接接口不能承受过大的拉应力，胶合竹板层间抗剪能力也有限，所以相对于指接中心横截面，指接头开始自受拉区边缘向中性轴逐渐出现分离现象。受力变形情况如下：

首先，当刚开始加载时，指接接头间的缝隙充满胶粘剂且胶合良好，应力情况如图 4-23（a）所示。当截面底部的拉应力超过胶缝的抗剪强度时，裂缝就出现了。刚开始只是细微的裂纹，并伴随着一些开裂的声音。开裂后应力情况如图 4-23（b）所示。当临近破坏时，受拉区基本退出工作，如图 4-23（c）所示。

建立抗弯承载力计算公式的前提是确定极限状态下失效截面的中性轴位置。首先，将所有指接层的受拉应力忽略不计，再根据所有层板截面的应力积分情况，列出平衡方程，确定中性轴的位置，最后根据弯矩平衡列出平衡方程，可以计算出最大承载力。

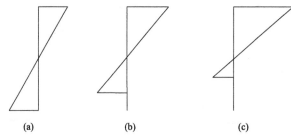

图 4-23　竹梁受弯横截面应力变化示意图

计算主要考察试件的破坏截面的应力分布，当加载到极限承载力时，假定破坏截面必在纯弯段的一处指接点处。同时假设在极限状态下，截面受压区边缘竹纤维达到最大压应力，由于该处截面被削弱的缘故，一旦受压竹材屈服就立即逐层剥离，从而造成突然的脆性破坏。

计算极限承载力只考虑极限状态下的受力情况，所以在临近破坏时，指接区的受拉部分已经开裂，只考虑受压区的内力。如图 4-24 所示，截取竹梁横截面 A-A，可得到如图所示计算截面。列出截面的力平衡方程，可得：

$$f_{uc} x n_0 t + \frac{1}{2} x' f_{uc} n_0 t = \frac{1}{2}(H - x - x') f_{ut}(n_0 - n_J) t \tag{4-6}$$

其中，b 是竹梁截面单个胶合层的厚度；x 是竹梁横截面受压区高度，其值主要由指接层的层数决定：

$$x = \frac{Kh - \frac{1}{2} f_{tu}(n_0 - n_J) th}{K - \frac{1}{2} f_{tu}(n_0 - n_J) t - f_{cu} n_0 t} \tag{4-7}$$

其中，
$$K = \left(\frac{1}{2} f_{cu} n_0 t + \frac{1}{2} f_{tu}(n_0 - n_J) t \right) \frac{f_{cu}}{f_{cu} + f_{tu}}$$

由此将应力沿 y 方向进行积分，可以得到截面的极限承载弯矩为：

$$M_{max2} = \left(f_{uc} x \left(\frac{1}{2} x + x' \right) + \frac{1}{3} x'^2 f_{uc} \right) t n_0 + \frac{1}{3} f_{ut}(H - x - x')^2 (n_0 - n_J) t \tag{4-8}$$

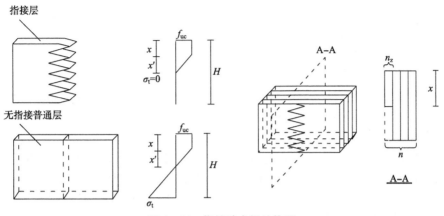

图4-24 指接胶合梁结构图

为验证指接梁承载能力的计算公式的准确性，课题组进行3根指接胶合梁的静载试验，试验设备及试验方法同本节第2根非指接梁，加载方式采用跨中单点加载。由于前面对比了螺栓连接和指接长度对试件抗弯性能的影响，这里只采用长指接无螺栓试件。试件参数及试验结果见表4-7所示，从对比结果看出，本节的计算方法偏于安全并接近试验结果。

指接梁计算值与试验值比较 表4-7

试件编号	截面尺寸（mm×mm）	跨度（mm）	计算值（kN）	试验值（kN）	（计算值－试验值）/试验值
GBL6－LF－NB－1	84×450	6000	92	93.1	1.18%
GBL6－LF－NB－2	84×450	6000	92	107	－14.02%
GBL6－LF－NB－3	84×450	6000	92	123	－25.20%

4.2.4 FRP增强GluBam胶合梁对比试验

无论是胶合木还是胶合竹，较低的弹性模量限制了材料性能的发挥，特别是在大跨度屋架和桥梁的应用中更为不利。20世纪40年代开始，研究者利用金属材料对胶合木梁进行加强，然而金属材料耐腐性差，屈服强度低，不能很好地提高构件的刚度。到了60年代，一些学者开始进行FRP材料增强胶合木的研究，取得一定的成果。随着FRP与胶粘剂的价格不断下降，FRP在结构领域中的应用逐渐增多，应用得到了快速推广[4-9~4-14]。国内学者刘伟庆等对FRP增强胶合木梁的抗弯性能做了比较详细研究[4-15]，并通过实验解析了构件的破坏形态与破坏机理，对比分析了FRP增强胶合木梁与未增强梁的极限荷载与抗弯刚度等受弯性能。本节参考FRP增强胶合木相关文献和GluBam胶合竹理论基础，设计FRP增强GluBam胶合梁试验，对FRP增强GluBam梁的抗弯强度和刚度进行了基础性研究。

1. 试验方案

表4-8中给出了A、B两组试件的基本情况，其中A组胶合竹梁是用于车行桥梁的足尺梁，包括GBL10-1、GBL10-2、GBL10-3和GBL10-FRP，该组试件截面宽度为100mm，高度为600mm，采用指接技术以达到竹梁的长度要求，并且在指接处用对穿螺栓进行紧固。其中GBL10-1~GBL10-3是未增强试件，而GBL10-FRP为FRP增强竹

材梁。B 组竹梁为小尺寸试件，无需指接接长，截面尺寸为宽 84mm、高 160mm，其中 GBL2-1～GBL2-3 是未增强试件，GBL2-FRP-1～GBL2-FRP-3 为 FRP 增强试件，CFRP 的厚度逐渐增加。

所有试件在室温条件下进行试验，温度为（30±5）℃，相对湿度为 70%±10%，并且在试件达到试验条件后立即进行试验，不考虑蠕变对强度和刚度的影响。胶合竹材的材料性能如第 3 章所述，通过抗拉试验得到 CFRP 的基本力学性能，见表 4-9。

（1）A 组简支抗弯试验：

试验参照试验标准[4-2]有关规定进行，采用跨中集中荷载加载，以研究竹梁最不利荷载下的破坏情况，计算竹梁的极限承载力。在竹梁的支座处、跨中及跨区各处等分位置处安装 7 个位移计，跨中沿高度方向均匀设置 5 个应变片。由于竹梁长宽比大于 3，为防止梁在试验过程中失稳，在梁的各关键位置设有侧向支撑，并确保对试件不产生沿加载方向的反力。试验装置类似图 4-17。

当试件与试验装置安装完毕后，检查各设备装置工作状态，并对试件的初始状态进行记录。试验开始前，对试件进行 3 次预加载消除初始误差。试验开始后，加载速度为每 3 分钟一级，当试件底部出现可见的裂缝或者加载出现异常时，加密数据记录点，持续加载直至试件完全破坏。

A、B 组试验各试件一览表　　　　　表 4-8

		截面宽度（mm）	截面高度（mm）	跨度（mm）	CFRP 厚度（mm）
A 组	GBL10-1	100	600	9600	—
	GBL10-2	100	600	10000	—
	GBL10-3	100	600	10000	—
	GBL10-FRP	100	600	9600	0.22
B 组	GBL2-1	84	160	2240	—
	GBL2-2	84	160	2240	—
	GBL2-3	84	160	2240	—
	GBL2-FRP-1	84	160	2240	0.33
	GBL2-FRP-2	84	160	2240	0.55
	GBL2-FRP-3	84	160	2240	1.1

CFRP 物理力学性能　　　　　表 4-9

	弹性模量	抗拉强度	极限应变
CFRP	220GPa	2600MPa	0.0118

（2）B 组简支抗弯试验：

与 A 组试件不同的是，B 组试件是采用三分点加载，荷载通过分配梁作用在试件上。由于试件是小尺寸梁，只需在木材万能试验机就可以进行试验，外荷载采用油压千斤顶施加，同时结合力传感器和控制器进行逐级加载，并在加载点、跨中和支座处设置位移传感器进行实时采集。采用分级加载方式：在试验初期，每级 2kN 逐级增加；加载到 20kN 后，按每级 5kN 逐级增加；当加载至即将破坏时，按每级 2kN 逐级增加。每次加荷过程大约持续 3min，进行三次数据测量，待三次数据的差异在误差范围内，进行数据采集。从加载结束到下一级开始，持续时间大约为 5min，以使此级荷载作用下的变形基本稳定并完成内力重分布。在每级荷载下读数稳定后记录应变及位移，同时记录裂缝开展情况。

2. 试验结果与分析

（1）A 组试件：

图 4-25 给出了 GBL10-1、GBL10-2、GBL10-3 和 GBL10-FRP 试件的破坏形态，试件 GBL10-1、GBL10-2、GBL10-3 在试验初期阶段，荷载与跨中挠度基本呈线性关系。当荷载加大到 65kN 左右，数据显示竹梁的性能不稳定，每一级荷载下达到稳定状态需要的时间显著增加。荷载超过 80kN 后，梁跨中不断出现开裂的声音，挠度持续加大直至破坏。试件 GBL10-FRP 在整个试验过程中没有出现明显的破损现象，临近极限承载力时出现连续开裂的声音，破坏具有突然性，属于脆性破坏。

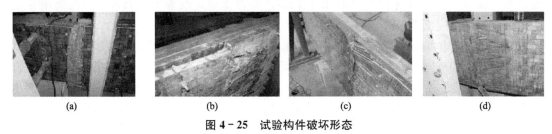

(a)　　　　　　　　(b)　　　　　　　　(c)　　　　　　　　(d)

图 4-25　试验构件破坏形态

(a) GBL10-1；(b) GBL10-2；(c) GBL10-3；(d) GBL10-FRP

试件 GBL10-1 的跨中指接点处首先出现裂缝，随着荷载增大，开裂逐步明显。接点处对穿螺栓被剪断，持续加载直至受拉边缘（非指接部位）竹材达到极限拉应力而破坏，破坏时竹梁发生断裂。竹梁的指接结构削弱了竹材强度，对穿螺栓的加固在一定程度上提高了板间抗剪能力，延缓了试件的破坏；试件 GBL10-2 的裂缝首先出现在离跨中 70cm 处的指接点处，持续加大；试件 GBL10-3 的受压区竹材发生层裂，纤维之间受到挤压而变形，当加载到接近极限荷载时，竹梁承载力突然迅速下降，受压区和受拉区竹材均发生不同程度的破坏，试验结束。试件 GBL10-FRP 的破坏首先表现为受拉区无明显征兆，当荷载接近极限值时，梁顶面出现受压褶皱，最后由于受压区竹材压屈而破坏。CFRP 在试件破坏前承担了一定的拉应力，限制了受拉区和指接处裂缝的开展，破坏由受压区和受拉区竹材压屈共同引起。

表 4-10 中，GBL10-FRP 试件的初始刚度理论值可按照本节第 4 条中面积等效公式进行计算，其计算值稍高于未增强试件。GBL10-1～GBL10-3 试件的理论值与试验值存在一定的出入，这是由于材料性能的离散性和试件的指接处强度不一造成的。从表中还可以看出，GBL10-FRP 试件的初始刚度试验值要远高于未增强试件，同时其跨中极限挠度也大为减少，说明 CFRP 复合材料对 GluBam 胶合梁的抗弯刚度有很大程度地提高，GBL10-FRP 试件的刚度比同尺寸 GBL10-1 试件提高了47.9%。各试件的极限荷载比较接近，可见 CFRP 在足尺试验中没有体现出对竹梁抗弯强度的增强作用。

各试件的试验现象和原因分析　　　　　　　　　　表 4 - 10

编号	跨度（m）	初始刚度试验值（kN/mm）	初始刚度理论值（kN/mm）	极限荷载（kN）	跨中极限挠度（mm）
GBL10 - 1	9.6	0.949	0.918	90	94.3
GBL10 - 2	10	0.868	0.812	100	127.7
GBL10 - 3	10	0.946	0.812	110	139.3
GBL10 - FRP	9.6	1.404	0.942	100	67.7

通过对模型梁中部应变测试发现，试件 GBL10 - 1 和 GBL10 - 3 受拉区和受压区几乎都达到极限应变，其中试件 GBL10 - 3 的曲线突变点发生在接近破坏状态时，加强螺栓的抗剪作用延缓了受拉区竹材的破坏，试件最终因为螺栓被剪断和受压区竹材达到极限应变而破坏。试件 GBL10 - 3 受压区竹材由于没有足够的横向约束而出现褶皱，最终导致试件在跨中发生破坏。试件 GBL10 - 2 的破坏发生在受力薄弱的指接点处，螺栓被剪断、指接头的滑移、横截面的削弱降低了竹梁的承载能力，并导致该截面处受拉竹材先达到极限应变而发生破坏；试件 GBL10 - FRP 由于 CFRP 加强作用，改善了受力性能，最终由于受压竹材达到极限应变而破坏。

从图 4 - 26 中可以看出，GBL10 - 1 试件比其他非 CFRP 增强试件的刚度稍大，这与试验设计中 GBL10 - 1 的净跨较小有关系；非增强试件的刚度参差不齐，反映出 GluBam 胶合竹梁的力学性能存在一定的离散性；GBL10 - FRP 的刚度明显比非 FRP 增强试件的刚度高出很多，可见 CFRP 对 A 组试件的刚度有明显提高，并且其极限承载力也接近其他试件。

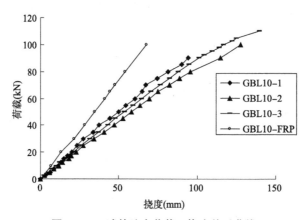

图 4 - 26　试件跨中荷载—挠度关系曲线

从试验结果可以看出 CFRP 能够有效提高 GluBam 胶合竹梁的刚度，这是由于 FRP 增强层可以提高指接梁的整体性，有效地抑制了指接头在受拉区域的开裂。但是 CFRP 增强层减小了竹梁的变形能力，当受压竹纤维的应变接近临界点时发生脆性破坏。各非 FRP 增强试件的强度和刚度存在明显的离散性，主要是部分指接节点的应力集中导致裂缝开展过快，从而降低了试件的刚度和强度，在 GluBam 胶合梁加工过程中需要对指接节点进行加强处理。

（2）B 组试件：

表 4 - 11 列出了 B 组试件的尺寸、CFRP 截面比例和试验中的极限承载力。从数据中可以看出，CFRP 加强竹材梁的承载力高于非加强试件，并且随着 CFRP 在横截面中的比

例增加，承载力也在不断增大，而且近似呈线性变化。试件的跨中挠度随荷载变化的 $\Delta-F$ 曲线如图 4-27 所示，CFRP 增强试件 GBL2-FRP-1～GBL2-FRP-3 的初始刚度略高于无增强试件，随着荷载的不断增大，各个试件的刚度趋势开始出现分离，增强比例越高的试件，强度也趋于增强。

各试件参数与极限承载力　　　　　　　　　　　表 4-11

梁编号	截面面积（mm×mm）	跨度（mm）	FRP 比例（%）	F_{max}(kN)
GBL2-1～GBL2-3	84×160	2240	—	73
GBL2-FRP-1	84×160	2240	0.21	74
GBL2-FRP-2	84×160	2240	0.35	78
GBL2-FRP-3	84×160	2240	0.69	94

与 A 组试件的材料力学性能不同的是，B 组试件由于不存在指接头，竹材的抗拉强度高于抗压强度，试件失效一般为受压破坏导致的。CFRP 能够增强试件的抗拉强度，然而由于竹材的本身弹性模量低，FRP 的增强效应只有在变形较大的情况下才能体现出来，因此，FRP 对竹梁的刚度提高很有限，GBL2-FRP-1～GBL2-FRP-3 试件的刚度提高并没有 A 组试件明显。

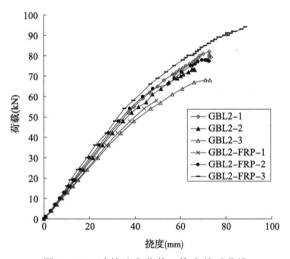

图 4-27 试件跨中荷载—挠度关系曲线

通过各模型梁跨中截面粘贴的 5 个纵向应变片，可以考察从试验开始到破坏的应变变化。对比 GBL2-1～GBL2-3 与 GBL2-FRP-1～GBL2-FRP-3 的测试结果发现，无论是受压纤维还是受拉纤维，在应变量达到 $10000\mu\varepsilon$ 时都发生破坏，其中非 FRP 增强竹材梁的受拉纤维应变增长速度明显大于受压纤维，说明破坏形式大多为受拉破坏；而 FRP 增强竹材梁的受拉应变增长速度小于受压纤维，反映出竹梁的弯曲抗拉性能得到加强，试件趋于受压破坏；从中性轴上的应变片读数看出，试件在荷载达到一定程度时，开始产生较大的受压应变，说明受压区高度不断增大，中性轴不断向受拉区移动，并出现一定的塑性变形。由此得出 FRP 对竹材梁受弯作用下的增强作用主要是体现在分担了一部分竹材受拉区的应力，并且使中性轴向受拉区移动，在一定程度上提高了梁的承载力。

67

3. 计算模型

由于竹材的抗弯刚度比较低，并且受弯情况下容易产生较大变形，为了增加竹梁刚度并且增强抗拉强度，在胶合竹梁底部粘贴碳纤维复合材料。在计算时，假定 FRP 与竹梁底部粘结良好，当竹梁受弯时，FRP 与梁底部竹纤维共同承担拉应力。由于 FRP 的增强效果，对于指接梁，其受拉区域抗拉能力得到加强，指接缝也得到加强。从安全的角度出发，不考虑指接缝对承载力的贡献，计算非指接胶合梁和指接胶合梁都按同一模型进行。

FRP 增强胶合竹梁的受力过程共分为 6 个阶段，如图 4-28 所示。图中（a）阶段代表了竹材应力应变关系图的线弹性过程；（b）阶段为受压区纤维进入非线性变形时期，在这个阶段，当受拉纤维达到其最大拉应变时，由于 FRP 的极限拉伸应变稍大于竹材极限拉伸应变，因此，FRP 纤维的应变并不一定达到极限应变，可以得到以下等式：

$$\frac{1}{2}f_{ut}x_t + f_{ut}h_f\frac{E_f}{E_b} = \frac{1}{2}x_t\frac{f_{uc}^2}{f_{ut}} + f_{uc}\left(H - x_t - x_t\frac{f_{uc}}{f_{ut}}\right) \tag{4-9}$$

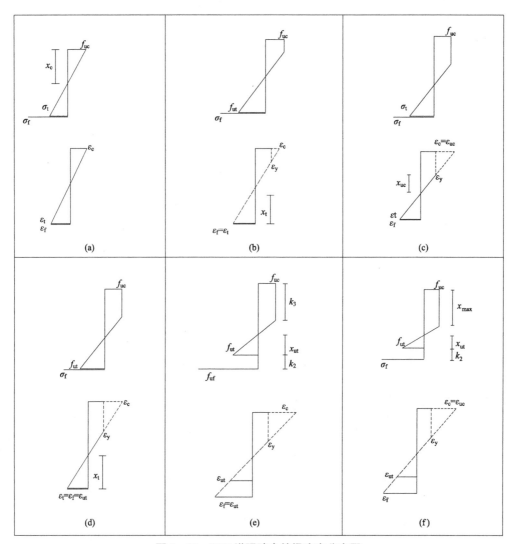

图 4-28　FRP 增强胶合竹梁应变分布图

其中，x_t 是 FRP 增强胶合竹梁的截面受拉区高度；E_b 是竹材的弹性模量；E_F 是 FRP 的弹性模量；h_f 是 FRP 粘贴的厚度。

这是对受力情况临界状态进行判断，如果满足下式：

$$\frac{x_t}{H - x_t} \leqslant \frac{\varepsilon_{tu}}{\varepsilon_{cu}} \tag{4-10}$$

则构件进入阶段（c），FRP 纤维没有达到极限拉应变，而继续增大荷载时，受压纤维达到极限压应变，构件临近破坏，其破坏平衡方程为：

$$\frac{\varepsilon_{uc} - 0.5 \times \varepsilon_y}{\varepsilon_y} x_{uc}^2 = 0.5 \left(H - \frac{\varepsilon_{uc}}{\varepsilon_y} x_{uc} \right)^2 + \frac{E_f}{E_b} h_f \left(H - \frac{\varepsilon_{uc}}{\varepsilon_y} x_{uc} \right) \tag{4-11}$$

其中，x_{uc} 是线弹性段受压区高度；ε_{uc} 是胶合竹纤维的极限压应变；ε_y 是胶合竹纤维的受压应变比例极限。由此可得阶段（c）状态下的极限弯矩为：

$$M_u = B \begin{bmatrix} f_{uc} \dfrac{\varepsilon_{uc} - \varepsilon_y}{\varepsilon_y} x_{uc} \left(\dfrac{1}{2} \dfrac{\varepsilon_{uc} - \varepsilon_y}{\varepsilon_y} x_{uc} + x_{uc} \right) + \dfrac{1}{3} f_{uc} x_{uc} + \\ \dfrac{1}{3} \dfrac{f_{ut}}{x_{uc}} \left(H - \dfrac{\varepsilon_{uc}}{\varepsilon_y} x_{uc} \right)^3 + \dfrac{E_f}{E_b} h_f \dfrac{f_{ut}}{x_{uc}} \left(H - \dfrac{\varepsilon_{uc}}{\varepsilon_y} x_{uc} \right)^2 \end{bmatrix} \tag{4-12}$$

另外，如果式（4-10）不能满足时，则构件受力状态跳过阶段（c），而转入阶段（d），继而进入阶段（e）。胶合竹受拉应变达到其最大拉应变，需要判断此时荷载能否继续增加，构件是否临近破坏。列出比例关系方程式和力平衡方程式：

$$\frac{\dfrac{f_{uf}}{E_f}}{\dfrac{f_{uc}}{E_b}} = \frac{k_2 + x_{ut}}{x_{ut} \dfrac{f_{uc}}{f_{ut}}} \tag{4-13}$$

$$k_3 f_{uc} + \frac{1}{2} \frac{f_{uc}}{f_{ut}} x_{ut} f_{uc} = \frac{1}{2} x_{ut} f_{ut} + f_{uf} h_f \tag{4-14}$$

其中，

$$k_3 = \left(H - \frac{f_{uc}}{f_{ut}} x_{ut} - x_{ut} \right)$$

由此可以解出 x_{ut} 的值。再由下式判断构件的破坏形态，如果

$$\frac{k_3}{x_{ut}} \leqslant \frac{\varepsilon_{uc} - \varepsilon_y}{\varepsilon_{ut}} \tag{4-15}$$

则胶合竹梁截面抗弯承受能力由竹材和 FRP 的应力沿截面积分而得，为

$$M_u = B \begin{bmatrix} f_{uc} k_3 \left(\dfrac{1}{2} k_3 + \dfrac{f_{uc}}{f_{ut}} x_{ut} \right) + \dfrac{1}{3} f_{uc} \left(\dfrac{f_{uc}}{f_{ut}} x_{ut} \right)^2 + \\ \dfrac{1}{3} f_{ut} x_{ut}^2 + f_{uf} h_f (k_2 + x_{ut}) \end{bmatrix} \tag{4-16}$$

如果不满足式（4-15），则采取阶段（f）作为最终的破坏阶段。则胶合竹梁截面抗弯承载力为

$$M_u = B \begin{bmatrix} f_{uc} x_{max} \left(\dfrac{1}{2} x_{max} + \dfrac{f_{uc}}{f_{ut}} x_{ut} \right) + \dfrac{1}{3} f_{uc} \left(\dfrac{f_{uc}}{f_{ut}} x_{ut} \right)^2 + \\ \dfrac{1}{3} f_{ut} x_{ut}^2 + f_{uf} h_f \ (k_2 + x_{ut}) \end{bmatrix} \tag{4-17}$$

其中，

$$x_{max} = \frac{\varepsilon_{uc} - \varepsilon_y}{\varepsilon_{ut}} x_{ut}$$

表 4-12 对比了 FRP 增强胶合竹梁的试验及计算抗弯承载力，计算结果与试验结果

比较接近且大多数情况略微偏于安全。

表 4 - 12

胶合竹梁抗弯承载力结果对比

试件编号	FRP 截面比例（%）	指接情况	试验结果（kN）	计算结果（kN）	差值
GBL2 - FRP - 1	0.416	no	74	78.31	−5.5%
GBL2 - FRP - 2	0.693	no	78	83.31	−6.37%
GBL2 - FRP - 3	1.38	no	94	91.59	2.63%
GBL10 - FRP	0.037	yes	100	103.2	−3.1%

4.2.5　跨中挠度计算

在 GluBam 胶合竹梁受弯过程中，影响其跨中挠度的主要参数为构件的弹性模量。前面提到胶合竹的弹性模量等基本物理力学性能已经参照木结构材性试验方法得到，所以在计算胶合竹梁在正常使用情况下的弹性范围内的挠度公式也参考木梁挠度的计算方法。

根据竹材试验规程[4-2]，得到以下挠度计算的基本公式，

$$\Delta = \int_1 \frac{\overline{M_1} M_p}{EI} dx + \int_1 \frac{\overline{Q_1} Q_p}{GA} dx \tag{4-18}$$

其中，

$$G = \frac{1.2h^2}{(1.5l^2 - 2a^2)\left[\dfrac{1}{E_{m,app}} - \dfrac{1}{E_m}\right]} \tag{4-19}$$

$$E_m = \frac{al_1 \Delta F}{16I\Delta\omega'} \tag{4-20}$$

$$E_{m,app} = \frac{a\Delta F}{48I\Delta\omega}(3l^2 - 4a^2) \tag{4-21}$$

其中，E 是 GluBam 的弹性模量（MPa）；I 是试件的计算惯性矩（mm^4）；E_m 是在纯弯矩区段内的纯弯弹性模量（MPa）；$E_{m,app}$ 是在全跨度内梁的表观弯曲弹性模量（MPa）；G 是 GluBam 的剪切模量（MPa），由剪跨比大于 6 的抗弯试验计算得出；a 为加载点至支承点之间的距离（mm）；l_1 是两加载点的距离（mm）；l 是梁的跨度（mm）；ΔF 是假定的一个荷载增量（N）；$\Delta\omega$ 是在荷载增量 ΔF 下，全跨度内所产生的中点挠度增量（mm）；$\Delta\omega'$ 是在荷载增量 ΔF 下，标距为 l_1 的范围内所产生的中点挠度增量（mm）；h 是截面的高度（mm）。

4.2.6　胶合竹梁整体稳定性计算

根据 Ritter 的 "Timber Bridges"[4-16] 一书中提到的木梁侧向稳定性的问题，最主要影响因素是无侧向支撑的净长度 l_u 以及截面尺寸，式（4-22）～式（4-24）给出了简支木梁侧向稳定性的基本判定方法：

$$C_s = \sqrt{\frac{l_e d}{b^2}} \leqslant 50 \tag{4-22}$$

$$l_e = 1.84l_u \quad 当\ l_u/d \geqslant 14.3 \tag{4-23}$$

$$l_e = 1.63l_u + 3d \quad 当\ l_u/d < 14.3 \tag{4-24}$$

其中，l_e 是稳定性计算长度；d 是截面高度；b 是截面宽度。

在尚缺相关研究的现阶段，周泉[4-6]建议参照樊承谋等[4-17]提出木梁稳定性的推导公式来表征 GluBam 的侧向稳定性。

$$M_{crit} = \frac{\pi}{l_{ef}} \sqrt{\frac{EI_z I_{tor} G}{1 - \dfrac{I_z}{I_y}}} \qquad (4-25)$$

其中，I_y、I_z 为 y 轴和 z 轴的惯性矩；I_{tor} 为扭转模量；l_{ef} 为无侧向约束长度；E 为弹性模量；G 为剪切模量。当试件截面为矩形时，简化的最大弯曲应力计算公式如下：

$$\sigma_{crit} = E \frac{\pi}{l_{ef}} \frac{b^2}{h} \sqrt{\frac{G}{E}} \sqrt{\frac{1 - 0.63 \dfrac{b}{h}}{1 - \dfrac{b^2}{h^2}}} \qquad (4-26)$$

式中，对于纯弯梁 π 取 4.24，对于承受单点荷载和均布荷载的梁，π 还需要分别乘以 0.57 和 0.88 的折减系数。

4.3 胶合竹梁的疲劳性能

对于承受动力荷载的桥梁、吊车梁等结构，在使用过程中必须考虑交变荷载带来的结构疲劳问题。现阶段，胶合竹结构桥梁已经得到初步推广应用，包括人行天桥和车行竹桥。特别是对于车行竹结构桥梁，其受力构件是胶合竹梁，由短板拼接、整体压制成型的一种层叠结构，车辆行驶对竹梁产生的振动与冲击，使得 GluBam 板间胶合面和单板接头可能产生疲劳破坏，导致竹梁整体失效。而目前在本领域内，胶合竹梁的疲劳性能研究还处于空白。周泉等[4-6,4-18]对 3 根用于实际工程中的胶合竹梁进行了疲劳试验，同时，对胶合竹梁的动力参数进行了测试。

4.3.1 试验概况

1. 试验对象

本试验研究的重点为胶合竹梁在反复荷载作用下的疲劳性能，并通过测试试件在疲劳荷载作用后的振动模态，分析疲劳对胶合竹梁动力特性的影响。共设计了 6 根尺寸和指接位置相同的胶合竹梁，试件截面尺寸均为 84mm×450mm（$b \times h$），长度为 6200mm，计算跨度为 6000mm。采用三层 GluBam 板材错缝叠压成型。试验分为两组进行，试件均采用三分点加载方式。其中：第一组试件进行 200 万次抗弯疲劳试验，试件编号为 L1、L2、L3；第二组试件为对比试件，进行抗弯单调静载试验，目的是为了与疲劳试验结果进行比较，试件编号为 L4、L5、L6。

2. 试验方案

（1）静载试验方案

第二组模型梁 L4、L5、L6 的静载试验，加载方法与图 4-17 类似，采用分级加载。试验初期每级按 2kN 逐级增加；荷载达到 20kN 后按 5kN 逐级增加；当加载至开裂时，再按 2kN 逐级增加。每次加荷过程大约持续 3min。从加载结束到下一级开始加载，持续时间大约为 5min，以使此级荷载作用下的变形基本稳定并完成内力重分布。每级荷载下测量应变及位移，同时目测试件情况。

（2）疲劳加载方案

疲劳试验在湖南大学桥梁工程实验室进行，加载方法与图 4-17 类似，只是采用的加载设备为 PMS-500 型疲劳试验机,试验采用等幅加载方式,加载频率为 5.5Hz。为了防止梁的侧向失稳和扭转,在加载点附近设置了两道侧向支撑,侧向支撑不产生沿加载方向的反力。梁跨中沿梁高度方向均匀粘贴 7 个应变片,标距为 100mm,采用应变采集仪对每级荷载作用下的应变进行采集。在每根梁的支座及跨中部位布置安装位移计,精度为 0.01mm。试验荷载取值按如下方法确定:首先,确定试件在控制挠度下的荷载值,作为设计荷载,本试验的设计荷载计算值为 15kN;接下来,假设疲劳荷载必须低于设计荷载,初步确定疲劳荷载为 10kN;最后,在试验过程中根据实际情况进行调整。疲劳试验的疲劳荷载幅值 P_{max} 为疲劳荷载乘以安全系数,此试验为了得到相对保守的结论,将安全系数取为 1.5,则 $P_{max}=1.5\times10kN=15kN$。

在疲劳试验前预加载,加载值为 $0.2P_{max}$,使支座及各连接件之间接触紧密,并检查测试仪器是否已进入工作正常。在施加反复荷载前,先进行 P_{max} 作用下的二次循环静载试验,按 $0.2P_{max}$ 分级加载,共分五级加至 P_{max},并按同样分级卸回至空荷。

疲劳试验采用等幅疲载谱进行加载,疲劳应力比 ρ 按中小吨位桥梁的中级工作制考虑,取 $\rho=0.30$。疲劳试验期间保持荷载上、下限值的稳定,其误差不超过 P_{max} 的 $\pm3\%$。在试验前及当荷载循环次数分别达到 10 万次、30 万次、50 万次、100 万次、150 万次及 200 万次时,停机卸载,进行一个循环的静载试验,分别测量试验梁的挠度和材料应变,观察裂缝开展情况,进行标注和详细记录。

当疲劳试验进行到预定次数时,卸载后,采用锤击法测试梁的模态参数。锤击法为单点激励多点响应,因此,将试验梁沿跨度方向平均分成 12 等分,包括端点共计 13 个测点,激励点选择在非模态节点处。对梁的激励使用高弹聚能力锤,用 ICP 加速度传感器采集信号。数据采集使用 LMS 数据采集系统,模态分析和处理系统使用 LMS 公司的模态分析软件。设备连接如图 4-29 所示。

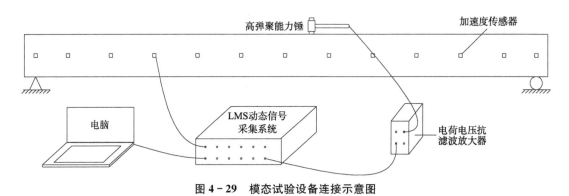

图 4-29　模态试验设备连接示意图

4.3.2　试验结果分析

1. 疲劳试验

由于无法估计试件的疲劳性能,因此,疲劳试验具有一定的探索性,首先采用较小的疲劳荷载,对试件 L1,疲劳荷载值幅度为 1～6kN;然后,在试件 L2 和 L3 的疲劳试验中逐步加大疲劳荷载,试件 L2 的疲劳荷载幅度为 5～10kN,试件 L3 的疲劳荷载幅度为 6～12kN。三根梁在疲劳试验过程中均没有出现开裂现象及明显变形,在经历 200 万次反复荷载作用后，试件都没有发生疲劳破坏，因此，试验完成后对这三根梁进行了静力破坏试验。

各试件在经历不同反复荷载后的阶段性静载试验情况如图4-30～图4-32所示，试件的抗弯刚度如表4-13所示。从试验结果来看，3个试件经历疲劳荷载作用后的性能变化有一定差异：

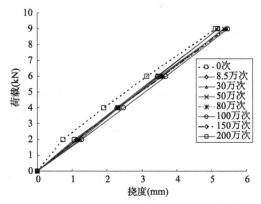

图4-30 L1疲劳过程中的荷载—挠度曲线

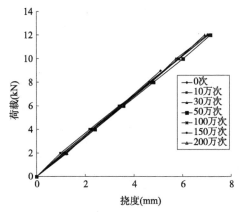

图4-31 L2疲劳过程中的荷载—挠度曲线

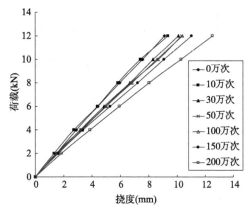

图4-32 L3疲劳过程中的荷载—挠度曲线

模型梁的刚度随疲劳次数的变化测试结果（单位：kN/mm）　　　　表 4 - 13

	0	10 万次	30 万次	50 万次	100 万次	150 万次	200 万次
L1	1.656	1.726	1.710	1.703	1.656	1.635	1.660
L2	1.769	1.656	1.689	1.661	1.701	1.730	1.757
L3	1.322	1.315	1.175	1.108	1.139	1.073	0.997

　　试件 L1 的初始刚度为 1.656kN/mm，刚开始的时候随着疲劳次数的增加，刚度有增加的趋势，随后呈下降趋势，到 200 万次时为 1.660kN/mm，恢复到初始刚度；试件 L2 的初始刚度为 1.769kN/mm，刚开始的时候随着疲劳次数的增加，刚度有下降的趋势，50 万次之后，刚度开始回升，到 200 万次时为 1.757kN/mm，基本恢复到初始刚度；试件 L3 的初始刚度为 1.322kN/mm，随着疲劳次数的增加，刚度一直呈现下降的趋势，到 200 万次时刚度值为 0.997kN/mm。总体来看，试件 L1 和 L2 在整个疲劳试验过程中的刚度变化幅度小，而试件 L3 的刚度出现一定的退化趋势。在整个试验过程中，试件 L1 的刚度变化幅度小于 3%，试件 L2 的刚度变化幅度约为 7%，而试件 L3 的刚度下降幅度约为 25%，因此，胶合竹梁的疲劳性能与疲劳荷载幅值密切相关，疲劳荷载幅值越大，试件性能的波动也越大，且在疲劳荷载幅值到达正常使用极限荷载的 80% 后，刚度退化显著。

　　2. 静载破坏试验

　　由于 3 个试件在经历 200 万次疲劳荷载作用后均没有出现明显的破坏现象，因此，随后对其进行了静力破坏试验，试验主要测量试件的跨中挠度变化情况，试验结果如图 4 - 33 和表 4 - 14 所示。

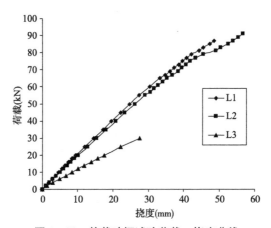

图 4 - 33　静载破坏试验荷载一挠度曲线

梁静载破坏试验数据　　　　表 4 - 14

试件编号	初始刚度（kN/mm）	开裂荷载（kN）	极限荷载（kN）
L1	1.993	65	87
L2	1.884	55	91
L3	1.114	30	—

　　在破坏试验中，试件 L1 测得的初始刚度为 1.993kN/mm，略高于其在疲劳试验过程

中的初始刚度。在试件跨中区域纯弯段内，存在一个单板的对接接头，这是受力的薄弱区域，当荷载增大到 65kN 左右时，试件开始发出胶合面开裂声，受压区竹材出现分层，且对接接头的受拉一侧接头明显分离，如图 4-34（a）所示，但试件的刚度退化不明显，随着继续增加荷载，受压区竹材分层现象更为严重，指接头在受拉区的裂缝也显著扩展，如图 4-34（b）所示，当荷载增加到 87kN 时，跨中区域对接头的受压区突然发生位错，受拉区竹材断裂，构件破坏，试验结束，如图 4-34（c）所示。

试件 L2 的受力破坏过程与 L1 类似，试件的初始刚度为 1.884kN/mm，也高于其在疲劳试验过程中测得的初始刚度值。当荷载增大到 55kN 左右时，试件发出胶合面开裂声，但刚度没有明显退化，直到荷载增加到 91kN 时，受压区外鼓，受拉区竹材断裂，构件破坏，试验结束。

试件 L3 的初始刚度为 1.114kN/mm，接近其在疲劳试验结束后的刚度。当荷载增大到 30kN 左右，试件发出刺耳的开裂声，紧接着跨中区域的指接头突然失效，导致试件失去承载能力，试件的变形能力和极限承载能力大为降低。

为了更好地和疲劳试验结果对比，进一步对三根模型梁 L4、L5 和 L6 进行了一次性静载破坏对比试验[4-6]，试验结果如图 4-35 所示。三根梁的初始刚度分别为 1.917kN/mm、1.758kN/mm、1.965kN/mm。这 3 根梁的受力破坏过程基本相同，以 L4 为例，当荷载增大到 40kN 左右时，试件发出胶合面开裂声，此后，随着荷载的增加，竹梁各指接头处均出现开裂，直到荷载接近极限荷载时，试件的跨中挠度迅速增加，随即试件断裂，试验结束。

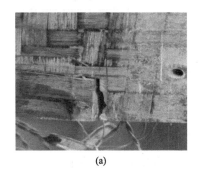 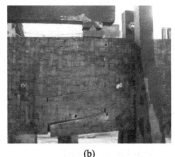 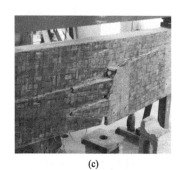

（a） （b） （c）

图 4-34 指接节点处裂缝发展图

（a）出现裂缝；（b）裂缝开展；（c）完全破坏

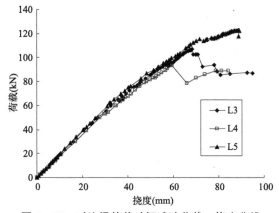

图 4-35 对比梁静载破坏试验荷载—挠度曲线

　　按照上一节给出指接梁的承载力计算公式，计算得到对比试件的极限承载力约为101kN，而 3 个试件的极限承载力实测值为 93～122kN，试验值与理论值基本吻合。通过对 3 根疲劳试验模型梁的静载试验结果与 3 根静载破坏试验结果对比，可以看到疲劳试验后试件的抗弯承载能力均低于对比试件以及理论值，可以推断出疲劳荷载对梁的强度有一定影响。

　　3. 疲劳对抗弯性能的影响分析

　　从试验结果可以看到，在疲劳荷载幅值不超过正常使用荷载的 60％时，疲劳荷载对胶合竹梁刚度的影响可以忽略，而对承载力的影响在 10％以内，因此，胶合竹梁的抗疲劳性能良好。在疲劳荷载幅值超过正常使用荷载的 75％以后，疲劳作用对胶合竹梁的力学性能有显著影响，刚度退化可以到达 30％，承载力和极限变形下降超过 50％。

　　4. 模态试验结果

　　在疲劳试验过程中，采用锤击法对试件的模态进行测试，测试结果采用 LMS Poly-Max 方法进行模态提取，选取 S 值（模态的频率和阻尼值都稳定）较为集中的波峰为模态频率，试验结果见表 4-15 所示。

疲劳过程中测得梁的前三阶固有频率（Hz）　　　　　　表 4-15

	0	100 万次	200 万次
	19.535	19.132	19.113
L1	74.126	75.495	74.623
	142.373	144.428	144.538
	18.215	18.409	18.304
L2	74.59	74.97	79.939
	139.333	141.625	142.119
	19.415	18.316	18.662
L3	80.07	74.475	69.475
	145.504	142.139	140.286

　　根据表 4-15 给出了各试件在不同荷载作用次数后的前三阶自振频率，同时也反映在图 4-36～图 4-38 中。可以看到在疲劳试验过程中，试件 L1 和 L2 测得的前三阶频率波动很小，这与两个试件的刚度测试结果相吻合。而试件 L3 的前三阶频率在随着荷载作用次数的增加均呈下降趋势，说明梁的刚度有所下降，这也与刚度测试结果相一致。

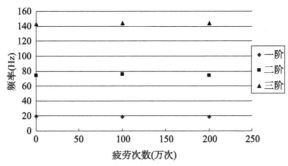

图 4-36　模型梁 L1 前三阶频率

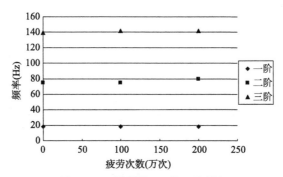

图 4-37 模型梁 L2 前三阶频率

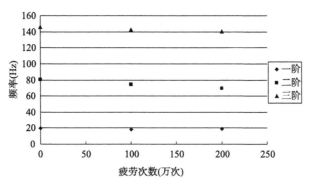

图 4-38 模型梁 L3 前三阶频率

4.4 胶合竹梁的长期性能试验

4.4.1 长期性能模型设计

如第 3 章所述,胶合竹材与胶合木材的材料属性类似,因此在长期荷载下变形性能需要特别关注。GluBam 材料的蠕变会使得胶合竹梁在长期荷载作用下的变形不断增加,控制不当可能导致结构破坏,必须进行专门的研究。

2007 年末,课题组在湖南耒阳建成了首座车行竹结构桥梁,为了研究该桥梁的长期性能,课题组同期在湖大学土木工程学院内建造了一座跨度基本相同的足尺试验竹桥[4-19],如图 4-39 所示。该试验竹桥由两根胶合竹梁组成,竹梁上铺设混凝土桥面板,竹梁的工艺和尺寸与实际桥梁完全相同,基本参数如下:桥梁全长 9.60m,有效跨度为 9.37m。两根主梁截面尺寸为 100mm×600mm,间隔为 1.10m,竹梁的下底面用 CFRP 材料进行加强。主梁之间均匀设置了 7 道截面厚度 30mm 的横隔板,并且用 63mm×40mm×8mm 角钢与主梁进行连接,一块横隔板使用 8 个角钢与主梁相连。面板为厚 120mm 的 C40 预制钢筋混凝土板,平面尺寸为 1.5m×1.5m。

试验竹桥的端部支撑为普通烧结砖柱,砖的强度等级为 MU20,采用 M10 水泥砂浆砌筑,截面尺寸为 370mm×370mm,高为 1200mm,主梁梁端与桥墩顶面连接采用钢制连接件和膨胀螺栓固定,螺栓对端部的转动约束很小,可以视为铰支。如建在耒阳的原型桥一样,竹梁外表面包裹防水材料,以提高胶合竹大梁的耐久性。

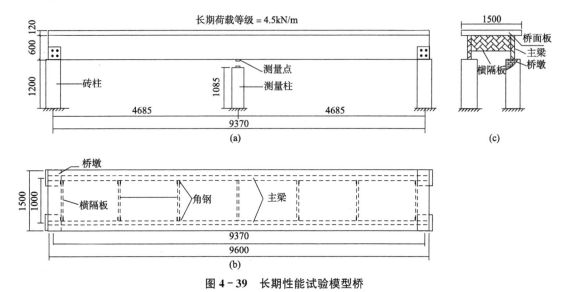

图 4-39 长期性能试验模型桥

(a) 立面图；(b) 俯视图；(c) 端部断面图

竹梁设计参考 TB20 强度等级木材的设计值，取 20N/mm^2 作为竹材主梁的抗弯强度设计值。结合《木结构设计手册》[4-20]中受弯构件的计算公式，则单根桥梁的均布荷载设计值为 10.4kN/m。同尺寸竹梁进行了抗弯试验，试件的抗弯承载力约为 100kN（梁跨中单点加载），换算为等效均布荷载为 21.3kN/m，因此，设计具有很大的安全储备。

4.4.2 胶合竹桥的长期试验

为了模拟竹桥在工作条件下的性能，长期试验地点选择在湖南省长沙市湖南大学土木工程学院内，暴露在自然环境中。在桥梁跨中正下部设置了 2 个测点，分别测量两根竹梁跨中挠度的变化发展。根据《木和人造木制品负载持续时间及蠕动效应的评定规格》ASTM D6815—2009[4-7]的规定，蠕变荷载等级根据短期荷载强度来确定。作用在竹梁上的长期荷载主要是上部混凝土桥面板的重量以及竹梁的自重。桥面板和胶合竹材的自重分别按 2500kg/m^3 和 890kg/m^3 取值。因此，总的蠕变荷载约为 4.5kN/m，即每根竹梁的蠕变荷载约为 0.2 倍的承载力极限值。长期试验从 2007 年 10 月开始，持续到 2011 年 7 月结束，历时 1350 天，约 3.7 年。由于胶合竹材的蠕变速度随着时间增加而逐渐放缓，因此在试验开始的前 7 个月里，每天测量记录跨中挠度值，接下来的 14 个月内，每周测量记录变形值一次，最后逐月测量记录一次，直到试验结束。

应该说明的是，测量得到了梁跨中挠度增量，既包括了竹桥梁自身的材料蠕变导致的挠度增加，也包括了桥墩砖柱的轴向受压徐变变形和温度、湿度变化引起的跨中挠度变化。由于挠度测点也是砖柱砌成，材料相同，可以不考虑支座温度、湿度变化对测试结果的影响。因此，在分析中只需去除因为桥墩徐变对挠度这的影响。参照文献[4-21]，砖柱的徐变模型为：

$$\varepsilon_A(t) = D_A(t)\sigma_A = D_A\phi_A\sigma_A(1 - e^{-t/\tau_A}) \qquad (4-27)$$

砖柱的各项系数取用如下：面积系数取 $A_A = 0.8A_{total}$，$A_B = 0.2A_{total}$，柔度系数为 $D_A = 1/15\text{GPa}^{-1}$，$D_B = 1/22\text{GPa}^{-1}$，蠕变系数为 $\phi_A = 5.0$，$\phi_B = 2.5$，达到 63% 蠕变所用

时间为 $\tau_A = 500$ 和 $\tau_B = 1000$，每根砖柱的受力 0.1MPa。

将两根竹梁跨中挠度增量取平均值，减去用砖柱徐变，得到竹梁自身蠕变变形值。对试验结果进行 Burgers 四元蠕变模型进行拟合，则得到如图 4－40 所示的蠕变—时间图。

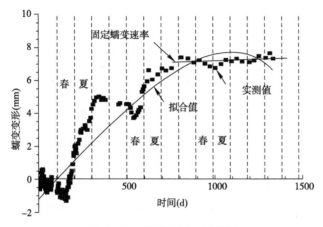

图 4－40　蠕变变形—时间图

可以看出，秋冬两季的竹梁的蠕变速率相对比较平缓，季节末期通常伴有蠕变回缩的趋势。而蠕变速率在每年的春夏两季最大。这是由于竹材是一种各向异性的生物质材料，材料变形与温度和湿度条件密切相关。类似于温度和湿度对于木材蠕变的影响，高温、潮湿的环境也会增加竹胶合材料的蠕变速度。长沙冬季低温且相对干燥的环境使得蠕变发展减慢，到了春初甚至出现收缩现象；而春夏两季高温潮湿，从而蠕变速率加快。这些数据反映了自然环境条件对竹桥蠕变的影响。

竹桥蠕变可以分为两个阶段：在前 800 天为第一阶段，在这个阶段变形发展较快，蠕变速率不断降低；800 天之后为第二阶段，在这个阶段蠕变增长幅度很小，趋于一个恒定的值，基本达到稳定状态。在 0.1 倍破坏荷载应力等级下，1350 天的平均蠕变变形为 7.98mm，这个值小于公路桥梁规范[4-22]规定的 1/600 跨度的正常使用挠度限值。由第二阶段推算出的蠕变速率约为 0.364×10^{-3} mm/d，进而可估算得 25 年之后的蠕变变形约为 10.2mm，依然低于规范规定的限值（即 15.6mm），更小于《木结构设计规范》[4-3]所规定的 $L/250$ 限值要求（即 38.4mm）。

作者研究课题组的李磊[4-19]根据第 2 章所述 GluBam 材料蠕变的试验结果和碳纤维材料蠕变模型对模型梁的长期变形进行了模拟分析，与长期试验测试结果比较吻合。

4.4.3　长期荷载作用后的破坏试验

为了测试竹桥在长期荷载作用后的承载性能，本文对经历了 43 个月长期试验后的试验竹桥进行了静力破坏试验。试验使用 DSZ2 精密自动安平水准仪对竹梁两侧边的变形进行观测，测量竹梁中部、支座、$L/4$ 和 $3L/4$ 处共 5 对测点的竖向位移。测量前，在测点处固定标尺，通过水准仪读取标尺读数，推算出测点的挠度变化。同时在竹桥跨中截面沿梁高度分别布置三个应变片，并在梁底布置一个应变片。同时，将梁端支座替换为标准的钢制简支支座，以使实际边界条件与分析模型更为接近。试验采用砂袋和铸铁砝码等重物进行加载，砂袋的规格为每袋 50kg，长 65cm，宽 40cm，砝码的规格为每块 5kg。图 4-41 为加载示意图。

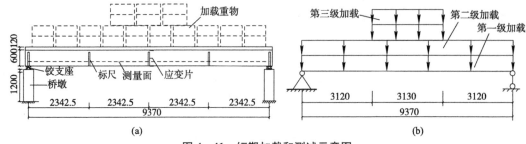

图 4-41 短期加载和测试示意图

在静载试验前，首先进行预加荷载，预加荷载大小为实测极限承载荷载 P_u 的 10%。将桥面板平均划分为 10 个区段，试验正式加载后，荷载在 10 个区段均匀加载，先使用砂袋加载，后用砝码加载。前 120kN 荷载分 2 级加载，每级加载 60kN，每级加载之后停留时间不少于 20min，在停留时间的中间时刻记录水准仪和应变片的读数。荷载超过 120kN 以后，在桥梁中部 1/3 跨处均匀加载，每级加载 60kN，直至桥梁破坏。

竹桥在加载初期，性能相对稳定，变形均匀，追加荷载超过 120kN 之后，竹桥的弯曲变形随着荷载的增加而逐渐明显。在荷载加载到 180kN 的时候，桥梁发出了竹材劈裂的声音，但桥梁外表面没有明显的裂纹，只是桥梁下部防水卷材与 CFRP 结合处出现了横向裂纹。

竹桥在总荷载达到 185kN 时发生破坏。破坏首先是一根梁右端 1/4 跨的指接处受压区最先出现较大的变形和裂缝，随后受压区 GluBam 发生向外侧分离破坏，随即竹桥荷载出现显著的横向扭曲，导致支座侧向倒塌，最终桥面整体向一侧坍塌。可以看出，竹桥破坏的最基本形态还是竹梁指接头的失效，伴随而来的则是侧向整体失稳和垮塌，具有一定的突然性。试验过程如图 4-42 所示。

通过试验结果可以推算出单根胶合竹梁的极限弯矩为 181.2kN·m，这与前述短期试验值的 234.3kN·m 相比，偏差约为 23%。其原因可能为：一方面，长期荷载作用下结构蠕变、环境因素引起的材料老化，都会对结构承载力起到劣化作用；另一方面，现场试验采用砂袋和重块堆加均布荷载与前述实验室条件下采用千斤顶施加跨中集中荷载相比，试验条件更为苛刻。

(a)

(b)

图 4-42 短期荷载试验过程（一）

(a) 荷载 60kN；(b) 荷载 12kN

(c)   (d)

图 4-42   短期荷载试验过程（二）
(c) 荷载 18kN；(d) 破坏

4.5 轻型竹木墙体

在北美，木结构房屋一般采用轻型木结构框架体系，其中主要的抗侧向力构件为所谓"2×4 墙体"，即采用规格材的棱骨（stud）用钉连接成框架，外加胶合板（plywood）或定向刨花板（OSB）覆面（sheathing）组成结构墙体。其内表面一般钉装防火石膏板，而中间空腔填充保温岩棉。20 世纪后半期以来，国外学者针对轻型木结构框架剪力墙进行了大量的研究[4-23~4-29]。近年来，中国学者也对轻型木结构剪力墙进行了系列研究[4-30,4-31]，其成果并结合国外经验已经反映到最新的木结构设计规范中[4-3]。本书第 8 章介绍作者及合作者关于轻型竹结构框架房屋设计和建造的研究及实践。所设计建造完成的轻型竹结构框架房屋的墙体均采用类似北美"2×4 墙体"，但采用胶合竹棱骨和覆面板。作为基础研究，本章重点介绍轻型竹木结构墙体的抗侧向力性能的研究。

轻型竹木墙体是由断面尺寸较小的规格胶合竹材或木材规格材作为墙骨柱，间距一般为 406~610mm，再将墙骨柱、顶梁板、底梁板和过梁等组成的整个墙体骨架，然后钉上胶合竹墙面板组成的墙体，该墙体既能承担竖向荷载，也能承担水平荷载，是竹结构房屋的基本受力构件。轻型竹木墙体的结构形式和建造特点与北美木结构墙体类似，墙体的墙骨柱由 40mm×84mmGluBam 或 39mm×89mm 的木材规格材组成。此外，竹结构剪力墙还可以按照某些特定要求，与其他材料组合使用。

现阶段，课题组主要进行了在木规格材与胶合竹覆面板组合形成的竹木剪力墙研究，研究结果表明，竹木结构墙体的力学性能及各项指标完全能满足目前国内外规范对轻型木结构墙体的设计要求，墙体构造如图 4-43 所示。GluBam 规格材的墙体试验正在进行中。

4.5.1 模型墙体及加工

墙体加工如图 4-44（a）所示，墙骨架采用截面尺寸为 89mm×39mm 进口Ⅲ。以上的 SPF 规格材，规格材之间用长度为 80mm 的国产麻花钉连接，如图 4-44（b）所示。墙面板采用了国产幅面尺寸为 1220mm×2440mm、厚度为 9mm 的胶合竹板，钉间距在墙体边缘部位为 150mm，在墙体其他部位为 300mm，如图 4-44（c）所示。墙角锚固构件采用 6mm 厚度钢板弯折加工而成，具体设计尺寸满足我国规范对木结构螺栓连接的要求，

81

以确保此处的连接不会成为墙体承载力的薄弱部位。进行试验前，采用手持式木材含水率测定仪测量的墙骨柱和面板的含水率，一般在 10％左右。墙体的制造过程相对而言比较简单快捷，可以采用工厂预制，也可现场拼装。

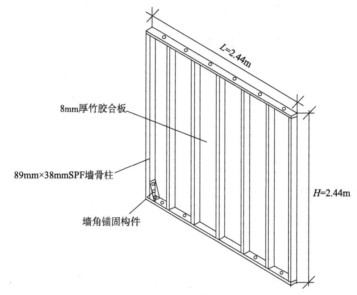

8mm厚竹胶合板

89mm×38mmSPF墙骨柱

墙角锚固构件

L=2.44m

H=2.44m

图 4-43　墙体构造图

(a)　　　　　　　　　　(b)　　　　　　　　　　(c)

图 4-44　墙体试件加工
(a) 墙骨架加工；(b) 墙面板加工；(c) 锚固构件安装

以往关于木结构剪力墙试验表明，钉的性能对墙体的力学性能有重要影响。在本试验中，考虑到现场施工效率，通过大量的现场操作对比，采用气动打钉枪进行构件制作，试验中用到了两种不同规格的排钉：第一种是钢排钉，长度为 50mm，直径为 2mm，硬度较高，在国内运用广泛；第二种是 6d 圆射钉，长度为 50mm，直径为 2mm，是北美轻型木结构中使用较为普遍的连接用钉，这种射钉硬度较小，延性优于钢排钉。

本项目进行了 5 种不同规格的墙体性能试验，每一规格 4 个试件，其中 3 个试件进行单调荷载试验，另外 1 个试件进行反复荷载试验。具体的试验参数见表 4-16 所示。

模型墙体参数及试验内容　　　　　　　表 4-16

编号	尺寸（m）	钉连接件种类	钉间距（mm）	钉数目	加载模式
1	1.22×2.44	6d 圆射钉	150/300	62	3 单调加载 1 循环加载
2	1.22×2.44	钢排钉	150/300	62	
3	1.22×2.44	钢排钉	150	78	
4	2.44×2.44	钢排钉	150	156	
5	2.44×2.44	6d 圆射钉	150/300	124	

4.5.2 试验方法

墙体试验采用了课题组自行设计和加工的竹结构墙体抗侧力加载装置，侧向荷载采用最大行程为 600mm、最大加载力为 100kN 的电液伺服作动器施加，系统配有相应的位移传感器与力传感器，采用闭环控制，试验装置如图 4-45 所示。参考文献 [4-32]，在图 4-45 的加载装置上部的分配钢梁中间设计了一个铰以减少由于分配梁的刚度而对于墙体的约束。

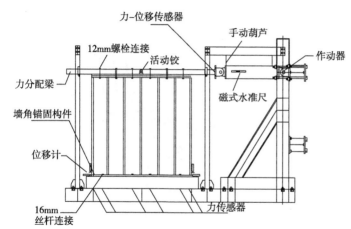

图 4-45　试验加载设备

对于单调荷载试验，加载采用位移控制，加载速度为 7.5mm/min，试验可以确定试件的抗侧刚度、抗侧向承载力、侧移率等基本力学参数。当试件的抗侧向承载力下降到极限承载力的 80% 或出现其他不适合继续承载的破坏现象时，认为试件达到破坏状态，对应的位移即为试验墙体的极限位移值 Δ_m。

为了更好地了解竹胶合覆面板轻型木结构框架剪力墙的抗震性能，课题组在单调荷载试验的基础，进行了反复荷载试验。反复荷载试验采用位移控制，加载分为 3 个阶段：第一阶段，在峰值位移分别到达 $0.0125\Delta_m$、$0.025\Delta_m$、$0.05\Delta_m$、$0.075\Delta_m$ 和 $0.1\Delta_m$ 时，荷载循环次数为 1 次；第二阶段，峰值位移分别达到 $0.2\Delta_m$、$0.4\Delta_m$、$0.6\Delta_m$、$0.8\Delta_m$、$1.0\Delta_m$ 和 $1.2\Delta_m$ 时，每个峰值荷载下得循环次数为 3 次；第三阶段，侧向位移超过 $1.2\Delta_m$ 后，每一级位移增量 $0.2\Delta_m$，荷载循环次数为 3 次，直至墙体完全破坏为止。

4.5.3 试验结果及讨论

各组墙体在单调加载和往复加载的荷载－位移曲线，如图 4-46 所示，其中，

图 4-46 （a）所示的单调加载结果曲线为三个试件的平均曲线。而图 4-46 （b）～（f）的滞回曲线中也示出了所对应的单调加载平均曲线。

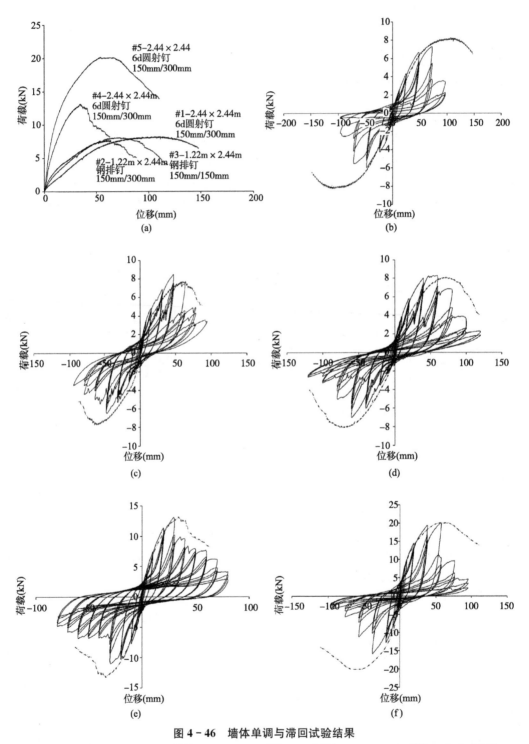

图 4-46 墙体单调与滞回试验结果

（a）单调实验加载曲线；（b）6d 圆射钉 1.22m×2.44m 墙体；（c）钢排钉 1.22m×2.44m 墙体；（d）加密布置钢排钉 1.22m×2.44m 墙体；（e）加密布置钢排钉 2.44m×2.44m 墙体；（f）6d 圆射钉 2.44m×2.44m 墙体

通过分析图 4-46 中的试验结果曲线能够得出，采用胶合竹板的轻型竹木墙体的力学性能与北美轻型木结构墙的抗侧力性能相似。采用 6d 圆射钉的墙体在单调加载下的 $P-\Delta$ 曲线与滞回试验曲线的外包络线在水平位移达到 60mm 以前基本重合，而采用钢排钉的单片墙体的滞回曲线外包络线的刚度高于单调加载测得的抗侧刚度，且抗侧刚度的提高幅度与加载速度及钉的密度有关。

在反复荷载试验中，试验墙体在侧向位移达到 40mm 以前，没有出现明显的刚度退化现象，但此后随着侧向位移的增加，刚度退化明显，滞回环出现捏缩现象。比较而言，6d 圆射钉墙体的刚度下降情况更为显著，同时，试验结束后墙体的破坏现象也更为严重。

墙肢长度的增加对墙体承载力有明显的提高，6d 圆射钉墙体的提高程度明显大于钢排钉墙体，但其峰值承载力后的承载力退化也比钢排钉墙体明显。

各墙体承载力极限值见表 4-17 所示，通过与我国 GB50005—2003[4-3]、欧洲 EN 1995-1-1[4-33] 木结构设计规范计算结果比较，可以确定本试验中采用最小厚度为 9mm 的胶合竹板作为覆面板，轻型竹木墙体能够满足目前主流设计规范对承载力的要求。其中，欧洲规范的计算结果是基于钉连接件的 6 种基本破坏模式给出的，计算值用于具体设计时还需要根据实际情况除以相应的安全系数（一般为 2 左右），此安全系数由结构物所在场地、荷载效应的性质及木材性质决定。而我国规范[4-3]的墙体设计与加拿大规范基本类似[4-34]。

试验结果与规范设计值对比　　　　　　　　　　　　　　　表 4-17

墙体	P_{max}/P_{peak}(kN)		欧洲规范设计值 $F_{v,Rd}$(kN)	中国规范设计值 V(kN)	$P_{max}/F_{v,Rd}$	P_{max}/V
1	单调加载结果	8.25	5.8	2.0	1.42	4.13
	滞回试验结果	7.28			1.26	3.64
		−5.96			1.03	2.98
2	单调加载结果	7.69	5.8	2.0	1.33	3.85
	滞回试验结果	8.46			1.46	4.23
		−6.48			1.12	3.24
3	单调加载结果	8.10	5.8	2.7	1.40	3.00
	滞回试验结果	8.29			1.43	3.07
		−7.02			1.21	2.60
4	单调加载结果	13.19	11.7	5.3	1.13	2.49
	滞回试验结果	13.11			1.12	2.47
		−11.98			1.02	2.26
5	单调加载结果	20.20	11.7	4.0	1.73	5.05
	滞回试验结果	20.15			1.72	5.04
		−15.84			1.35	3.96

注：P_{max} 为单调加载试验的抗侧力承载力，为 3 个试件的平均值；
　　P_{peak} 为反复荷载试验的抗侧力承载力，推为正，拉为负。

通过以上试验，在获取墙体试验的 $P-\Delta$ 曲线及墙体滞回曲线的基础上，采用等效弹塑性曲线法确定竹木墙体的主要力学指标，结果见表 4-18。

墙体试验结果汇总　　　　　　　　　表 4 - 18

墙体	单调试验结果						滞回试验结果				
	P_e(kN)	k_e (kN/mm)	P_{max} (kN)	ΔP_{max} (mm)	P_U (kN)	Δ_m (mm)	P_{peak} (kN)	V_{peak} (kN/m)	G'(kN/mm)		D
									0.4P_{peak}	P_{peak}	
1	1.60	0.17	9.73	151.94	8.84	160.21	+7.28 −5.96	+5.97 −4.89	+0.41 −0.52	+0.20 −0.25	3.43
	1.75	0.18	7.76	86.77	6.21	129.47					
	1.60	0.17	8.44	105.64	7.06	150.00					
2	3.04	0.31	7.49	62.45	5.99	80.00	+8.46 −6.48	+6.93 −5.31	+0.80 −0.41	+0.36 −0.28	3.03
	2.98	0.31	7.96	63.46	6.37	77.00					
	4.30	0.44	8.64	51.8	6.91	71.00					
3	2.83	0.29	7.33	59.42	5.86	93.24	+8.29 −7.02	+6.80 −5.75	+0.88 −0.39	+0.28 −0.23	3.54
	2.45	0.25	9.08	66.18	7.26	93.17					
	2.30	0.24	8.46	77.05	6.77	111.25					
4	5.50	0.56	12.89	34.35	10.31	44.83	+13.11 −10.98	+5.37 −4.50	+0.88 −1.09	+0.44 −0.37	3.44
	6.54	0.67	13.57	33.97	10.86	58.82					
	7.74	0.79	13.84	38.21	11.07	42.85					
5	8.70	0.89	22.47	71.64	17.98	120.13	+20.15 −15.84	+8.26 −6.49	+1.16 −1.06	+0.35 −0.42	4.42
	9.85	1.01	19.38	52.26	15.50	76.53					
	10.64	1.09	20.87	64.24	16.70	93.90					

上表中墙体剪切强度 V_{peak} 按公式（4 - 28）计算：

$$V_{peak} = \frac{P_{peak}}{L} (kN/m) \tag{4-28}$$

式中，P_{peak} 表示滞回曲线包络图所得到的峰值荷载值；L 表示试件的长度。

墙体剪切模量 G' 按式（4 - 29）进行计算，需要分别计算荷载值为 0.4P_{peak} 和 P_{peak} 时的剪切模量 G'：

$$G' = \frac{p}{\Delta} \times \frac{H}{L} (kN/m) \tag{4-29}$$

式中，p 表示所测量到的荷载值；Δ 表示墙顶的侧向位移；H 为试件的高度，一般为 2.44m；L 为试件的墙肢长度，不含开口孔洞。

墙体滞回柔度系数 D 按下式计算：

$$D = \frac{\Delta_u}{\Delta_{yield}} \tag{4-30}$$

如果试验墙体在 0.4P_{peak} 时所得到的墙体剪切模量 $G'_{0.4}$ 小于 P_{peak} 时的墙体剪切模量 G'_{peak}，则相应的 FME（墙体性能突变点）和极限位移可通过包络图分辨出来，进而可以绘制相应的等效弹塑性曲线（EEEP）；如果试验墙体在 0.4P_{peak} 时所得到的墙体剪切模量 $G'_{0.4}$ 大于 P_{peak} 时的墙体剪切模量 G'_{peak}，则其还需要通过计算塑性荷载 P_{yield}，进而得出相应的等效弹塑性曲线。其中 P_{yield} 的计算公式如下：

$$P_{yield} = \left(\Delta_u - \sqrt{\Delta_u - \frac{2A}{K_e}} \right) K_e \tag{4-31}$$

其中，A 为试件荷载—位移曲线截止 Δ_u 时的包络面积。K_e 为荷载达到 0.4P_{peak} 时的割线模量，按下式计算：

$$K_e = \frac{0.4 P_{\text{peak}}}{\Delta_e} \tag{4-32}$$

式中，Δ_e 则是荷载－位移曲线中，荷载为 0.4 时对应的位移。

按照上述计算方法及规则，可得出墙体按能量原则等效的弹塑性曲线如图 4-47 所示，能较为直观的反映出墙体的承载力指标及耗能能力。

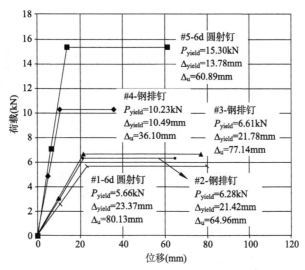

图 4-47 等效弹塑性曲线

分析结果表明，本试验的竹木组合墙体，使用胶合竹板作为覆面板，按 150mm 的布钉间距，钢排钉剪力墙和 6d 圆射钉剪力墙在滞回试验中均出现了刚度下降，但两种墙体的整体性能都能满足目前《木结构设计规范》的要求。在实际使用中，因为结构上部恒载和活荷载最终将传递到墙顶板，进而对墙体施加竖向荷载，因此墙体实际上是在承受轴向荷载的条件下抵抗侧向荷载，这对试件的抗侧能力有提高作用，并且其他装饰用覆面板材（石膏板等）的安装等也会对墙体的实际水平荷载承载能力产生提高作用，因此，实际结构中墙体的承载能力要高于试验条件，但出于强度储备的考虑，在设计中对此不予考虑。

4.5.4 墙体破坏形态

通过对试验结果的观察可知，墙体的破坏主要集中在两个方面：第一，覆面板与骨架之间钉连接件的破坏；第二，墙骨架与底梁板出现分离。由于本试验中采用打钉枪射入钉子，钉子的抗拔强度相对较高，故钉连接件拔出破坏的情况出现较少。在滞回试验中，部分钉连接出现了疲劳破坏，但主要的破坏出现在墙面板、SPF 材料上。也有部分墙体的覆面板在试验中出现了撕裂破坏。钉连接破坏的位置主要集中在墙体边缘及下半部位，墙体上半部位及中间部位基本未破坏。钉连接主要的破坏现象如图 4-48 所示。

因为试验采用了课题组自行研制的墙角锚固构件，故墙体边缘位置的骨柱与底梁板在试验过程中基本保持了结构的完整性，而墙体中间部位的骨架在顶部水平位移超过120mm 后，出现了与底梁板分离的现象，且墙面板产生了面外屈曲，而墙骨架产生了明显的弯曲变形。图 4-49 显示了墙体的几种主要破坏形态。

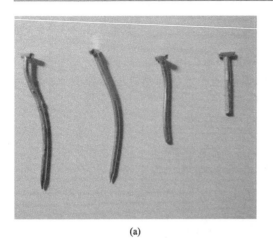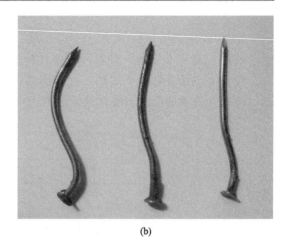

(a)   (b)

图 4 - 48　两种不同钉子的破坏形态

（a）钢排钉；（b）6d 射钉

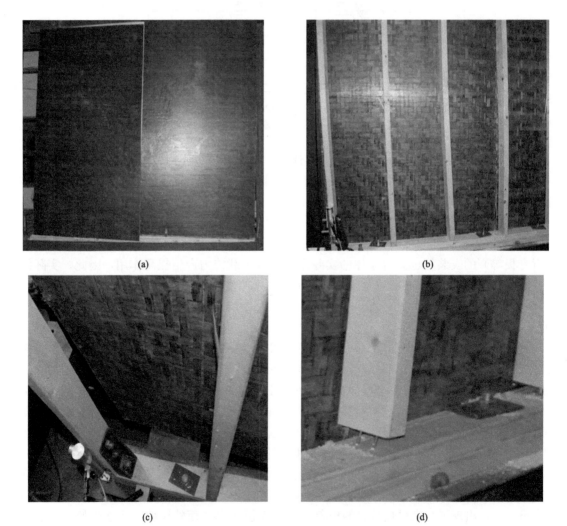

图 4 - 49　墙体骨架与面板的主要破坏形态

（a）覆面板的整体扭转；（b）墙骨柱的弯曲；（c）覆面板与墙骨柱的分离；（d）墙骨柱与边框分离

总之，通过 20 片墙体的单调及滞回试验，研究了采用胶合竹板作为墙覆面板的竹木组合墙体力学性能，并得出了墙体的剪切强度、剪切模量和柔度系数、破坏模式等基本力学指标。试验结果表明，竹木组合墙体的承载能力完全可以满足目前国内外轻型木结构规范对墙体承载能力的要求，具有与轻型木结构剪力墙类似的力学性能与加工方法，且抗震性能良好，制造、安装及施工简便。

同时，本节就两种不同的钉连接件进行了试验研究，结果及对比数据表明，采用此两种钉连接件的竹木剪力墙都能满足承载力的要求。尽管钢排钉比圆射钉的钉子本身的延性差，但从墙体滞回曲线及承载力上看，并不比采用圆射钉的墙体差。从加工和施工的角度来看，钢排钉的施工效率更优于圆射钉。这项研究成果本身也可以作为对我国现行的木结构设计规范的补充。通过利用我国优势资源的竹材，来丰富木结构的设计与应用，最终建立具有中国特色的木结构设计与施工体系。

参考文献

[4-1] 吕晓红. 胶合竹结构柱的试验研究 [D]. 湖南：湖南大学，2010.

[4-2] 国家标准. GB/T 15780—1995 竹材物理力学性质试验方法 [S]. 北京：中国标准出版社，1996.

[4-3] 国家标准. GB 50005—2003 木结构设计规范 [S]. 北京：中国建筑工业出版社，2003.

[4-4] American Forest and Paper Association. 2005. ANSI/AF&PA NDS-2005national design specification for wood construction ASD/LRFD, Washington, D. C.

[4-5] 单波，周泉，肖岩. 现代竹结构人行天桥中的研发和建造 [J]. 建筑结构，2010，40 (1)：92-96.

[4-6] 周泉. 湖南大学博士论文，2013.

[4-7] ASTM Standard D143—2009. Standard Test Methods for Small Clear Specimens of Timber, ASTM International, West Conshohocken, PA.

[4-8] 刘伟庆，杨会峰. 工程木梁的受弯性能试验研究 [J]. 建筑结构学报，2008 (1).

[4-9] Dagher, H. J. (2005), "Current State of Reinforced Wood Technology：New products, codes and specifications," 3rd International Conference on Advanced Engineered Wood Composites, July 10-14, Bar Harbor, ME, USA.

[4-10] Davalos, J. F., Qiao, P., Trimble, B. S. (2000a). Fiber-reinforced composite and wood bonded interface, Part 1. Durability and shear strength. Journal of Composites Technology and Research, 22 (4)：224-231.

[4-11] Davalos, J. F., Qiao, P., Trimble B. S. (2000b). Fiber-reinforced composite and wood bonded interface, Part 2. Fracture. Journal of Composites Technology and Research, 22 (4)：232-240.

[4-12] Davids, W. G.；Nagy, E. and Matthew C. Richie, M. C. Fatigue Behavior of Composite-Reinforced Glulam Bridge Girders. ASCE J. Bridge Engrg. 13 (2)：183-191, 2008.

[4-13] Fiorellia, J. and Diasb, A. A. Fiberglass-reinforced Glulam Beams：Mechanical Properties and Theoretical Model. Materials Research, Vol. 9, No. 3：263-269, 2006.

[4-14] Weaver, C. A.；Davids, W. G.；and Dagher, H. J. (2004). Testing and Analysis of Partially Composite Fiber-Reinforced Polymer-Glulam-Concrete Bridge Girders. ASCE Journal of Bridge Engineering, Volume 9, Issue 4, July/August：316-325.

[4-15] 杨会峰，刘伟庆. FRP 增强胶合木梁弯曲变形的解析分析 [J]. 南京工业大学学报（自然科学版），2006 (3).

[4－16] Ritter, Michael A. (1990). Timber Bridges: Design, Construction, Inspection, and Maintenance. United States Department of Agriculture Forest Service, Washington, DC: p944.

[4－17] 樊承谋, 王永维, 潘景龙. 木结构 [M]. 北京: 高等教育出版社, 2009.

[4－18] 曾静宜. 关于现代竹结构动力性能的试验研究 [D]. 湖南: 湖南大学, 2011.

[4－19] 李磊. 现代新型胶竹材料蠕变性能及组合结构蠕变研究 [D]. 湖南: 湖南大学, 2012.

[4－20] 龙卫国, 杨学兵, 等. 木结构设计手册 [M]. 北京: 中国建筑工业出版社, 2005.578.

[4－21] Binda L. Learning from Failure: Long-Term Behaviour of Heavy Masonry Structures, 83－108. WIT Press. Southampton, UK. 2008.

[4－22] 行业标准. JTG D 62—2004 公路钢筋混凝土及预应力混凝土桥涵设计规范 [S]. 北京: 人民交通出版社, 2004.

[4－23] Peterson, J. (1983). "Bibliography on lumber and wood panel diaphragms." J. Struct. Eng., 109 (12), 2838－2852.

[4－24] Pardoen, G. C., Waltman, A., Kazanjy, R. P., Freund, E., and Hamilton, C. H. (2002). "Testing and Analysis of One-Story and Two-Story Shear Walls Under Cyclic Loading." CUREE-Caltech Woodframe Project Report W－25, Consortium of Universities for Research in Earthquake Engineering (CUREE), Richmond, California, USA.

[4－25] van de Lindt, J. W. (2004). "Evolution of wood shear wall testing, modeling, and reliability analysis: Bibliography." Pract. Period. Struct. Des. Constr., 9 (1): 44－53.

[4－26] Lam, F., Prion, H. G. L., and He, M. (1997). "Lateral resistance of wood shear walls with large sheathing panels." J. Struct. Eng., 123 (12): 1666－1673.

[4－27] Li, M. H., Foschi, R. O., and Lam, F. (2012). "Modeling hysteretic behavior of wood shear walls with a protocol-independent nail connection algorithm." J. Struct. Eng., 138 (1): 99－108.

[4－28] Li, M. H., and Lam, F. (2009). "Lateral performance of nonsymmetric diagonal-braced wood shear walls." J. Struct. Eng., 135 (2): 178－186.

[4－29] Li, M. H., Lam, F., and Foschi, R. O. (2009). "Seismic reliability analysis of diagonal-braced and structural-panel-sheathed wood shear walls." J. Struct. Eng., 135 (5): 587－596.

[4－30] 程海江, 倪春, 吕西林. 有翼缘和竖向荷载的带洞口木框架剪力墙的试验研究 [J]. 土木工程学报, 2006 (12).

[4－31] 祝恩淳, 陈志勇, 陈永康, 阎新宇. 轻型木结构剪力墙抗侧力性能试验与有限元分析 [J]. 哈尔滨工业大学学报, 2010 (10).

[4－32] 刘雁, Ni Chun, 卢文胜, 吕西林, 周定国. 不同上部刚度对木框架剪力墙受力性能影响的试验研究 [J]. 土木工程学报, 2008 (11): 63－70.

[4－33] Comité Europeén de Normalisation. Eurocode 5. (2004). Design of timber structures, Part 1－1: general rules and rules for buildings. EN 1995－1－1, Brussels, Belgium.

[4－34] Institute for Research In Construction (IRC), National Building Code of Canada (NBCC. 2010), Division B 4.3.1.

第 **5** 章
胶合竹结构连接节点

现代结构大多都是由各种构件组合而成，而构件之间的连接是十分重要的。与传统的木结构不同，欧美等地广泛建造的现代木结构主要采用钢制连接件作为各种构件之间的连接节点。由于欧美国家的木结构设计和开发起步较早，所以对木结构连接的研究迄今为止也非常深入。相比较而言，我国由于森林资源的匮乏，对木材用于建筑材料的限制比较多，所以现在国内的现代木结构建筑还处于起步的阶段，对其结构和构件的研究也相对滞后。现代竹结构作为刚刚兴起的建筑结构形式，其科学研究也刚刚起步。同样，对其连接性能的研究也处于摸索阶段。本章重点介绍作者课题组等的一些研究探索。

5.1 竹木结构的常用连接形式及研究现状

如第 1 章所述，传统的原竹结构节点是人们利用竹子原有的特性和形状，用较为简单和原始的方式将多个原竹构件连接到一起而形成的节点。可以将两个或者更多原竹竿用钢丝或是绳索绑扎到一起。还可以采用更高级的方法，利用特制的钢连接件将多个杆件连接到一起。但是把原竹直接用作结构构件存在很多的问题，因为原竹中空薄壁，各向异性极为显著，也有很多缺陷，且其单一的截面形状不一定能够满足整个结构的受力需求。例如，原竹可能适合于作为受拉或受压等构件，但是却不适合于作为受弯构件。由于自然生长的竹子的截面形状、直径、高度等千奇百变，将其与精确的钢制节点连接件连接势必造成很多浪费。现代木结构中常用的连接形式为齿连接（图 5-1）、齿板连接（图 5-2）、螺栓连接（图 5-3）和钉连接[5-1]。

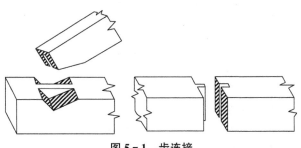

图 5-1　齿连接

齿连接是一种比较传统的连接方式。齿板连接常见于轻型木结构中的轻型木桁架上，其节

91

点一般由齿板钉接而成，而该齿板节点可能是桁架的薄弱环节，其承载力决定着整个桁架的承载能力。近年来随着轻型木结构的引进，齿板连接应用较多，但是国内对于齿板连接的研究较少[5-2,5-3]，对这种连接的承载能力、破坏形式还有待深入。螺栓连接和钉连接是现代常用的连接方式，因为这两种连接方式简单方便，最适合进行现场施工。

图 5-2　齿板连接

图 5-3　螺栓连接

螺栓连接是现代竹结构体系中最重要的一种连接方式。GluBam 的硬度大于一般的木材，其加工性在一定程度上不如木材，但是课题组现在已经找到了精确加工胶合竹构件的方法。胶合竹材的硬度决定了其不能像木材那样拥有众多的手工易达到的连接方式，所以螺栓连接这种方式便成了胶合竹材构件连接的主要方式。螺栓连接较其他连接方式具有很多优点：螺栓连接施工简单方便，适合于现场操作；螺栓连接能够充分发挥材料的性能，传力均匀，承载力高和安全可靠[5-4]；螺栓连接较之其他连接方式容易维护。正是由于螺栓连接的这些优点，现代竹结构将螺栓连接作为其主要的连接方式。

5.2 胶合竹材螺栓节点抗压试验

5.2.1 试验目的

在木结构建筑中，节点连接处的性能是整体结构稳定性的关键环节，结构连接件的性能对结构的整体强度和刚度具有重要的影响。结构连接件是否能够较长时间里或者在突发灾害中把荷载传递到地基，直接影响到木结构的安全性、可靠性及耐久性。

研究竹结构的螺栓连接件可以借鉴木结构螺栓节点的研究方法，通过对其螺栓连接的承压能力及变形特征分析来评价竹结构螺栓节点的结构力学性能。通过竹结构螺栓节点的屈服模型，在假定连接件的边板和螺栓为弹塑变形的前提下，能够很好地预测构件的屈服强度，并在很大程度上减小了由于通过重复的推断来确定比例极限点而带来的不一致。进一步对竹结构材是否能够保证梁柱以及屋架的节点剪力的可靠传递进行研究，从而为推动胶合竹材在建筑中的应用提供有意义的研究和数据。

5.2.2 试验方法

作者课题组的杨瑞珍进行了一组螺栓连接胶合竹结构节点的抗压试验[5-5]。根据木结构设计规范，在顺纹情况下，端距（end distance）最小为 $7d=84mm$，此处取端距为 90mm；中距（pitch）最小为 $7d=84mm$，取中距为 90mm；边距（edge distance）最小为 $3d=36mm$，取边距为 40mm；中距（pitch）最小为 $3.5d=42mm$，取中距为 70mm。螺栓直径选用 12mm。试件形状及尺寸见图 5-4、图 5-5。

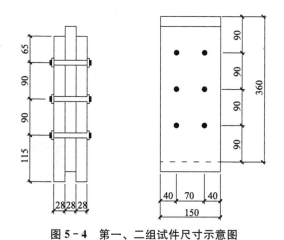

图 5-4 第一、二组试件尺寸示意图

试验分为 3 组，每组试件数量为 3 个，试验参数为连接件中主板的厚度和螺栓的松紧程度。试件的具体分类见表 5-1。

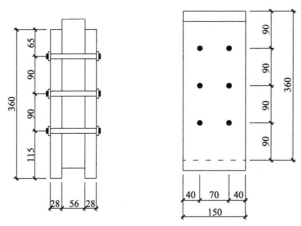

图 5-5   第三组试件尺寸示意图

胶合竹材螺栓节点试件表   表 5-1

试件组	试件数量	主板厚度（mm）	螺栓状态
第一组	3	28	紧
第二组	3	28	松
第三组	3	56	松

第一组和第二组试件的研究参数是螺栓是否紧固，第二组和第三组试件的研究参数是主板的厚度。

试件制作时，加工重点是每个试件的四个面要刨光平整，端部的承压面必须与轴线垂直。每个试件的三个构件应叠置后一次性钻孔，钻头直径与孔径一致，钻进速度不大于 120mm/min，电钻的转速不宜过慢，可取 300r/min。

连接试件中的螺栓应符合下列要求：

（1）连接试件中的螺栓应取自同一根母材，并留出一段材料用以测定螺杆的屈服强度和抗拉强度。

（2）试验中，试件连接好后，螺杆两端应在螺母外侧留有 1~2 扣螺纹。

本试验的加载设备采用了 1000kN 万能材料试验机。试验中，采用百分表测量试件中主板与边板的相对滑移。百分表采用专门装置固定在试件上，且两侧对称布置，试验装置如图 5-6 所示。

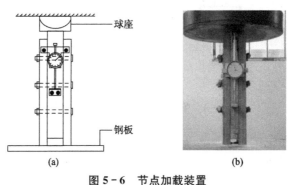

图 5-6   节点加载装置

（a）示意图；（b）实物图

5.2.3 加载制度

由于试件的安装对试验结果有很大影响，因此，试件安装中应符合下列要求：

（1）百分表固定钢制夹具安装在试件的两侧，宜靠近边板的上端，百分表的触针应位于主板中部的中心线上。

（2）试件应平稳地安放在试验机的平板上，试件的轴心线应对准试验机上下压头的中心。

试验的加载程序是首先加载到 $0.3F$，荷载持续 30s，然后卸载到 $0.1F$，再持续 30s，然后每 30s 增加一级荷载，每级荷载为 $0.1F$；当加载到 $0.7F$ 以上时，逐渐减慢加荷速度，仍逐级加载直至试件破坏，如图 5-7 所示[5-6]。此处，F 为预先估计的当螺栓达到屈服时，试件所承受的外荷载。

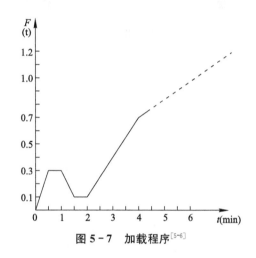

图 5-7 加载程序[5-6]

5.2.4 试验观测

螺栓连接试验出现下列的破坏特征之一即可认为试件达到破坏状态，终止试验：

（1）螺栓在试件的中部主板中发生弯曲，而在边板表面螺栓孔处的末端上翘且出现反向挤压现象，同时测得的相对变形达到 10mm 以上。

（2）螺栓在试件的中间主板及边板中均发生弯曲，其末端虽无上翘现象，但是百分表测得的相对变形达到 15mm 以上。

按加载制度对试件进行加载。随着荷载的逐渐增大，试件的变形逐渐显现，并伴随着试件中竹纤维被压或被拉坏的响声。当荷载达到一定程度的时候，螺栓在压力作用下变形弯曲，并对螺栓孔形成反向挤压。随着荷载增加，这种现象逐渐明显。直到主板和边板的相对位移达到 10mm 以上时，试件达到破坏状态。

5.2.5 胶合竹材螺栓节点破坏形态分析

在木结构螺栓节点的研究中，存在四种破坏模式（图 5-8）。

（1）模型 I ：连接件达到极限承载力时，边板和螺栓仍然完好，并没有达到其最大承载力值，而主板却达到其极限承载力，发生了破坏，因此连接件模型的强度最终由主板的强度决定。

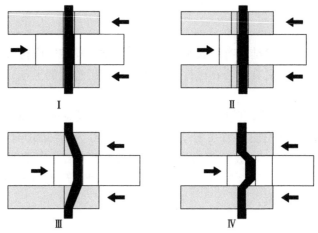

图 5-8 木结构中的四种破坏模型[5-7]

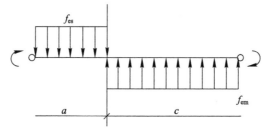

图 5-9 屈服模式Ⅳ的应力图示[5-4]

(2) 模型Ⅱ：连接件达到极限承载力时，主板和螺栓仍然完好，并没有达到其最大承载力值，而边板却达到其极限承载力，发生了破坏，因此连接件模型的强度最终由边板的强度决定。

(3) 模型Ⅲ：连接件达到极限承载力时，主板和边板仍然完好，并没有达到其最大承载力值，而螺栓却达到其极限承载力，发生了破坏，因此连接件模型的强度最终由螺栓的强度决定。

(4) 模型Ⅳ：连接件达到极限承载力时，主板、边板和螺栓同时达到其极限承载力值，同时发生了破坏，因此连接件模型的强度最终由主板、边板螺栓的强度共同决定。其极限应力状态如图 5-9 所示。

按照《木结构试验方法标准》[5-6]GB/T 50329—2002 中圆钢销连接试验方法，当螺栓在试件的中部构件中发生弯曲，在边部构件表面出孔处末端上翘而出现反向挤压现象，试件的相对变形达到 10mm 以上时，或是钢销在试件的中部及边部构件中发生弯曲，钢销的末端虽无明显的上翘现象，但试件的相对变形达到 15mm 以上时，即可认为试件破坏。经过试验观察发现，对于胶合竹材连接件而言，只有一种情况是符合试验现象，即螺栓出现反向挤压且相对变形达到了 10mm 以上。试验结束后，拆开连接件可以发现连接件边板内侧被压出凹槽，主板也被压出同边部构件相当的凹槽，连接件的抗剪螺栓也出现同样程度的鼓凸。从以上破坏形态可以得出结论：竹结构连接件属于典型的模型Ⅳ破坏，模型Ⅳ是四种破坏模型中最理想的情况，此模型中主板、边板和螺栓都达到了其承载力的极限状况，充分发挥出了材料的性能[5-8~5-10]。

按照上述屈服模式，利用螺栓孔承压和螺栓受弯工作，可以计算出螺栓连接的承载能力。但是，此时螺栓之间必须具有足够的间距，要保证不至于发生剪切或劈裂等脆性破坏。

这些屈服模式的理论分析，由于采用的假定不同，分析方法亦有多种：即弹性理论分析法、塑性理论分析法和弹塑性理论分析法。弹性理论分析法假定螺栓孔为弹性工作，把螺栓本身视为弹性基础上的梁，通过微分方程求得螺栓本身的弯曲位置和最大弯矩，这种方法比较复杂。塑性理论分析方法，假定螺栓孔和螺栓受弯在极限状态下完全处于塑性阶段，沿螺栓的挤压应力全部呈均匀分布，完全不考虑螺栓孔处板材的变形条件，这种方法很简单，但是其理论假设不完全与实际相符。弹塑性理论分析法假定螺栓孔板材的应力—应变曲线为弹塑性，沿螺栓的挤压应力分布在构件边缘部分已进入塑性阶段，而其他部分仍处于弹性阶段，并考虑螺栓连接中的主材和边材的螺栓孔承压变形的协调条件，这与试验结果颇为相近，但由于要考虑主材和边材的变形协调问题，理论分析工作量很大。我国木结构设计规范所采用的弹塑性理论简化分析法，仅考虑边材螺栓孔板材的变形条件，从构件中取出"塑性铰"的部分螺栓作为"脱离体"进行力学分析，从而大大简化了弹塑性理论分析方法的工作量，所得结果与严格的弹塑性分析方法很接近[5-7]。因此，本文只讨论第四种屈服模式，此种屈服模式的计算公式为：

$$V = d^2 \sqrt{\frac{\pi}{8} \cdot \frac{f_{bs} f_{gm}}{1 + R_g}} \tag{5-1}$$

式中，d 为螺栓的直径；f_{bs} 为螺栓的抗弯强度（N/m²）；f_{gm} 为主板材料的抗压强度（N/m²）；$R_g = f_{gm}/f_{bs}$，为主材和边材抗压强度的比值。

另外，在试验中还发现了试件的另外两种破坏形态（图5-10）。一种是边板下端受压破坏，无法继续对其施加荷载；另一种是主板上端受压破坏，边板受主板挤压向外裂开，无法继续对其施加荷载。这两种破坏形态分别在第一组试件和第三组试件中发生。第一组试件中主板的破坏是因为紧固的试件的主板和边板之间存在很大的摩擦力，这种摩擦力大于螺栓屈服时试件的极限承载能力，因此，破坏部位发生变化，试件的主板边板或者主板板端发生受压破坏。值得注意的是，在边板材料发生破坏的时候，三个试件的相对位移的分别为7.04mm、4.7mm 和2.3mm（图5-11），而节点连接本身并没有达到破坏标准，节点的承载能力也没有完全发挥出来。

与第一组试件相比，由于第二组试件螺栓拧紧情况相对较松，因此摩擦力对试件破坏部位影响较小，这组试件的破坏情况与理论模型Ⅳ很接近。从图5-11～图5-13中可以看出，在试件达到破坏标准后，仍具有较强的承载能力，且在试件达到破坏时，边板表面出孔处末端上翘，呈现出明显的反向挤压现象，如图5-14所示。

由图5-12和图5-13可以看出，第三组试件的承载能力和第二组试件相当，并且破坏条件后也具有较大的承载能力。但是第三组试件同第一组试件一样，出现了板材破坏。所不同的是破坏发生在边板，这是因为试件的主板厚度增大，更重要的是第三组试件的板材破坏时的荷载明显大于第一组试件，而且连接件本身也达到了承载能力极限状态。

三组连接件的实际承载能力值都要远高于理论计算值。从图5-11和图5-12很容易看出，螺栓处于紧固状态的第一组试件和螺栓处于全松状态的第二组试件相比，它的承载能力低，但这种情况的发生是由主板屈曲造成的。由于第一组试件中螺栓紧固力的存在，导致了试件刚度的增大，相应的延性降低，甚至导致连接件边板或主板的屈曲。所以过高的螺栓紧固力在承载能力的增加上不能发挥很大的作用，而且还限制了连接件的延性变形，在设计中应该引起注意。

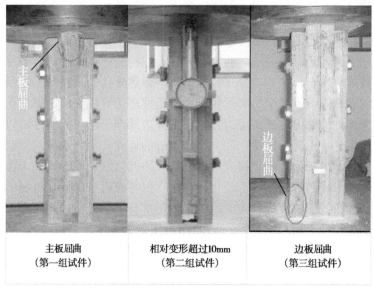

主板屈曲　　　　　　相对变形超过10mm　　　　边板屈曲
（第一组试件）　　　　（第二组试件）　　　　　（第三组试件）

图5-10　构件破坏形态

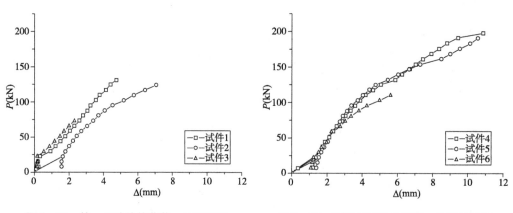

图5-11　第一组试件的荷载－位移关系　　　　图5-12　第二组试件的荷载－位移关系图

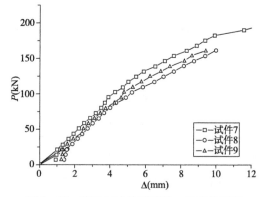

图5-13　第三组试件的荷载－位移关系图

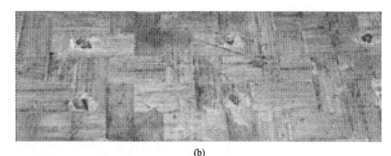

(a)   (b)

图 5－14　第二组试件破坏后的反向挤压现象

(a) 螺栓挤压孔壁；(b) 拆除螺栓后的板材

从图 5－12 可知，就第二组试件来说，试件 4、试件 5 的荷载位移曲线比较接近，且可以看出明显的直线段和屈服阶段，但是在曲率发生较明显的变化后，曲线仍然以较大的斜率上升，直到主板和边板的相对位移达到 10mm 而破坏。

第三组试件的承载能力和第二组试件较为接近，但是曲线分布比较离散。其中试件 7在相对位移达到 10mm 之后发生边板破坏，无法继续施加荷载。

按照《木结构试验方法标准》[5-6]，把试件主板和边板相对位移达到 10mm 时所承受的力作为螺栓连接件的承载能力，则第二组和第三组试件的承载能力约 170kN，这是其设计承载能力的约 2.3 倍。由此可见，木结构试验方法标准中所提供的承载力计算公式偏于保守。

另外，从试验所得出的荷载位移曲线关系图可以看出，连接件呈现出了较大的柔性[5-8]，即接近图 5－15（a）中的表现。在这种情况下，假定连接件总的承载力是 n 个单螺栓承载能力的叠加是合理的。所以，我们由此可以确定连接件中单个螺栓的承载效率。

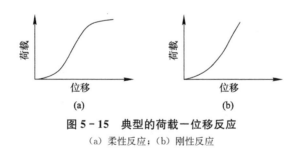

(a)   (b)

图 5－15　典型的荷载—位移反应

(a) 柔性反应；(b) 刚性反应

5.2.6　胶合竹材螺栓节点承载能力分析

1. 用中国规范进行分析

按照《木结构试验方法标准》[5-6]，对于双剪连接，当钢材达到屈服点时每根螺栓所承受的力可按式（5-2）和式（5-3）估计，并取其中较小值：

$$F=2\times(0.3d^2\sqrt{1.7\eta f_c f_y}+0.09a^2\eta f_c\sqrt{\eta f_c/(1.7f_y)})\tag{5-2}$$

$$F=2\times(0.443d^2\sqrt{1.7\eta f_c f_y})\tag{5-3}$$

式中，d 为螺栓直径（mm）；a 为边板厚度（mm）；f_c 为标准小试件木材顺纹抗压强度（N/m²）；f_y 为螺栓的钢材屈服点；η 为木材承压折减系数，当 $d{\geqslant}14$mm 时，$\eta=0.8$，当 $d{<}14$mm 时，$\eta=0.85$；F 为钢材达到屈服点时每根螺栓所承受的力。按照规范公式计

算的连接件承载力为78kN。

而按照《木结构设计规范》[5-1]，螺栓的承载力按式（5-4）计算：

$$N_v = k_v d^2 \sqrt{f_c} \qquad (5-4)$$

式中，N_v为螺栓每一剪面的承载力设计值；k_v为螺栓连接设计承载力计算系数；d为螺栓直径（mm）；f_c为木材顺纹承压强度设计值。按此公式进行计算，试件中螺栓每一剪面的设计承载力为：

$$N_v = k_v d^2 \sqrt{f_c} = 5.5 \times 12^2 \times \sqrt{52} = 5711N \qquad (5-5)$$

则在双剪情况下，每根螺栓的设计承载力为11.4kN，连接件总的承载力可估计为69kN。可见，此设计值与《木结构试验方法标准》中的估算承载力是相近的。

然而，理论计算与试验结果相差较大。以试件5为例，在连接件的变形量为10mm以上时，试验中的最大承载力约为190kN，远高于同样按照木结构实验方法估算的结果。因此，我国规范方法过于保守。

2. 基于NDS[5-11]规范的分析

Johansen早在1949年就建立了螺栓连接的屈服极限模型[5-12]，Mclain和Thangjtham（1983）、Soltis（1986）后来对屈服极限模型进行了完善，使其能够在一定的精度范围内确定连接件的屈服强度[5-13,5-14]。该模型假定螺栓连接的设计承载力在其屈服极限点，然后通过5%偏移来确定屈服点，屈服点定义为荷载－位移曲线与其荷载位移曲线的线性阶段的平行线的交点，线性平行线的偏移距离是螺栓直径的5%，使安全设计建立在比较合理的基础上，如图5-16所示。目前许多标准仍然是以5%偏移量为木结构连接件承载力设计值。在ASTM D5652—95（2007）[5-16]中对螺栓连接承载力的定义为：连接件产生破坏或者是连接件的变形位移达到0.6 in（15.24mm）以上时，试件的最大荷载为极限承载力。我国《木结构试验方法标准》[5-6]则是连接件的相对变形达到10mm以上时的最大荷载作为极限

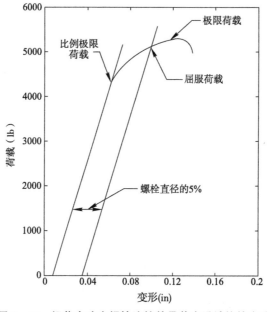

图5-16　规范中确定螺栓连接件承载力设计值的方法

承载力。根据以上对木结构连接件承载力和设计值的研究理论方法，对竹结构螺栓节点的承载力特征研究发现，其荷载－位移曲线表现为具有明显的初始线性阶段和后期塑性阶段，特别是经过屈服点后连接件的变形速度明显加快，表现为典型的弹塑性变形特征。如果以美国 NDS 设计标准计算以 5％偏移量的为设计标准，那么竹结构节点设计承载力标准约为 120kN，而其极限承载能力则会大于 200kN。

根据 NDS 规范，当双剪节点的破坏模式属于理想的第四种破坏模式时，单个螺栓作用下的名义设计值用式（5-6）来计算：

$$Z=\frac{D^2}{1.6K_\theta}\sqrt{\frac{2F_{em}F_{yb}}{3(1+R_e)}} \tag{5-6}$$

其中，D 为所采用的螺栓直径；F_{em} 为主板的抗压承载力；F_{yb} 为螺栓的屈服荷载；R_e 按式（5-7）计算；K_θ 按式（5-8）计算：

$$R_e=\frac{F_{em}}{F_{yb}} \tag{5-7}$$

$$K_\theta=1+\frac{\theta}{360} \tag{5-8}$$

其中，θ 为所施加荷载的方向与试件中任何一个构件纹路形成的最大角度（$0°\leqslant\theta\leqslant90°$）。

可见，当节点的破坏形式属于理想破坏形式时，公式没有考虑其主板及边板的厚度等因素对节点承载能力的影响。根据公式（5-6）可得试验中两种试件的承载能力均为：

$$Z=\frac{D^2}{1.6K_\theta}\sqrt{\frac{2F_{em}F_{yb}}{3(1+R_e)}}=\frac{12^2}{1.6\left(1+\frac{90}{360}\right)}\sqrt{\frac{2\times50\times235}{3\left(1+\frac{50}{235}\right)}}=5787\text{N}$$

得到本试验中两种不同主板厚度试件的单螺栓承载能力均为 5.8kN，则对于本试验的整个试件而言承载能力约为 34.7kN，这显然与试验结果不相符，第三组试件的承载力显著高于第二组。另外，这个值也远远小于我国规范和以 5％偏移量所得到的承载力。这应该与 GluBam 材料本身与木材的构造差别有关。因此，采用式（5-6）来计算胶合竹材的螺栓连接件承载力是不合适的[5-5]。

根据 6 个螺栓连接胶合竹节点的试验，Zhang[5-15]等得出美国 NDS 规范可以较准确得到竹层积材螺栓节点的设计承载力，而对于杨瑞珍等的试验，NDS 规范的计算方法低估了 GluBam 螺栓连接的承载力。在破坏模式方面，Zhang 等得到的结果为理想的第四种破坏模式，而在杨瑞珍等的试验中，随着螺栓紧固力的不同，呈现出了不同的破坏模式，当紧固力适当时，也呈现类似第四种破坏形态。相同的是，胶合竹材螺栓节点在试验中都表现出了良好的整体性，这可能是由于竹材纤维本身较强的韧性，使节点表现出了与木材节点相比更高的承载能力。

5.3 胶合竹材螺栓节点抗拉试验

在螺栓节点的研究历史中，单螺栓连接性质的研究起到了非常重要的作用。螺栓连接是销连接的一种。木材销连接中，垂直销轴加载方式的承载力理论最早由 Johansen 在 1949 年提出。Johansen 将销视作埋入木材中的一根梁，在不考虑连接几何尺寸的情况下，接头构件的承压能力和连接件的弯曲承载能力决定了接头的破坏模式和承载能力，而连接

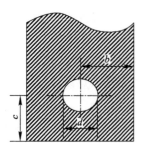

图 5 - 17　试件试验端尺寸示意图

件中的拉力仅当涉及构件之间的摩擦影响时，才需考虑。在此把 Johansen 理论作为研究胶合竹材螺栓连接件承载能力和破坏模式的基础，且不考虑构件之间的摩擦影响。

为了研究胶合竹材螺栓连接的抗拉性能，课题组设计了一系列试验，为了简化研究问题，把研究的重点放在胶合竹材单螺栓的连接上，选用了钢材作为边板、胶合竹材作为主板，以确保破坏发生在主板。试件为具有不同端距和边距的胶合竹材的单螺栓连接件，试件的基本参数代表字母如图 5 - 17 所示。

5.3.1　胶合竹材

本试验所采用的实测厚度为 28mm 的 GluBam 板材作为主板，其基本力学性能参看第 3 章表 3 - 3。GluBam 板材顺纹方向和横纹方向竹纤维的比约为 4：1，即顺纹方向的力学性能显著高于横纹方向。

5.3.2　试验设计

1. 试件

如图 5 - 18 所示，试件的左侧是固定端，布置有三个直径 16mm 的螺栓孔，右端是测试端，螺栓孔直径为 14mm。其中，试件拉伸端的端距和边距随着试件分组有所不同。

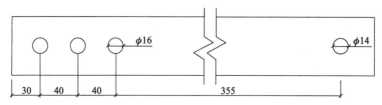

图 5 - 18　试件尺寸

本试验设计了两类试件，分为顺纹抗拉试件和横纹抗拉试件。每类试件又根据不同的端距和边距分为 9 组，每一小组的试件数量为 5 个，共 90 个试件。表 5 - 2 给出了所有试件的尺寸和分组情况。试件均为单层 GluBam 板。

试件分组及尺寸（mm）　　　　表 5 - 2

V1/H1 试件组		V2/H2 试件组		V3/H3 试件组	
$b=24$	$e=24$	$b=36$	$e=24$	$b=48$	$e=24$
	$e=36$		$e=36$		$e=36$
	$e=48$		$et=48$		$e=48$

注：V 为顺纹受拉；H 为横纹受拉；b 为边距；e 为端距。

2. 试验装置

试验根据美国 ASTM D5652—95（2007）[5-16]的规定进行，试验的加载设备为木材人造板万能试验机，最大加载能力 100kN。试验采用位移控制施加荷载，加载速度为 3mm/min，以保证试件从加载到破坏的时间不少于 5min 且不大于 20min。由于试验机本身自带微机控制和记录系统，所以试验数据和相关的信息能够合理完整地保存下来。图 5-19 为作者设计的试件夹具，上端为试件的拉伸端，下端为固定端。图 5-20 为试验时的基本情况。

5.3.3 破坏模式

大多数的销连接试验和理论都是在 Johansen 破坏理论的基础上发展起来的。Johansen 破坏模型是一个基于力学的理论模型，用于确定各种塑性破坏模式下的破坏荷载。在 Johansen 破坏理论中，假定木材或复合材料在螺栓的挤压应力和弯矩作用下能够达到完全塑性。图 5-21 所示为螺栓连接中典型的理想破坏状态，在这种状态下，螺栓、边板和主板同时达到破坏状态，使得整个连接中的各部分材料性能得到了充分发挥。

在本节的试验中，试件的破坏模式主要有两种：一种是剪切脱出，另一种是净截面拉断，如图 5-22 和图 5-23 所示。剪切脱出破坏均发生在 V 组试件中，而净截面拉断均发生在 H 组试件中，这显然由 GluBam 材料顺纹方向（V）与横纹方向（H）的竹纤维数量差异决定的。一般而言，木材的单螺栓连接，主要的破坏形式有：剪切脱出、开裂和净截面拉断。连接的主要破坏形式和破坏荷载取决于构件单元的纤维方向、节点的几何尺寸和夹

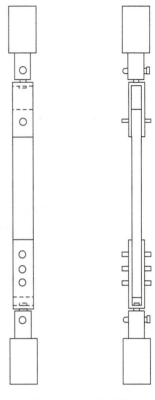

图 5-19　试件夹具

持力。就承载能力而言，达到 Johansen 理论中的理想破坏模式是最好的状态。但具体到本试验，由于研究的对象仅仅为试件的主板、边板为钢材，不可能产生破坏，因此也就不会发生理想的破坏模式，螺栓在纵向也基本没有拉力产生而完全处于松弛的状态，胶合竹材主板的破坏就成为其主要的破坏模式。另一方面，试验中选用的螺栓尺寸较大，在主板达到破坏荷载时螺栓还没有发生屈服，因此，主板破坏也就成了本试验中唯一出现的破坏模式。

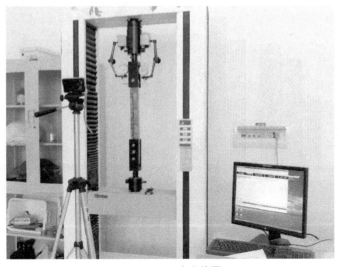

图 5-20　试验装置

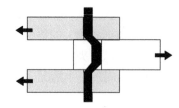

图 5 - 21　Johansen 理论中的理想破坏模式

图 5 - 22　V 组试件的剪切脱出破坏形式

图 5 - 23　H 组试件的净截面拉断破坏形式

5.3.4　承载能力

试验结果显示，试件的承载能力有较强的规律性。如图 5 - 24 所示，在 V 组试验中，试件的承载力随着端距 t 的增加而增大。在图 5 - 25 的 H 组试验中，试件的承载力也有同样的规律，此外，试件的承载力还有随边距 b 的增加而增大的趋势。试验结果的规律与试件的破坏形态密切相关。V 组试件的破坏模式几乎都为剪切脱出破坏，而 H 组试件几乎都为净截面拉断破坏。所以，端距的大小就成为决定 V 组试件承载力大小的关键因素，而边距对于 H 组试件承载力影响大。

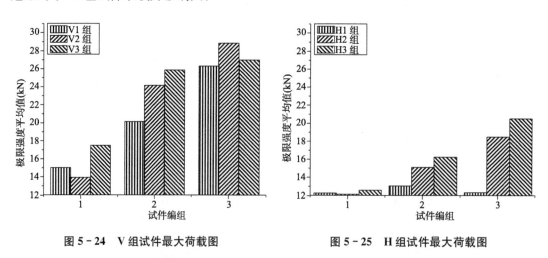

图 5 - 24　V 组试件最大荷载图

图 5 - 25　H 组试件最大荷载图

比较图 5 - 24 和图 5 - 25 可知，相同尺寸的 V 组试件的最大荷载比 H 组试件要相应地偏大，表明 GluBam 螺栓节点顺纹的承载能力要比横纹的承载能力好。

从试验结果来看，H组试件的承载力随端距 t 的增加而增大，特别是对 H2 和 H3 组试件更为显著，显然，这种现象单从破坏模型难以解释，必须进行进一步分析。许多研究者对螺栓连接件板材中的应力应变分布进行了试验研究及数值分析。如 Ce'sar Echavarrı'a 和 Alexander Salenikovich 于 2009 年发表了一篇关于预测木材螺栓节点脆性破坏模型的论文[5-17]。他们对横纹试件中螺栓孔周围应力分布的研究结果显示，随着试件端距的不断增加，螺栓孔周围的拉压应力均逐渐变小，并向零值趋近。对于试件的端部而言，显然在一定范围内，端距 t 的增大可以提高试件部分的刚度，如图 5-26 所示，这可以减小螺栓孔区域应力集中的不利影响，使得应力分布更均匀，从而提高试件的承载力。端距的影响程度需要在今后的研究中进一步的试验与数值分析。另外，连接件的尺寸效应也需要进行试验研究，更多不同尺寸的试件将被测试，以期得到更精确和实用的结果。

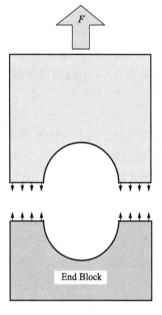

图 5-26　H 组试件的端部受力示意图

图 5-27 显示了 V 组和 H 组试件典型的荷载—位移曲线。可以看出，V 组试件屈服时位移变化较为缓和，而 H 组试件破坏时的变形有突变，通常是试件端部被直接拉断脱出，具有突然性。所以，V 组试件具有较好的塑性变形能力。结构设计的一个基本准则就是避免节点处的脆性破坏。目前，荷载作用方向与 GluBam 板材顺纹方向夹角对螺栓连接性能影响的节点试验研究正在进行中。但是正如第 3 章讨论的，在 GluBam 不同纤维角度的抗拉试验中，顺纹方向试件的抗拉强度最大，其次是与其垂直的横纹方向，而其他很大范围角度（大约为 20°到小于 90°的范围）的抗拉强度都比这两种情况下低，且由于顺纹和横纹方向的纤维量比为 4∶1，其抗拉强度比也基本为 4∶1 的关系。因此，可以合理推断顺纹方向的螺栓连接试件承载能力最大，GluBam 的顺纹受拉更适用于螺栓连接。

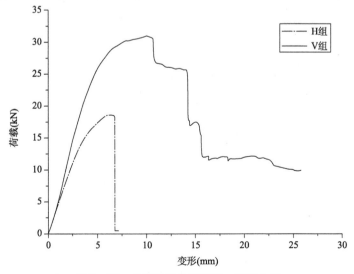

图 5-27　单螺栓受拉的荷载—位移曲线

在 ASTM D5652—95（2007）[5-16]规范中，连接件的屈服荷载计算示意图如图 5-16所示。先画出荷载—位移曲线的初始刚度线，然后将此直线向右偏移螺栓间距的 5%，此时平移直线与荷载—位移曲线的交点即为试件的屈服点，该点的荷载值即为连接件的屈服荷载。如果平移直线与荷载—位移曲线没有交点，则把最大荷载作为其屈服荷载。同时，在确定屈服点的过程中也可获得试件的屈服刚度。

表 5-3 给出了所有试件的试验结果。因为试验中所有破坏均发生在胶合竹材主板上，因此，根据试件的两种破坏模式，假设试件破坏时破坏面的平均应力达到第 3 章所述的抗拉和抗剪强度，则可得到 GluBam 单螺栓受拉承载力的名义理论计算式（5-9）和式（5-10），也就是表 5-3 中的理论承载力。

$$F = 2eSt \tag{5-9}$$

$$F = (2b - d)Tt \tag{5-10}$$

很显然，以上的计算并不合理，因为破坏面的应力分布不可能均匀，见表 5-3，如此计算也与试验结果差别较大，因此，需要对式（5-9）和式（5-10）进行回归修正。考虑两种破坏模式都有可能出现，而其最小值应为控制最大荷载，建议采用以下最大荷载的计算公式

$$F = \min(2eSt\alpha, (2b - d)Tt\beta) \tag{5-11}$$

式中，F 为最大荷载；b 为试件边距；S 为胶合竹材的剪切强度；T 为胶合竹材的抗拉强度；t 为厚度，取作 28mm；α 和 β 代表回归分析得到的系数，分别为 1.468 和 0.498。根据此式可以得到表 5-3 中的计算最大荷载和与试验值的比值。如表 5-3 所示，尽管用式（5-11）计算得到的最大承载力与试验值的比值的平均值对于 V 和 H 系列试验均比较小，但离散还是很大。

试件试验与分析结果　　　　　　　　　　表 5-3

试件组		初始刚度 (kN/mm)	破坏模式	试验屈服荷载（kN）	试验最大荷载（kN）	计算最大荷载（kN）	（计算值—试验值）/试验值
V1	V1-1	5.2	SO	13.5	15	15.6	4.0%
	V1-2	5	SO	21	20.2	23.3	15.3%
	V1-3	6.1	SO	23.8	26.3	31.1	18.3%
V2	V2-1	5.4	SO	12	13.9	15.6	12.2%
	V2-2	6.4	SO	22.8	24.1	23.3	−3.3%
	V2-3	6	SO	26.5	28.9	31.1	7.6%
V3	V3-1	6	SO	16.3	17.5	15.6	−10.9%
	V3-2	7.1	SO	25.1	25.9	23.3	−10.0%
	V3-3	6.2	SO	23.2	26.9	31.1	15.6%
平均误差							5.4%
H1	H1-1	3.7	NT	10.6	12.3	8.62	−29.9%
	H1-2	4.1	NT	11.6	13.1	8.62	−34.2%
	H1-3	3.8	NT	10.8	12.3	8.62	−29.9%
H2	H2-1	4.3	NT	11.1	12.1	14.7	21.5%
	H2-2	4.4	NT	14.3	15.1	14.7	−2.6%
	H2-3	4.2	NT	17.8	18.6	14.7	−21.0%

续表

试件组		初始刚度 (kN/mm)	破坏 模式	试验屈服 荷载 （kN）	试验最大 荷载 （kN）	计算最大 荷载 （kN）	（计算值－试验值）/ 试验值
H3	H3－1	4.2	NT	11.8	12.6	20.8	65.1%
	H3－2	4.4	NT	14.5	16.3	20.8	27.6%
	H3－3	4.5	NT	17.5	20.6	20.8	1.0%
平均误差							－0.3%

注：SO为剪出破坏；NT为净截面拉断。

5.4 胶合竹结构节点小结

在本章中，作者主要介绍了胶合竹结构中的螺栓连接形式，设计并完成了胶合竹材螺栓节点的抗压和单螺栓连接的抗拉试验，参照国内外木结构设计规范并初步建立了受拉和受压特定加载条件下的承载力的计算方法。像木结构一样，竹结构的节点形式也十分复杂，参数繁多，要全面系统的建立螺栓连接节点的设计体系还需要进行大量的实验和理论研究。

参考文献

［5-1］国家标准．GB 50005—2003木结构设计规范［S］．北京：中国建筑工业出版社，2003：26-37.

［5-2］何敏娟，孙永良．齿板连接节点试验及承载能力分析［J］．特种结构，2008（1）.

［5-3］叶虹，谢宝元，费本华．国产木桁架齿板连接件的研发［J］．林业科学，2012（1）.

［5-4］Heine，C. P. Simulated Response of Degrading Hysteretic Joints with Slack Behavior. Ph. D. Dissertation. Virginia Polytechnic Institute and State University. Blacksburg，VA，2001.

［5-5］杨瑞珍．胶合竹材力学性能及螺栓连接件性能的研究与应用［P］．湖南：湖南大学，2009.

［5-6］国家标准．GB/T 50329—2002木结构试验方法标准［S］．北京：中国建筑工业出版社，2002：19-22.

［5-7］龙卫国，杨学兵，王永维等．木结构设计手册（第三版）［M］．北京：中国建筑工业出版社，2005：52-65.

［5-8］Salenikovich，A. J.，Loferski，J. R.，and Zink，A. G. 1996. "Understanding the Performance of Timber Connections Made With Multiple Bolts." Wood Design Focus. Vol. 7（4）：19-26.

［5-9］Dolan，J. D. and B. Madsen. Monotonic and cyclic nail connection tests. Canadian Journal of Civil Engineering. Ottawa，Canada. 19（1），1992：97-104.

［5-10］Dolan，J. D.，Gutshall S. T.，and McLain T. E. Monotonic and cyclic tests to determine short-term load duration performance of nail and bolt connections. Research Report No. TE—1994-001. Virginia Polytechnic Institute and State University，Blacksburg，VA，1996.

［5-11］National Design Specification for Wood Construction. National Forest Products Association，Washington，D. C.，2005.

［5-12］Johansen，K. W. 1949："Theory of Timber Connections". International association of Bridge and Structural Engineering，Publication No. 9，Bern，Switzerland，pp. 249-262.

［5-13］McLain TE，Thangjitham S. Bolted Wood-Joint Yield Model. Journal of Structural Engineering. 1983；

109 (8): 1820 - 35.

[5 - 14] Soltis LA, Hubbard FK, Wilkinson TL. Bearing Strength of Bolted Timber Joints. Journal of Structural Engineering. 1986; 112 (9): 2141 - 54.

[5 - 15] Zhang, D. S., Fei, B. H., Ren, H. Q., Wang, Z., The research of joint composed by laminated bamboo lumber, Modern Bamboo Structures, Proc. of First International Conference on Modern Bamboo Structures (ICBS—2007), Ed. Xiao et al., 2008.

[5 - 16] ASTM D5652—95 (2007), Standard Test Methods for Bolted Connections in Wood and Wood-Base Products, ASTM International, West Conshohocken, PA, DOI: 10. 1520/D5652 - 95R07.

[5 - 17] Echavarría C, Salenikovich A. Analytical model for predicting brittle failures of bolted timber joints. Materials and Structures. 2009; 42 (7): 867 - 75.

第 **6** 章

胶合竹结构屋架

作为建筑围护结构的一部分，屋架的承载能力关系着整个结构的安全性能。竹屋架轻质高强的性能使其适用于大跨度屋面，给水平横隔的设计提供了极大的灵活性和多样性。竹结构屋架具有成本低廉、施工速度快、坚固耐用、设计灵活等优点，可以广泛用于各种商业和学校等公共建筑以及住宅建筑的屋盖和楼盖设计。到目前为止，对于竹结构房屋的系统研究仍然处于起步阶段，尤其是对竹屋架的性能更是缺乏必要的了解。本章结合实验研究和实际工程，讨论胶合竹结构屋架的设计与分析。

6.1 试验设计及模型制作

为了验证竹结构屋架的承载力性能，课题组陈国进行了一系列的静力试验，制作了6个竹结构屋架试件，分为2组[6-1]。试验用的屋架分为 BT1 和 BT2 两种形式，其中 BT1屋架已经用于 2008 年 5 月 12 日四川汶川大地震后广元市抗震救灾活动板房的建设中，BT2 屋架用于湖南大学竹别墅、北京紫竹院公园茶屋竹楼及耒阳蔡伦竹海竹结构示范房屋的建造中，如图 6-1 所示。试件编号及具体尺寸见表 6-1。

(a)   (b)

图 6-1 现代竹结构屋架的工程应用

（a）投入抗震救灾的活动板房；（b）耒阳蔡伦竹海竹结构示范房屋

屋架尺寸					表 6-1
屋架编号	上弦杆（mm）	下弦杆（mm）	腹杆（mm）	跨度（mm）	坡度
BT11、BT12、BT13	28×150	28×150	—	5000	3∶12
BT21、BT22、BT23	56×140	56×120	56×90	6000	6∶12

6.2　竹结构屋架及其屋面板的检验性试验

一般有两类方法对结构施加静力荷载：一类方法是利用重力加载，另一种方法是利用液压或机械装置加载。对屋架 BT1 及其屋面板的试验主要是考察其在均布荷载及施工荷载下的工作性能。检验性试验采用的加载方式是采用均匀布置砝码来模拟雪荷载。在均布荷载为 $0.5\mathrm{kN/m^2}$ 作用下，BT1 屋架系统的最大挠度与跨度的比值 $w/l \leqslant 1/1590$，满足规范的要求。在均布荷载为 $1.0\mathrm{kN/m^2}$ 作用下，屋架系统的最大挠度与跨度的比值 $w/l \leqslant 1/352$，当屋面板的砝码撤销后，屋架的变形可基本恢复。8 人的荷载试验结果表明，屋架在施工荷载下的工作性能良好，如图 6-2 所示。

(a) (b)

图 6-2　活动板房屋架检验试验

(a) 均布荷载试验中；(b) 模拟施工试验中

6.3　竹结构屋架全跨破坏性试验

6.3.1　加载方案

根据实际工程中的屋架受力情况，荷载仅施加于屋架的上弦杆的各个节点，为保证屋架在试验过程中的侧向稳定及竖向的自由变形，在其相应位置设置 3 套钢套管制作而成的侧向支撑，为减少侧向支撑与屋架侧面的摩擦力，在支撑处涂抹黄油。屋架采用重力加载，砝码放置于吊盘，吊盘通过杠杆挂于屋架节点下，利用杠杆设计原理重力放大装置，杠杆放大倍数为 3.5 倍，如图 6-3 所示。桁架杆件的应变数据采集主要采用 BQ120-20AA 型长标距应变片和 DH3816 型静态电阻应变仪，应变片成对对称布置于杆件截面的上下表面。

作用于屋架节点的杠杆、吊盘和吊杆质量折合为 105kg。记录下不同加载等级时屋架各个节点的挠度和杆件的轴向应变。28mm 厚的竹连接板成对布置于屋架弦杆两侧，连接板和弦杆之间通过普通螺栓连接，BT1 屋架中所采用的螺栓直径为 10mm，BT2 屋架中的螺栓直径为 12mm。BT1 屋架所有弦杆的截面尺寸均为 28mm×150mm，而 BT2 屋架的上弦杆截面尺寸为56mm×140mm，腹杆为 56mm×90mm，下弦杆为 56mm×120mm，屋架布置情况如图 6-4、图 6-5 所示。

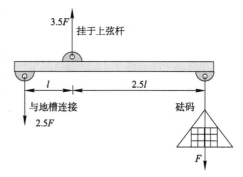

图 6-3 屋架重力加载方式

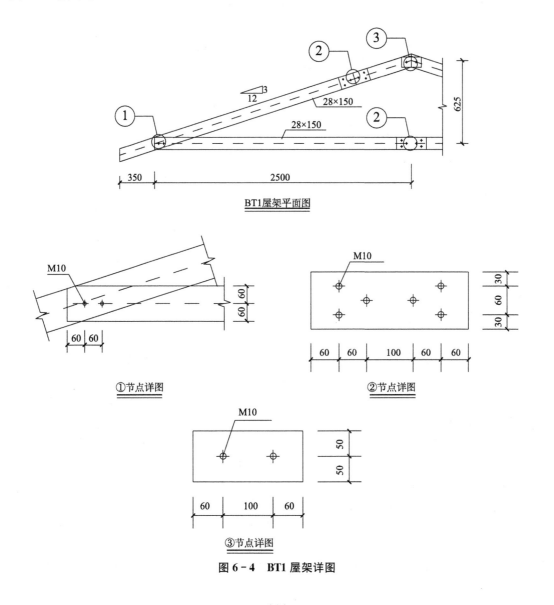

图 6-4 BT1 屋架详图

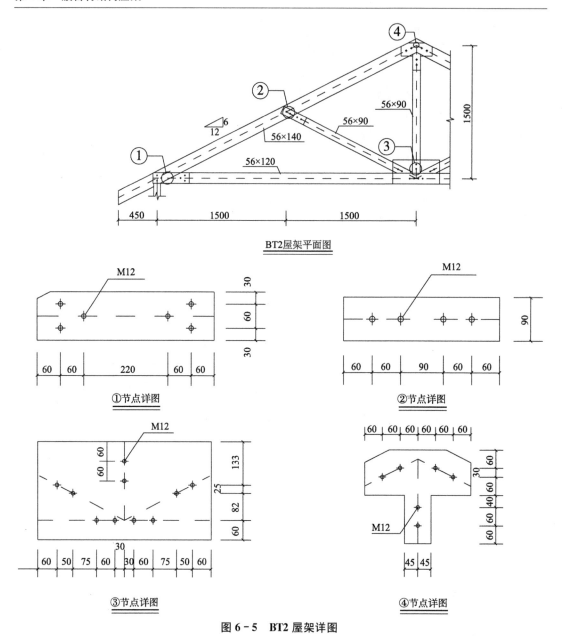

图 6-5　BT2 屋架详图

6.3.2　加载过程

屋架试验的程序应符合下述规定：施加荷载→卸荷→全跨标准荷载→卸载→半跨标准荷载（必要时）→卸荷→全跨加荷直至破坏。所有试验屋架正式加荷前，应进行一次试加荷，每级荷载取 $0.25P_k$（P_k 为标准荷载），共加载 4 级至标准荷载，每级加荷的间隔时间为 30min。当加至标准荷载后，荷载保持不变，持续 12～24h。然后分两级卸完，每级卸荷的间隔时间仍为 30min。屋架的试加载主要是为了检查竹结构屋架的受力是否正常、仪器工作性能是否正常，以及杠杆加载装置是否安全可靠。

全跨破坏荷载试验采取分级加载，按每级荷载 $0.25P_k$ 为一个加载级别，分 4 级加载至标准荷载，每级加荷的间隔时间为 2h。加至标准荷载，然后按每级荷载 $0.1P_k$、每级加荷的间隔时间为 30min，加至 2 倍标准荷载，然后，按每级荷载 $0.1P_k$、每级加荷的间隔时间为 30min，直至屋架破坏。对于屋架 BT1，一个加载级别相当于上弦杆节点每级加载 52.5kg（即吊篮中加 15kg），加载完 4 级后，每级加载 35kg（即吊篮中加 10kg）。对于屋架 BT2，一个加载级别相当于上弦节点每级加载 105kg（即吊篮中加 30kg），下弦杆不加荷载。加载完 4 级后，每级加载 35kg 砝码（即吊篮中加 10kg），直至屋架破坏。

6.3.3　屋架破坏准则

屋架试验结果见表 6-2，当出现下面任何一种情况时，即可以认定屋架已经破坏：屋架中任一杆件或节点板丧失承载能力；屋架挠度值突然急剧增大；杆件节点连接处的承压变形＞8mm，受拉节点的相对滑移＞20mm。

屋架试验结果汇总　　　　　　　　表 6-2

试件	P_u(N)	k	Δ_d(mm)	Δ_u(mm)	w/l
BT11	$8.40×10^3$	3.2	7.06	43.71	1/708
BT12	$9.10×10^3$	3.5	7.46	55.49	1/670
BT13	$8.75×10^3$	3.4	4.79	57.91	1/1044
平均值	$8.75×10^3$	3.4	6.44	52.37	1/776
BT21	$36.0×10^3$	1.7	14.16	27.61	1/353
BT22	$44.3×10^3$	2.1	14.66	34.26	1/341
BT23	$42.2×10^3$	2.0	17.76	27.52	1/282
平均值	$40.8×10^3$	2.0	15.53	29.79	1/322

注：P_u 为屋架极限承载力；k 为屋架极限荷载与设计荷载的比值；Δ_d 为设计荷载下屋架跨中挠度；Δ_u 为极限荷载下屋架跨中挠度；w 为在标准荷载作用下的屋架最大挠度；l 为屋架的计算跨度。

6.3.4　主要试验结果及分析

竹结构屋架的极限承载能力表现出一定程度的离散性。BT11 加载到 8.4kN 时破坏，而 BT12 和 BT13 分别加载到 9.10kN 和 8.75kN 荷载发生破坏。而 BT2 类型的屋架中的 BT22 的承载力最高，达 44.3kN；BT23 次之，为 42.2kN，BT21 的承载力最低，加载到 36.0kN 就发生破坏。BT2 的极限承载力明显高于 BT1 屋架，其极限承载力 P_u 的平均值达 40.8kN，标准差为 4.1kN。

在本章的屋架试验中，以跨中挠度与跨度的比值衡量屋架的刚度。在设计荷载下，BT23 的刚度最小，仅为 1/282，而 BT13 的刚度最大，为 1/1044。因 BT2 的设计荷载占极限荷载的比值 k 偏大，故在设计荷载下 BT2 的刚度偏小。

1. 荷载－跨中挠度的关系

图 6-6 所示为加载过程中试件 BT1 和试件 BT2 的跨中挠度与加载等级的关系图。各点的挠度均已减去支座沉陷和第一次加载到设计荷载并卸载后的残余变形。屋架的荷载－跨中挠度曲线在加载到第 4 级荷载前一直保持线性关系；加载到两倍设计荷载前，荷载－跨中挠度曲线逐渐地呈现出一定的非线性，这与木屋架很相似[6-2]。随着荷载的

继续增加，挠度曲线表现出较明显的非线性，屋架的竖向刚度退化，挠度迅速增大，从而导致屋架破坏。对于 BT1 屋架，试件 BT11 和 BT12 加载到 16 级荷载和 18 级荷载，跨中处的最大挠度分别为 43.7mm 和 53.9mm；试件 BT21 加载到第 14 级荷载时的最大挠度为 27.6mm，而 BT22 加载到第 18 级荷载时的跨中最大挠度为 34.3mm。而加载到设计荷载时，试件 BT1 和 BT2 的跨中挠度均值达 6.44mm 和 15.53mm。从荷载跨中挠度曲线可知，BT2 从加载到破坏，试件的变形与荷载呈线性关系，承载力大但是延性较差；BT1 加载开始荷载变形成线性关系，设计荷载之后试件刚度逐渐降低。同时 BT1 的延性较好。

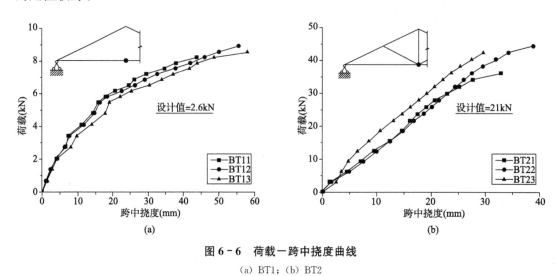

图 6-6　荷载一跨中挠度曲线

(a) BT1；(b) BT2

从图 6-6（b）中可以看出，试件 BT21 和试件 BT22 的挠度曲线比较接近。在相同的加载条件下，试件 BT11 的跨中挠度最小，而 BT13 的跨中挠度最大。在设计荷载下，BT11 的跨中挠度仅为 5.79mm，而 BT13 的跨中挠度为 7.06mm。说明轻型竹结构屋架的力学性能具有一定的离散性。

2. 荷载一屋架杆件轴向应变的关系

小变形时的竹规格材变形符合平截面假定，所以取截面对称轴上下纤维的应变平均值作为轴向应变值。图 6-7 为屋架各主要杆件的应变一荷载关系曲线。试件 BT1 各屋架的荷载一应变曲线在加载至 2 倍设计荷载前，曲线较吻合。比较试件 BT1 的应变数值，可以看出在相同的加载等级下，BT12 的应变最大，BT11 次之，BT13 最小。试件 BT22 和 BT23 的荷载一应变曲线在加载至设计荷载（第 4 级荷载）前比较接近；加载至 2 倍设计荷载前，试件的荷载一应变曲线开始表现出一定的非线性；而试件 BT21 在加载至 2 倍设计荷载前，其上弦杆的应变曲线始终处于线性关系；随着加载等级的增加，各试件的应变曲线开始表现出明显的离散性，屋架的竖向刚度退化，从而导致屋架破坏。

BT1 各个屋架的荷载应变曲线在加载到 2 倍设计荷载前基本处于线性。然而试件 BT2 屋架自试验开始就表现出比较明显的非线性，腹杆的应变曲线的离散性更大。这也许是因为腹杆和弦杆的连接处更加复杂有关。竹结构屋架的节点并未采用木桁架中常见的金属齿板，而是采用竹夹板式连接板，因此竹屋架的节点性能表现出很大的差异性，如竹连接板的种类、含水率和加载方向都将影响到连接板的性能。

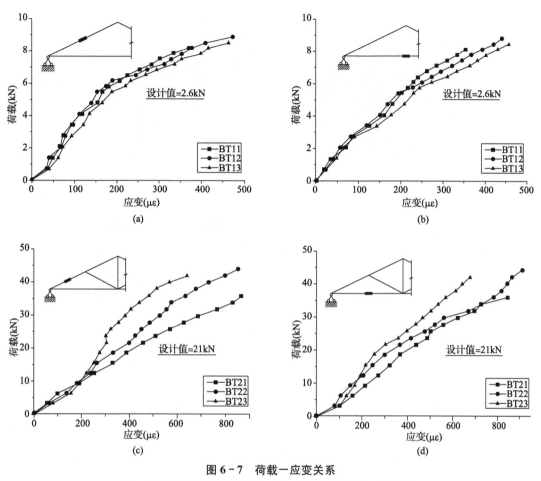

图 6-7 荷载—应变关系

(a) 竹屋架 BT1 的 TC1 杆件应变；(b) 竹屋架 BT1 的 BC1 杆件应变；
(c) 竹屋架 BT2 的 TC1 杆件应变；(d) 竹屋架 BT2 的 BC1 杆件应变

3. 试验现象及主要破坏形态

从 BT2 屋架的跨中挠度的百分表读数可以看出，随着加载等级的不断增加，逐渐可以看出屋架的变形增加。随着试验的进行，第七级到第八级百分表读数稳定耗时 9min；第九级到第十级耗时 12min；第十一级到第十三级需 15min。在加载到 11 级荷载之前，屋架并无明显的变形，上弦有轻微的失稳扭转。加载到 13 级时，屋架上弦出现比较明显的侧向失稳，下弦杆也出现扭转。BT1 屋架加载到 14 级时，上弦杆扭转破坏，下弦杆扭转但未破坏。加载过程中，可以观察到上弦杆的变形逐渐扩展，节点板无明显变形。BT21 和 BT22 分别加载到 17 级和 18 级时，上弦杆内力值骤降，上弦杆节点处的百分表读数值突然急剧增大，屋架试验终止。竹屋架的主要破坏形态是上弦杆的扭转屈曲破坏，破坏前，没有明显的变形，属脆性破坏，但未发生整体性的垮塌，如图 6-8 所示。

(a)

(b)

图 6-8　上弦杆受压失稳破坏

(a) BT1；(b) BT2

6.4　竹结构屋架结构分析方法

屋架结构分析方法主要有以下两种，第一种方法是基于单榀屋架的二维分析方法，二维分析方法是将各屋架单独地按二维单元来分析，所受恒荷载和可变荷载仍按所受荷载面积来计算。另一种方法是系统分析方法，这种方法充分考虑了桁架体系中的荷载分配效应，相对于二维分析方法而言，系统分析法更符合桁架实际的受力情况。分析竹屋架的内力，理论上应采用整体（考虑屋面板参与工作）的三维有限元模型，直杆用梁、柱单元，屋面板用板壳单元，采用不同的连接单元模拟节点并考虑节点各杆的偏心情况，整体分析每榀屋架的内力和屋面板中的内力等。但精确的轻型竹桁架系统分析方法是一项相当困难的工作，其求解十分复杂，工作量大，使之付诸实施尚需进行较多的研究工作。建立竹桁架的结构分析模型的重点，是如何合理地模拟竹板连接节点的刚度以及节点的偏心作用[6-3]。

6.4.1 节点设置

轻型竹桁架的节点类型可分为支座端节点、腹杆节点、对接节点以及屋脊节点，如图6-9所示。

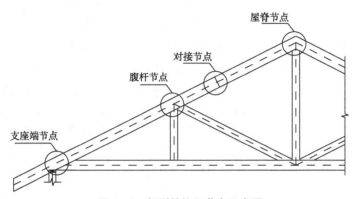

图6-9 轻型竹桁架节点示意图

6.4.2 节点分析模型

传统桁架节点的设计方法是将节点假设为完全铰接或完全刚性，但竹材连接的节点通常表现为半刚性特性。

（1）刚接模型（图6-10）认为竹结构桁架是一种框架结构体系，采用梁单元来模拟屋架的各类杆件，各杆件之间为刚接节点。

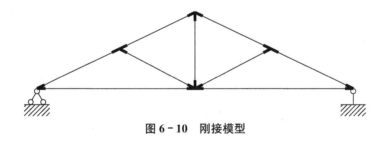

图6-10 刚接模型

（2）铰接模型（图6-11）又可分为两种情况。一种认为屋架为平面铰接桁架，杆件两端的节点为完全铰接，桁架的各杆件以杆单元表示。另一种为半铰假定，也就是说，节点连接只在杆件断开处为铰接，连续的杆件仍然为刚接。而此时的屋架为平面组合结构，弦杆以梁单元模拟，腹杆用杆单元代替，半铰假定比完全铰接假定更加符合实际情况。

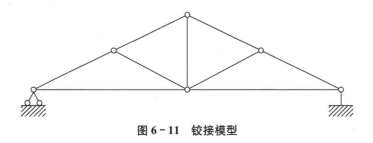

图6-11 铰接模型

因上、下弦杆是连续的，与腹杆的连接按半铰处理。而上、下弦杆相交的端节点，因连接处有连接板存在，且两者的接触面较长，实际上是可以承担一定弯矩，属于半刚性连接。由此可见，竹连接板桁架即使以平面结构分析，也是一个超静定的体系，内力分析也相当复杂。若采用简化的近似分析法，即用与木桁架、钢桁架相同的内力分析方法，按铰接或刚接静定桁架求解轴力，视上、下弦杆为连续梁，用简单的系数确定其弯矩分配。这个方法对于桁架杆件轴线交于节点的，包括端支座上、下弦杆轴线交点位于支座中心线上及桁架端节点处无楔块或无上、下弦加强杆的情况，其偏差尚处于可接受的范围内。但连接板的桁架大多数情况偏离这些要求甚远，分析结果与实际情况偏差过大。

节点的刚接假定和铰接假定都不是很符合实际，刚接假定放大了连接的刚度，而铰接假定忽略了连接板的转动刚度。由此可见，节点板连接的转动刚度对结构整体刚度有一定贡献，所以考虑节点板连接的半刚性应当更加符合屋架的实际受力性能。在进行分析时可以采用平面二节点虚拟杆件单元来模拟半刚性连接的性质，虚拟杆件两端与弦杆刚接，其节点自由度与相连接的单元节点相同，图6-12为四种不同类型的节点虚拟杆件模拟。这个变刚度的单元加在竹连接板节点处，原有的杆件端点作为主节点，变刚度单元作为虚拟单元。在具体的计算中，节点区域的旋转刚度和轴向刚度可以通过试验或理论分析来确定[6-4]。计算模型中上、下弦杆均为连续的，根据这样一个简单的内力传递过程，将竹结构屋架的杆件及连接用两种元件来模拟，即：杆单元，是主要元件，模拟杆件的直线型杆件，均为线弹性体，其面积和惯性矩按实际杆件计算；虚拟杆件单元，模拟连接板与杆件间的内力传递，其刚度取决于节点区域连接板的非线性荷载-滑移关系，其长度为内力的合力作用点的距离。

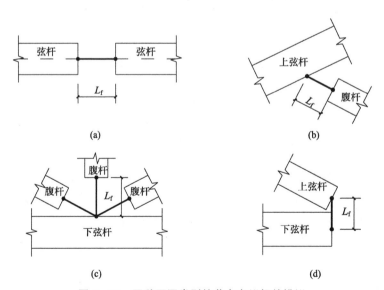

图6-12　四种不同类型的节点虚拟杆件模拟
（a）对接节点；（b）腹杆—上弦杆节点；（c）腹杆—下弦杆节点；（d）支座端节点

虚拟杆件的高度：

$$h=\sqrt{\frac{12K_{\mathrm{B}}}{K_{\mathrm{A}}}} \tag{6-1}$$

虚拟杆件的宽度：

$$b=\frac{K_{A}L}{hE} \tag{6-2}$$

虚拟杆件长度：

$$L_{f}=(e\tan\theta)+\frac{d_{T}-d_{B}\cos\theta}{2\cos\theta} \tag{6-3}$$

式中，K_{A} 为轴向刚度；K_{B} 为旋转刚度[6-5]；L 为节点板长度；E 为弹性模量；θ 为屋架坡度（rad）；e 为端节点支撑的宽度；d_{T} 为上弦杆的实际高度；d_{B} 为上弦杆的实际宽度。

屋架节点的轴向刚度和旋转刚度采用"弹性地基悬臂梁"分析模型获得，即将螺栓假设为嵌在弹性地基上的悬臂梁。节点所受之力由螺栓传递到连接板，竹材变形产生反作用力，如图 6-13 所示。

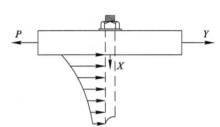

$$EI\frac{d_{y}^{4}}{d_{x}^{4}}=-ky \tag{6-4}$$

式中，x 为沿螺栓中性轴的距离；E 为螺栓的弹性模量；I 为螺栓的横截面转动惯量；$y(x)$ 为螺栓的挠度；k 为弹性地基模量。

图 6-13　弹性地基梁模型

$$k=17+(42+SG)-(0.6-MC)+0.1\theta \tag{6-5}$$

式中，SG—比重；MC—含水率%；θ—纹理方向与受力方向间的夹角。

通过解方程式（6-4）可以得出螺栓挠度曲线

$$y=A_{1}e^{m1x}+A_{2}e^{m2x}+A_{3}e^{m3x}+A_{4}e^{m4x} \tag{6-6}$$

其中：

$$m_{1}=-m_{3}=\sqrt[4]{\frac{k(1+i)}{4EI}}; \quad m_{2}=-m_{4}=\sqrt[4]{\frac{k(-1+i)}{4EI}}$$

通解中的常系数 A_{1}、A_{2}、A_{3} 和 A_{4} 由边界条件所决定，假定连接板和主板间可以自由滑动而发生旋转。

$$y'''(0)=\frac{-p}{EI} \tag{6-7}$$

$$y'''(L)=0 \tag{6-8}$$

$$y''(L)=0 \tag{6-9}$$

$$y'(0)=0 \tag{6-10}$$

将边界条件式（6-7）～式（6-10）代入螺栓挠度曲线式（6-6）中，可求解出接触面处 $y(0)$ 的挠度：

$$y(0)=\frac{-p(2C_{1}C_{A1}+C_{4}C_{A2})}{4EI\beta^{3}C_{12}} \tag{6-11}$$

$$\beta=\left(\frac{b_{0}k}{4EI}\right)^{0.25} \tag{6-12}$$

$$C_{1}=\cosh\beta L\cos\beta L \tag{6-13}$$

$$C_{A1}=\cosh\beta L\sin\beta L \tag{6-14}$$

$$C_{4}=\cosh\beta L\sin\beta L-\sinh\beta L\cos\beta L \tag{6-15}$$

$$C_{A2} = \cosh\beta L \sin\beta L + \sinh\beta L \cos\beta L \tag{6-16}$$

$$C_{12} = \cosh\beta L \sin\beta L + \cos\beta L \sin\beta L \tag{6-17}$$

其中：p 为作用于螺栓的侧向力。

从图 6-14 可知，假定所有螺栓的直径相同，那么截面①处的连接板的伸长为：

$$\Delta_a = \varepsilon_a \times d = \frac{n_1 p_1 d}{A_a E} \tag{6-18}$$

其中，p_1 为作用于截面①处的荷载；d 为螺栓直径。

同理，截面ⓑ处的连接板的应变值为：

$$\Delta_b = \varepsilon_b \times d = \frac{(n_1 p_1 + n_2 p_2) d}{A_b E} \tag{6-19}$$

其中，p_2 为作用于截面②处的荷载；A_b 为截面ⓑ处的净截面积。

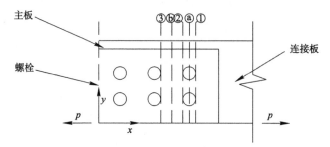

图 6-14　四分之一受拉节点模型

因此，四分之一连接板上所受的荷载 P_q 按下式计算，

$$P_q = \sum_{i=1}^{n} n_i p_i \tag{6-20}$$

其中，n_i 为第 i 排螺栓的个数；p_i 为第 i 排单个螺栓所受的荷载；n_i 为第 i 排螺栓的个数。

受拉节点的轴向刚度：

$$K_{at} = \frac{2P_q}{\Delta_h} = \frac{2\sum_{i=1}^{n} n_i p_i}{\Delta_h} \tag{6-21}$$

受拉节点的旋转刚度：

$$K_{rt} = \frac{2M_q}{\theta_h} = \frac{2\sum_{i=1}^{n} r_i p_i}{\sum_{i=1}^{n} K_i^S r_i^2} \tag{6-22}$$

$$K_i^S = \frac{p_i}{y(0)} = -\frac{4EI\beta^3 C_{12}}{2C_1 C_{A1} + C_4 C_{A2}} \tag{6-23}$$

同理，可以得出支座端节点的轴向刚度：

$$K_{ah} = \frac{P_h}{\Delta_h} = \frac{\sum_{i=1}^{r} n_i p_i}{\Delta_h} \tag{6-24}$$

支座端节点的旋转刚度：

$$K_{rh} = \frac{M_h}{\theta_h} \tag{6-25}$$

其中，r_i 为第 i 个螺栓到节点板中心的距离；Δ_h 为二分之一节点板处的总变形；θ_h 为二分之一节点板处的旋转角度。

其中一种方法就是使用试验得到的节点轴向刚度和转动刚度来模拟竹结构屋架的节点（表6-3）。受拉节点的轴向刚度和旋转刚度通过受拉节点试验获得，如图6-15所示。虚拟杆件的尺寸计算结果见表6-4。

节点轴向刚度和旋转刚度 表6-3

节点类型	轴向刚度（N/mm）	旋转刚度（N·mm/rad）
支座端节点	2.7×10^5	3.23×10^8
受拉节点	3.1×10^4	1.84×10^7
上腹杆节点	2.3×10^4	1.03×10^7
下腹杆节点	2.1×10^4	9.7×10^6

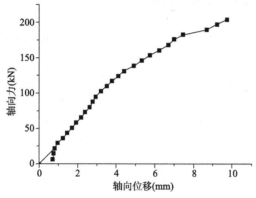

图6-15 对接节点荷载—位移曲线

虚拟杆件尺寸 表6-4

节点类型	b(mm)	h(mm)
支座端节点	9.8	119.8
对接节点	5.9	84.4
腹杆—上弦杆节点	4.7	73.3
腹杆—下弦杆节点	4.2	74.4

6.4.3 不同节点模型计算结果及分析

针对文献[6-1]的竹结构试验桁架采用不同节点模型进行计算分析后，从表6-5和图6-16可以看出，不同的结构分析模型对于跨中挠度计算结果影响较小。铰接模型和刚接模型的计算结果相差不大，并且与实验结果很接近。

不同节点模型变形计算结果和实验结果比较 表6-5

桁架	实验结果（mm）	刚接（mm）	铰接（mm）
BT1	6.44	4.212	4.214
BT2	15.53	17.535	17.539

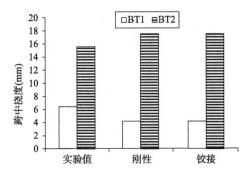

图 6-16 不同节点模型变形计算结果和实验结果比较

6.5 屋架承载力简化计算方法

轻型竹桁架系统分析方法十分复杂，工作量大，尚需进行较多的研究工作。因此，提出既简洁又相对准确的分析方法具有很重要的理论和现实意义。陈国对于轻型竹桁架结构分析采用基于单榀竹桁架的二维分析方法[6-1]。屋架的承载力计算采用 LRFD 的经验公式[6-6,6-7]。对于长细比较大的轴心受压构件而言，稳定性起决定作用。因为胶合竹材的抗拉承载力大于抗压承载力，所以杆件的承载力由上弦杆抗压强度所决定：

$$F'_{cn} = F_c(K_F)(\phi_c)(\lambda)(C_M)(C_t)(C_i)(C_p) \tag{6-26}$$

式中，K_F 是格式转化参数，一般取值 $2.15/\phi_c$，ϕ_c 为受压抗力因子，通常设计时取值 0.9，实验时取值 1.0；λ 为时间因素取值在 0.8～1.25 之间，短暂荷载时取 1.25，恒载时取值 0.8，本实验偏保守的取值 1.0；当含水率超过 16% 时，其折减系数 C_M 取值 0.8，温度折减系数取值 $C_t = 0.9$，开槽因数对于受压承载力计算时取 0.8，对于弹性模量修正时取 0.95。参照 Ylinen 公式确定受压构件的稳定系数 C_p，

$$C_p = \frac{1 + \dfrac{F_{cEn}}{F^*_{cn}}}{2c} - \sqrt{\left(\frac{1 + \dfrac{F_{cEn}}{F^*_{cn}}}{2c}\right)^2 - \frac{\dfrac{F_{cEn}}{F^*_{cn}}}{c}} \tag{6-27}$$

式中，压弯影响因子 c 取值 0.8。临界长细比柱的极限受压设计强度 F^*_{cn} 由下式计算：

$$F^*_{cn} = F_c(K_F)(\phi_c)(\lambda)(C_M)(C_t)(C_i)(C_v) \tag{6-28}$$

式中的尺寸因素 C_v 在弯曲应力中偏保守的取值 1.0，名义欧拉屈服强度 F_{cEn} 由下式确定，

$$F_{cEn} = \frac{0.822 E^*_{min,n}}{\left(\dfrac{K_e l}{d}\right)_{max}} \tag{6-29}$$

柱失稳极限弹性模量调整值 $E^*_{min,n}$ 由下式确定：

$$E^*_{min,n} = E_{min}(K_e)(\phi_s)(C_M)(C_t)(C_T)(C_i) \tag{6-30}$$

式中，稳定因子 ϕ_s 通常在设计时偏保守的取值 0.85，在试验中可取值 1.0；失稳刚度因子 C_T 一般大于 1.0，在本实验中偏保守取值 1.0；有效长度因子 K_e，当杆件两端刚接取值 0.5，铰接取值 1.0，对于半刚性可以估计取值 0.75。对于本屋架的上弦杆第一段的试验承载力和按照不同模型的计算承载力在表 6-6 和图 6-17 表示。刚性节点的计算承

载力远大于实验值，而铰接节点的计算承载力偏小，采用半刚性节点计算的承载力与试验结果比较接近。

不同节点模型承载力计算结果和实验结果比较 表 6-6

屋架	试验值（kN）	半刚性（kN）	刚性（kN）	铰接（kN）
BT1	4.40	6.60	14.43	3.75
BT2	40.80	33.26	62.45	19.59

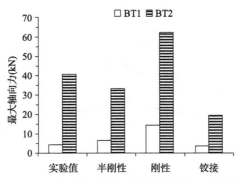

图 6-17 不同节点模型承载力计算结果和实验结果比较

竖向荷载作用下的屋架，出于简化计算的需要，一般假定各节点为铰接。一般而言，上弦杆第一节间为最危险的截面。上弦杆第一节间的杆件可视为轴心受压杆件，其承载力有 2 种破坏形式，压碎破坏或失稳破坏。采用《木结构设计规范》GB 50005—2003 中的轴心受压公式对竹结构桁架的承载力进行估算。

轴心受压承载力计算：

$$N_r = f_c A_n \qquad (6-31)$$

式中，f_c 为构件的抗压强度值；A_n 为构件净截面面积。

轴心压杆的稳定性承载力计算：

$$N_r = f_c \varphi A_0 \qquad (6-32)$$

式中，A_0 为构件计算面积，对于无破损构件，$A_0 = A$；当破损在截面的中部位置时，$A_0 = 0.9A$；当破损对称于截面两侧时，$A_0 = A$；当破损不对称时，按偏心受压构件计算；φ 为压杆稳定系数，由构件的材料性质和长细比 λ 决定，参照第五章轴压试验结果，

当 $\lambda \leqslant 75$ 时，

$$\varphi = \frac{1}{1 + \left(\dfrac{\lambda}{80}\right)^2} \qquad (6-33)$$

当 $\lambda > 75$ 时，

$$\varphi = \frac{3000}{\lambda^2} \qquad (6-34)$$

需要指出的是，由于试验中侧向支撑的作用，计算 BT1 屋架第一节间受压杆件的实际计算长度为 1286mm。BT1 和 BT2 屋架的极限承载力分别为 5.6kN 和 34.0kN。

6.6 其他形式的竹结构屋架

结合某实际工程，作者的团队设计了形状为"人"字形钢拉索胶合竹结构大型屋架体系，如图 6-18 所示。屋架跨度 20.25m，高度 3.66m，屋架间距 4.05m。设计屋面恒荷载 0.875kN/m² 或线荷载 3.54kN/m，屋面活荷载 0.5kN/m² 或线荷载 2.03kN/m。所采用的竹结构屋架弦杆高度 0.6m，厚度 0.18m，对应的自重为 0.972kN/m。经过验算，该屋架满足所有强度和挠度的要求。

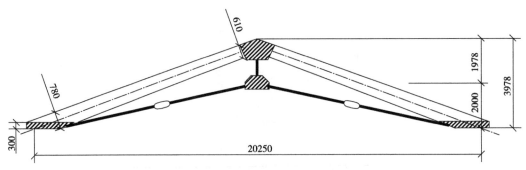

图 6-18 跨度 20m 的竹结构大型屋架体系 （单位 mm）

6.7 屋架系统的整体效应

目前的竹屋架分析设计方法都是基于单个构件设计且并未考虑到屋架体系的系统效应。然而，实际工程中的屋架上弦杆和屋面板采用钉连接，且屋架间距较密，因此单个屋架按所受荷载面积来分析各杆内力并不是十分科学，势必造成刚度较大的屋架可靠度水准低于刚度偏低的屋架。国外木结构屋架系统的实验研究表明，当屋架系统中的一个屋架直接承受荷载时，所受荷载的40%～70%将会通过屋面板与屋架的钉连接传递给临近的其他屋架。

尽管竹结构屋架在竖直方向具有很高的承载力，但屋架的横向水平方向却很脆弱，节点板区域尤其容易发生不必要的破坏。因此，水平堆放的屋架不能承受重载，而应置于平整的地面上，但同时也要注意屋架防潮，潮湿空气将严重影响屋架的受力性能。为了确保屋架的安全和使用性能，屋架必须设置各类侧向支撑。在国外木结构桁架的施工过程中，由于侧向支撑布置不当而导致屋架倒塌的案例比比皆是。在竹结构桁架的施工过程中，现场施工人员必须提供可靠的临时支撑来保持屋架的垂直度和正确的屋架间距，以防屋架因水平荷载而发生倒塌。永久支撑也是屋架设计和施工中的一个极其重要的环节。永久支撑的作用主要是把承受的竖向荷载分配到相邻的屋架，以及为屋架杆件提供横向支撑，防止屋顶出现较大的横向位移。

参考文献

[6-1] 陈国. 现代竹结构房屋的试验研究与工程应用 [D]. 湖南：湖南大学，2011.

［6－2］ Wolfe, R. W., and LaBissoniere, T. G. Structural performance of light-frame roof assemblies. Ⅱ. conventional truss assemblies. Rep. FPL-RP－499, U. S. Department of Agriculture, Forest Products Lab., Madison, Wis. Li, Z. (1998). "Practical approach to modeling of wood truss roof assemblies", Practice Periodical on Structural Design and Construction, 1991, 3 (3), 119－124.

［6－3］ Gupta, R., Gebremedhin, K. G. and Cooke, R. J. Analysis of metal-plate-connected wood trusses with semi-rigid joints. Transactions of the ASAE, 1992, 35 (3), 1011－1018.

［6－4］ Riley, G. J. and Gebremedhin, K. G. Axial and rotational stiffness model of metal plate connected wood truss joints. Transactions of the ASAE, 1999, 42 (3), 761－770.

［6－5］ Breyer, D. and Fridley, K. Design of wood structures ASD/LRFD. McGraw-Hill, New York, 2003.

［6－6］ Zahn, J. J. and Rammer, R. D. Design of glued laminated timer columns. J. Struct. Eng., 1995, 121 (12), 1789－1794.

［6－7］ Wolfe, R. W. Strengthen and stiffness of light-frame sloped trusses. Rep. FPL-RP－471, U. S. Department of Agriculture, Forest Products Lab., Madison, Wis, 1986.

第 **7** 章
预制装配式竹结构板房的设计与建造

作者提出的现代竹结构的第一个成功实用体系是建造预制装配式板房或活动房，用作建筑工地、抗震救灾、城市小品建筑如街道售货亭、小型厕所等临时性或非永久性或半永久房屋。作者的研究团队于 2007 年 8 月建造了第一栋半永久性竹结构板房用作湖南大学沥青实验室，并在 2008 年 5 月 12 日汶川大地震后为四川灾区设计建造了累计两千多平方米的抗震安置房和教室[7-1]。竹结构板房的一个主要特征是设计简单、加工方便、模块化工厂预制且现场安装快捷，其加工和安装工序类似于轻型钢结构房屋，主要分为工厂预制和现场安装两部分。此类房屋国内主要采用轻钢板房来建造[7-2]，如图 7-1 所示，但在北美则多采用木结构体系，甚至作为中小学的教室长期使用，如图 7-2 所示。开发和推广竹结构板房能够在一定程度上改变现有的临时用房对于轻钢板房的依赖，比如为建筑工地的绿色施工提供一种新的选择。此外，正如本章介绍的，竹结构板房还具有比轻钢板房居住更为舒适，防火性能优越等优点。

图 7-1　长沙某街头的轻钢板房
公交车调度室

图 7-2　美国加州 Arcadia 市某小学的
木结构板房教室

7.1　装配式板房类型与功能设计

现代竹结构板房属于预制装配式房屋，建筑方式和功能与常用的轻钢结构活动板房基本相同。按使用功能可分为居住用房屋，（如灾民安置用房）、办公用房、教室、门卫、机械设备用房等。按层数可分为单层和多层，按屋面形式可以分为单坡屋面和双坡屋面，而双坡屋面可以由两个单坡屋面拼装而成。图7-3给出了长沙凯森竹木新技术有限公司设计和生产的部分竹结构板房。

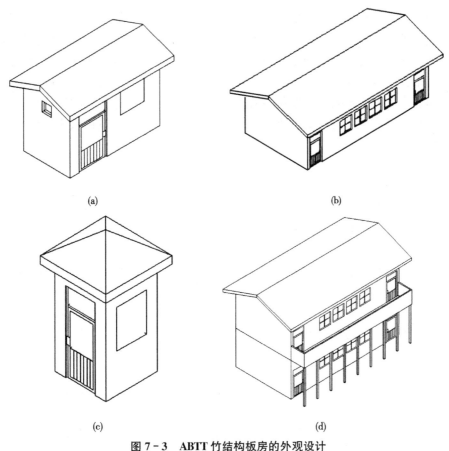

(a)   (b)

(c)   (d)

图7-3 ABTT竹结构板房的外观设计

(a) 单层小型房屋；(b) 单层教室；(c) 岗亭；(d) 两层办公室

竹结构板房采用模块式设计和生产，主要特点是预制加工快，装配快，抗震性能好，可拆装重复使用，主要建筑材料环保，保温隔热效果好，且造价低廉。

装配式竹结构板房中，受力构件采用GluBam胶合竹制成，而大量的面板可以采用胶合竹板，所用规格板材均为现在大量生产和销售的常规板材，故建筑材料来源广泛，价格合理。由于胶合竹板的宽度为1220mm，为了提高材料的利用率，竹结构板房的基本建筑模数为1.22m。作者课题组和凯森公司为2008年汶川地震灾区开发的安置房的标准户型为"5×2型"，可供十户居住，每户面积约为17.8m² 到22.3m²，并可视实际情况增加每户面积或增减户数。每户立面上设置一个门、两个窗，每个窗户的自然采光面积为1.5m²，每户的自然采光面积为3m²。此外，课题组还为灾区提供了约2000m²的竹结构临时安置教室，每间教室的平面面积约为48m²[7-1]。此外，竹结构板房内还可以划分单元设置厨卫设施，以及设置通风空调等设备。

7.2　预制装配式竹结构板房的构造

7.2.1　基础处理

预制装配式竹结构房屋可以采用砖砌条形基础，也可以直接利用已有或现浇的混凝土地面板作为基础。基础的高度（室内外地坪高差）一般应大于 300mm，以满足防水要求，房屋的墙体（或柱）底部与基础之间用角钢和螺栓连接，施工方便快捷，易于满足承载力要求。与基础直接连接的柱和墙体需要设置防水、防潮层，避免直接接触雨水。此外，装配式竹结构板房也可以安装在可以移动的钢框架上，成为真正意义上的活动板房。竹结构板房基础安装应当注意在角部或主要边缘装有锚固件，以提高房屋在风荷载或地震作用下的抗倾覆能力。

7.2.2　连接柱

连接柱是由厚度为 30mm 的 GluBam 胶合竹材加工而成，用来连接两片墙体单元，一般用螺栓沿柱高度（一般为 2.4m）进行三点连接。此外，对于竹材柱子，除了上述的连接柱做法外，装配式竹材房屋中所用柱子还可以采用另外两种形式，包括空心截面柱和实心截面柱，空心截面竹材柱采用 GluBam 板、角钢和螺栓连接而成，可以做成 H 形、箱形等形式，此类柱具有较高的强重比，良好的抗压和抗弯性能，柱在长度方向可以根据工程需要，通过槽钢等连接件进行接长，实心截面竹材柱的做法和胶合竹材梁做法相似。这两种竹材柱子适用于对结构承载力要求较高的结构中。

7.2.3　连系梁

连系梁是用来加强房屋整体性的水平构件，该类梁的做法和连接柱的做法一样，是用单块竹胶合板按一定规格切割后冷压而成，它在墙体顶部内侧，通过螺栓将连接柱、墙体连接在一起形成整体。对于胶合竹材构件，因在长度方向受竹材胶合板的标准尺寸限制，所以竹材胶合板在长度方向需要采用指接进行接长，还可以在构件上穿一定数量的螺栓用于加强组成梁的各层板材之间的连接。该胶合竹构件具有良好的力学性能，可以很好地满足轻型房屋的受力要求，按此加工的构件也被用于屋架的上下弦杆。

7.2.4　装配式竹结构活动板房屋架

屋架一般为平面桁架，它承受作用于屋盖结构平面内的荷载，并把这些荷载传递至下部结构（如墙或柱子），是房屋的重要受力构件之一。本节以双坡屋顶为例，说明轻型三角形竹材屋架的设计。屋架的上弦杆和下弦杆以及腹杆均是采用单块 GluBam 板按一定规格切割加工而成，这种竹材弦杆因 GluBam 板材标准尺寸的限制，需要进行接长才能满足弦杆长度要求，弦杆端部接长是用 GluBam 板作为拼接板，采用螺栓连接，将弦杆在长度方向进行延长。屋架的节点采用螺栓连接或节点板—螺栓连接两种方式。待屋架加工完毕后，沿屋架上弦杆的上端的侧面钉木条，以便于屋面板和屋架的连接之用。当然，对于跨度较大，承载力要求较高的屋架而言，弦杆通常采用整体胶合而成。图7-4是采用胶合竹梁作为弦杆的屋架。

(a)   (b)

图7-4 以单层竹GluBam板制成的屋架

(a) 一批竹材屋架；(b) 竹材屋架的应用

三角形竹材屋架在屋面竖向荷载作用下，屋架的上弦杆受弯，下弦杆受拉，屋架的节点均当作铰接点，将弦杆当作两端铰接构件进行计算。为了提高屋架的可靠性和减少变形，在下弦杆的中点处设一竖杆，这样可以提高下弦杆的承载力，有利于房屋进行吊顶等装修工作。屋架的间距应根据房屋的使用要求、屋架的承载能力、屋面和吊顶结构的经济合理性以及屋面板的规格等因素来确定屋架的间距，一般不超过1220mm，主要以610mm和1220mm为主。

屋架的跨度主要是依据房屋的使用要求和墙体单元的模数来确定，当采用单层GluBam板作为弦杆时，屋架的跨度一般不超过6100mm，一般而言，4880mm（墙体模数的4倍）是比较经济合理的跨度。

弦杆端部接长是用单层GluBam板作为连接板，将弦杆在长度方向进行延长（图7-5a）。宜尽量减少弦杆的接头，接头处通常采用两块GluBam板夹持连接部位，拼接板的宽度宜与弦杆相同，长度不宜小于弦杆宽度的两倍，每个接头处的螺栓不少6个，螺栓直径不应小于8mm。如果竹拼接板无法满足要求，可以采用钢夹板连接。对于承载要求较高的屋架，节点处一般采用钢板－螺栓连接较为方便，且强度较高。对于装配式竹结构活动房，由于设计使用年限较短，而且所受荷载较小，屋架的节点通常采用竹拼接板－螺栓连接和螺栓连接两种形式。对于屋架上弦之间的连接节点，采用双GluBam板作为拼接板，通过螺栓连接（图7-5c）；屋架上下弦杆之间直接采用螺栓连接（图7-5e），螺栓的直径均不得小于8mm。设计中，对于螺栓的规格需要通过计算来确定，主要是参考《木结构设计规范》GB 50005—2003[7-3]和参照钢结构关于螺栓连接的相关计算理论。在装配式竹结构房屋中螺栓连接所涉及的螺栓的端距、栓距、边距、线距的构造要求介于钢结构和木结构之间，并根据课题组关于GluBam螺栓连接的研究成果和工程经验，作适当调整。

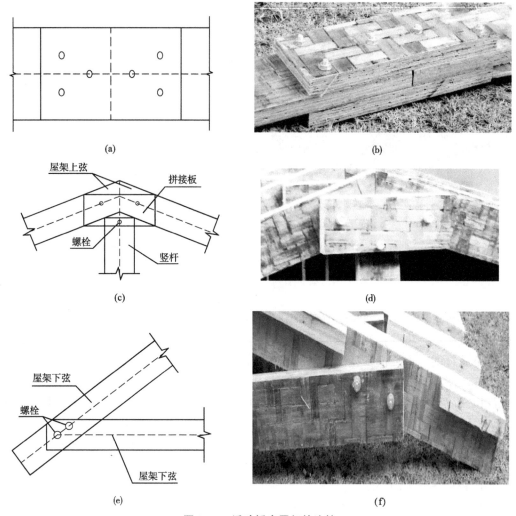

图 7 - 5　活动板房屋架的连接

7.3　装配式竹结构房屋的维护结构

7.3.1　维护结构板块单元

对于装配式竹结构房屋，其围护结构的墙体和屋面均可采用同一种板块单元进行设计和加工，模数即为竹胶合板的标准幅面尺寸（长×宽＝2440mm×1220mm）。标准的板块单元采用竹方（GluBam 制成的规格材）或规格木材作为板块单元的骨架，竹胶合板作为板块单元的外面板，石膏板或竹胶合板或其他轻质板材作为板块单元的内面板，内外面板之间填充保温材料或隔声材料，该板块单元主要由骨柱及其与面板组合承受竖向和水平荷载，板块单元通过螺栓连接和 GluBam 连接柱形成墙体，具有良好的整体性。

板块单元规格统一，加工简便，便于批量生产和运输，布置灵活机动，可以根据使用的具体需要布置墙体，标准板块之间可以互换。此外，板块单元具有质量轻，强度高的特点，具有良好的延性，有利于提高房屋的抗震性能。

7.3.2 板块单元的功能要求

板块单元是装配式竹结构房屋中的主要构件之一，它关系到整个结构的安全和使用。应满足多方面的要求[7-4]：

（1）建筑模数要求：主要是根据建筑设计要求和竹胶合板标准幅面尺寸来设计板块单元的规格。

（2）承载能力要求：板块单元用作墙体的时候，除了承受自身的竖向荷载外，还要承受风荷载、地震作用；用作屋面板时，除了承受自身的竖向荷载外，还要承受屋面活载、上人荷载等。因此，板块应具有足够的承载能力，以保证房屋的安全使用。

（3）防火功能：根据防火要求，板块应该具有相应的防火等级，防止火灾的蔓延。

（4）隔声功能：为了使室内达到一个舒适的环境，墙体应具有规定的隔声功能。

（5）保温隔热功能：保温隔热是板块单元的一个重要功能，保温隔热性能好也是该板块单元的一个重要特点之一，能满足不同地区保温隔热的要求。并且，保温隔热功能也是设计墙体厚度的最主要因素。

（6）防潮功能：主要是防止水蒸气侵入骨架和板块内部填充材料，影响材料的耐久性和保温隔热性能。

（7）防风和防雨功能：除了板块的骨架具有承受风荷载的能力外，墙体的面板还应具有足够的强度将风荷载传递到骨架上。防雨主要是防止雨水对面板的侵蚀，以及防止雨水通过缝隙进入墙体的内部。

（8）密封功能：主要是防止室内、室外的空气通过连接缝隙相互流通，影响保温隔热的效能。

7.3.3 板块单元的设计基本步骤

（1）根据使用功能要求，按国家相关规范要求，选定板块单元的隔声级别、保温隔热级别和耐火等级。

（2）根据房屋建筑功能要求，确定门、窗尺寸和位置。

（3）根据上述（1）、（2）两款要求，确定骨架尺寸、墙体厚度以及墙体构造，并根据《建筑结构荷载规范》GB 50006—2001 和《木结构设计规范》GB 50005—2003 及本课题组的相关试验成果，对构件的承载力和刚度进行核算，对材料的尺寸进行调整。

（4）设计板块和主体结构的连接方式。

（5）设计抗风、抗震、防雨、防潮及密封等构造措施。

（6）设计特殊部位结构形式，如转角墙体之间的连接等。

7.3.4 板块单元的基本结构和材料

板块单元主要由墙骨柱、外面板、内面板、保温材料、隔声材料和连接件组成（图7-6）。板块骨架主要是用30mm厚的GluBam板制作，可以采用单层GluBam板切割而成，也可以是多层GluBam板条二次冷压胶合而成。板块用作墙体时，墙骨柱宜竖直布置，用作屋面板时，宜纵横向双向布置，骨柱的间距不宜大于1220mm，宜采用305mm、610mm、

1220mm 三种常用间距。当墙体的设计必须采用其他尺寸的间距时，应尽量减少因尺寸改变对整个板块的施工和制作带来的不利影响。当板块上需要开门窗洞口时，应在洞口边缘设置边框（图7-7），骨柱与边框板之间采用直钉进行连接，钉的直径不得小于3mm，每个连接点不得少于两颗钉，钉的长度需要根据骨柱的尺寸确定。如图7-8所示，板块内的空腔填充保温、隔声材料，主要是岩棉板和玻璃棉板，保温隔热性能优良，也有利用减轻墙体的自重，减少结构荷载，同时具有较低的吸湿性，防潮、热工性能稳定，造价低

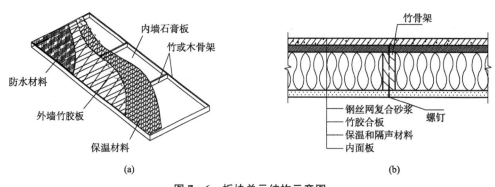

图7-6　板块单元结构示意图

（a）板块单元的结构示意；（b）板块单元的构成示意图

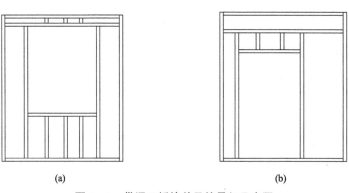

图7-7　带洞口板块单元的骨架示意图

（a）带窗骨架示意图；（b）带门骨架示意图

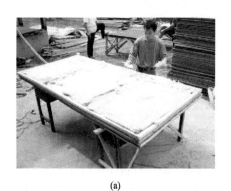
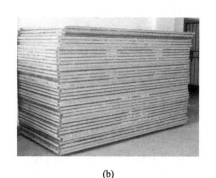

图7-8　板块单元施工图

（a）加工中的板块单元；（b）加工好的板块单元

廉，成型和使用方便，对人体健康无害等优良特性。板块的外面板主要采用厚度为8～10mm的竹胶合板，内面板采用石膏板或竹胶合板或其他轻质板材。面板可以竖向或水平方向布置并和竹骨架用钉连接，连接需要满足《木结构设计规范》GB 50005—2003的要求。如果活动板房的使用要求在5年以上，建议墙体的外墙板上采用外挂钢丝网水泥砂浆层作防水处理，对于房屋的屋顶可采用柔性防水、沥青瓦或彩钢瓦。

7.4 装配式竹结构房屋的拼装

装配式竹结构房屋的一个重要特点是房屋的所有构件均在工厂加工好后运送工地进行组装，所有构件之间均采用螺栓连接，局部辅以易于拆卸的钉连接。房屋具体安装流程如下：

第一步，将房屋的各构件按施工图纸要求摆放在基础周围。

第二步，用角钢和螺栓从基础的一个角安装纵横向相互垂直的两片墙体（图7-9）。

第三步，沿着纵横向依次安装的墙体单元，用连接柱和螺栓将各墙体单元连接起来，直至墙体安装完毕，加以临时固定（图7-10）。

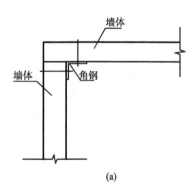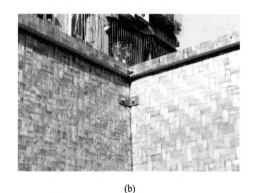

(a) (b)

图7-9 房屋转角处两片墙体用角钢连接

（a）设计示意图；（b）施工照片

图7-10 用连接柱和螺栓安装墙体

第四步，沿房屋的墙体顶板内侧，用螺栓连接连系梁、连接柱和墙体单元（图 7 - 11），加强结构的整体性。

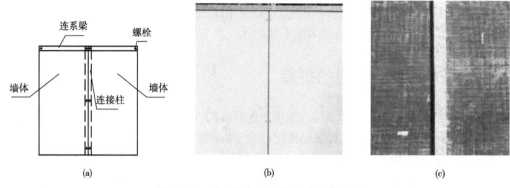

图 7 - 11　连系梁与连接柱、墙体的连接

（a）立面示意图；（b）内立面；（c）外立面

第五步，用方木或钢制连接件和钉连接墙体和屋架（图 7 - 12）。

第六步，用螺钉连接屋架和屋面板，撤去第三步的临时固定（图 7 - 13）。

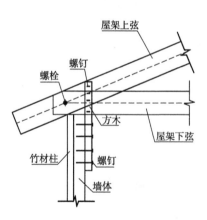

图 7 - 12　屋架与墙体连接立面示意图

图 7 - 13　屋架与屋面板的连接

第七步，铺设屋面防水材料等。

第八步，安装门窗，外墙粉刷。

第九步，用角钢或其他钢连接件将基础与连接柱连接起来。

7.5　装配式竹结构房屋的防火性能

建筑的设计不仅要分析区域环境的安全性和生态环境的适应性，还要确保结构的安全可靠和功能上的适用性，防止和减少自然灾害和人为灾害带来的损失，提高建筑的防灾性能，创造安全舒适、方便宜人的生活条件。建筑防火设计是建筑设计的重要内容，在建筑设计中必须与建筑选型、环境定位等设计内容统筹考虑，在安全可靠的前提下尽可能的经济合理。

目前，在国内外最常见的建筑为混凝土建筑和钢结构建筑。而竹木结构建筑则较少。与钢结构和混凝土建筑相比，木结构建筑在安全性方面具有以下优势：

（1）木材具有炭化效应，遇火灾时，木材表面会形成碳化层，其热传导性低，可有效阻止火焰向木材内部蔓延。如果没有外部的燃烧元素，如氧气、油料等的持续补充，炭化层能使火焰自燃熄灭，从而保证整个结构体在很长时间内不受破坏；而钢材良好的热传导性，会导致整个结构迅速升温、软化、坍塌，破坏时间远短于相应的木质结构系统。

（2）木结构耐火阻燃值是混凝土结构的1.7倍，在同样温度的火焰下，木结构建筑内的人员有更充裕的时间逃生和灭火。

（3）重型木结构建筑具有一定的火灾抵抗能力，不需要特殊的防火措施。以炭化扩展深度（即单位时间内木材颜色变黑程度）代表燃烧速度，木材的燃烧速度为0.4～1.8mm/min。木材虽可燃，其热导性却很低，仅为钢的0.4%，木材燃烧时表面炭化层的导热性比木材还低，因此，大型木梁在强烈的燃烧中仍能承重一定的时间。在建造上可通过限定木构件的最小尺寸来保证其耐火极限[7-5～7-9]。

由上可知，在火灾中混凝土建筑和木结构建筑都有比较好的抗火性能，但二者也具有很大的差别。发生火灾时暴露在火焰中的木材将自然的形成一个阻燃炭化层，保护内部未燃烧的部分。在周围温度不断上升的过程中，木材的机械性能还表现出若干优点。当被加热时木构件变形稳定，能维持相当的强度与刚度，而混凝土和钢筋等类型的结构材料虽然被描述为不燃烧，但是它们在高温条件下的变形增大可能会导致建筑的倒塌[7-10]。例如，钢材在高温下刚度将大大降低，从而会导致结构的整体破坏。而木材构件因为内部未炭化的部分将维持其强度和刚度，结构在破坏前具有一定的时间供建筑使用者逃生和消防员抢救。

竹结构在燃烧方面具有和木结构类似的特性，装配式竹结构房屋的墙体和屋面使用的主要结构材料是GluBam板材，墙体和屋面板内填充了岩棉作为保温材料，岩棉的一个显著的优点是不燃烧，在DIN4102中属于A级（不燃）。墙体和屋面板的内面板采用防火型石膏板，石膏板是良好的防火材料。按照我国建筑防火设计规范，对于木龙骨的双面石膏板+5cm空隙墙体的耐火极限为0.3h。对比分析，装配式竹结构房屋的墙体单元中填充了岩棉板，试验表明，GluBam板材经过适当的处理可以到达B1级材料（难燃物）的防火要求[7-11,7-12]，因此，可以认为本安置房墙体单元的耐火极限大于0.5h。为了验证在火灾下竹结构板房是否能够保证主体结构在30min内不垮塌，课题组对一实体装配式竹结构房屋进行防火试验，同时对一同尺寸的轻钢板房进行了火灾对比试验。

7.5.1 防火试验

为了测量房屋的防火性能以及房屋的保温隔热性能，对一实体装配式竹结构房屋进行了火灾试验[7-13,7-14]，具体情况如下：房屋的尺寸为：6.1m×3.76m×2.44m（长×宽×高），采用30mm的GluBam板条作为骨架，内面板采用10mm厚耐火型石膏板，外面板采用10mm厚度竹胶合板，整个板块的厚度约为60mm；墙体中的空腔采用岩棉板填充；屋架的弦杆采用单层GluBam板材制作，屋架的弦杆的截面高度均为100mm，门窗为塑钢材料。假定房屋内安放一张床、一张书桌和一个凳子，将这些物品按照质量相等的原则换成木材（杉木），作为房屋内的可燃物。试验时，将木材点燃，测量在室内火灾下，房屋是否能够保证主体结构不垮塌，基本测试目标是 30min 内房屋整体性良好，同时在房屋的纵横向墙体的内外表面各布置一个热电耦，测量墙体在火灾过程中的内外温差，从而用来分析墙体的保温性能。测点的平面位置如图 7-14 所示，纵横墙的两个测点均布置在墙体高度的一半即 1.22m 处，图中的 A 点为火源点。

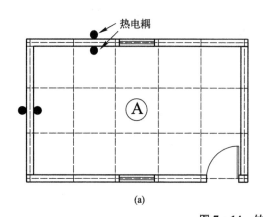

(a)　　　　　　　　　　　　　　　　(b)

图 7-14　竹结构防火试验房

(a) 火源点及测点平面布置；(b) 试验房

此外，为了与现有的轻钢结构进行对比，课题组对一轻钢活动房进行了火灾试验，房屋的尺寸和上述装配式竹结构试验房屋基本相同，墙体和屋面板均采用带 50mm 厚度泡沫保温层的双层压型钢板制成，与在"5.12"汶川大地震后大量投入四川灾区的轻钢安置房及建筑工地上广泛使用的轻钢板房相同，且由长沙当地的专业轻钢板房厂家制作安装。房屋的测点和火源的布置也与装配式竹结构房屋一致，如图 7-15 所示。

图 7-15　对比轻钢结构板房防火试验

7.5.2　试验结果

如图 7-16 所示，对于装配式竹结构，试验进行到 10min 左右，塑钢窗户的玻璃全部爆裂，塑钢门的上部被烧坏，待所有木材基本燃尽时，整个试验在进行了 33min 时，房屋内部吊顶没有出现明显的坍塌，房屋的主体没有出现被烧透现象，主体结构保持了良好的完整性，如图 7-17（a）所示。对于轻钢活动房，整个试验进行了 30min，在试验进行到 5min 时，屋面板的压型钢板掉下，屋面板的大多泡沫保温层气化，待试验进行到 12min 时，其中一片纵墙体的钢板塌落，大部分泡沫保温层气化。在试验过程中，墙体内部的发泡材料燃烧散发出大量的刺激性气体（图 7-16c）。待整个试验结束，房屋的所有墙体和屋面板均失去完整性，内层压型钢板脱落，墙体内部保温层大多被燃烧掉，整个结构只剩下变形了的钢架（图 7-17b）。

（a）

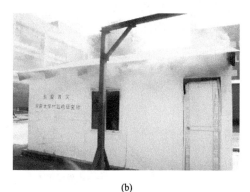

（b）

（c）

图 7-16 火灾模拟试验中的板房

（a）火源；（b）竹结构板房；（c）正在进行试验的轻钢板房

（a）

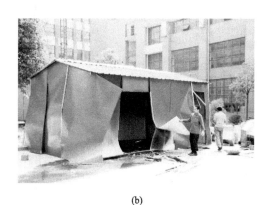

（b）

图 7-17 试验结束后的板房

（a）装配式竹结构房屋；（b）轻钢活动房屋

从测量的试验数据，经过整理得出图 7-18 和图 7-19 的温度变化曲线。竹结构墙体外测点温度变化很小，最高温升仅为 10℃左右；墙体内测点温度变化较大，由此可以看出墙体具有良好的保温隔热性能。横向墙体内测点温度升高速率比纵向墙体内测点大，极限温度较纵向墙体高 10℃左右，这可能与纵向墙体测点附近有窗户有关。此外，内外温差变化规律与墙体内侧温度升高的趋势一致，受外墙温度变化影响较小，这也可以说明墙体具有较好的保温隔热性能。在轻钢活动房的试验中，墙体和屋面板均出现大面积塌落，而且从测出的墙体温度可以看出，墙体的内外温度差远小于竹结构板房，这显然与其内部泡沫保温层的快速烧化有密切关系，也说明了该墙体的保温隔热性能相对较差。

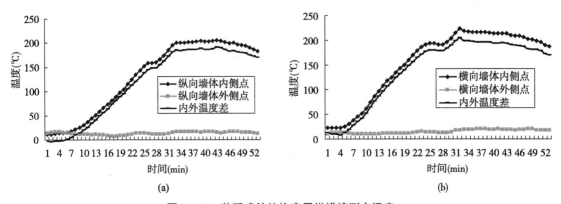

图 7-18　装配式竹结构房屋纵横墙测点温度

（a）纵向墙体温度变化曲线；（b）横向墙体温度变化曲线

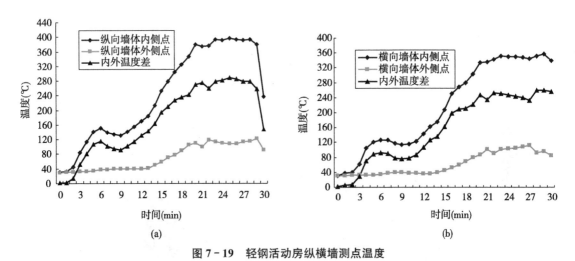

图 7-19　轻钢活动房纵横墙测点温度

（a）纵向墙体温度变化曲线；（b）横向墙体温度变化曲线

作者等人进一步采用美国 NIST 研究机构开发的通用软件 Fire Dynamics Simulator（FDS）对装配式竹结构板房及轻钢活动房火灾模拟试验进行分析[7-14]，在一定程度上数值再现了一些主要试验结论。

7.6 装配式竹结构活动板房的抗侧力试验研究

7.6.1 概述

装配式竹结构房屋具有很高的强度/重量比，竹结构韧性大，对于瞬间冲击荷载和周期性疲劳破坏有很强的抵抗能力，具有良好的抗震性能。作者课题组通过相关试验对装配式竹结构房屋的抗震性能进行了研究。因为试验条件的限制，目前竹结构房屋无法做1∶1模型的震动台试验，所以，课题组对一个实体装配式竹结构的房屋进行抗侧力试验来验证房屋的整体性，从而直观真实地展示房屋的抗震性能。

7.6.2 试验设计

1. 抗震试验房屋的设计

试验所用的装配式竹结构房屋的尺寸为 4.88m×3.66m×2.44m[7-15]，其中高度 2.44m 为房屋的净高。房屋横墙采用 3 块墙体单元，纵墙采用 4 块墙体单元，屋架采用 GluBam 单板制成的轻型三角形竹材屋架，竹骨架均采用 GluBam 单板切割而成。该试验房开了两个窗洞和一个门洞，门窗洞口未安装门窗，房屋的屋顶未铺设防水卷材，整个房屋的设计和建造与前述的设计和建造方法相同（图 7-20）。

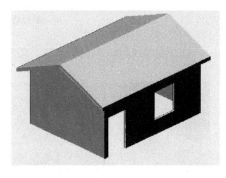

图 7-20 抗震试验房屋模型示意图

2. 房屋与钢梁基础连接设计

以型钢梁作为基础，将房屋用角钢和螺栓锚固在钢梁基础上（图 7-21）。钢梁采用热轧工字钢 I40a，纵横向钢梁之间采用角钢和螺栓连接，角钢规格为 L110×10，螺栓采用 C 级普通螺栓，直径为 16mm。钢梁设计满足《钢结构设计规范》GB 50017—2002 相关规定。

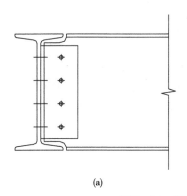
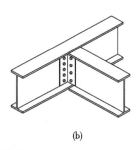

(a)   (b)

图 7-21 基础托架纵横向钢梁连接

（a）纵横梁节点连接；（b）节点三维示意图

房屋的连接柱与钢梁基础采用角钢和螺栓连接（图 7-22）。在连接柱的外测，用角钢和螺栓将整个房屋的底部连接在钢梁的翼缘上，柱和基础连接所用角钢规格为 ∟70×45×6，长度为 100mm，螺栓直径为 8mm，钢号均为 Q235。

(a)   (b)

图 7-22 房屋底部和钢梁连接
(a) 转角墙体和钢梁连接；(b) 连接柱和钢梁连接

在屋架的端部，局部增加了角钢，以加强屋架与连接柱的连接强度（图 7-23）。

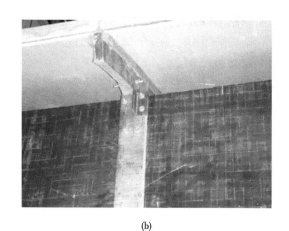

(a)   (b)

图 7-23 屋架和墙体连接
(a) 转角墙体和屋架连接；(b) 连接柱和屋架连接

本试验房屋连接设计主要采用钢结构计算方法来计算螺栓的受剪和受拉承载力，计算时均假定竹胶合板不会出现破坏。对于房屋底部连接柱和钢梁连接所用螺栓的抗拉计算，计算模型如图 7-24 所示。在房屋被吊起倾斜的过程中，当房屋倾斜 90°时，是底部连接螺栓受力最大时，根据 A 点弯矩平衡得出以下公式：

$$N_1 \times l_1 + N_2 \times l_2 + N_3 \times l_3 = G_1 \times h_1 + G_2 \times h_2 \tag{7-1}$$

式中 N_1，N_2，N_3——底部各连接点螺栓所受到的拉力；

      l_1，l_2，l_3——底部各连接点到支点（图 7-24 中的 A 点）的垂直距离；

      G_1——墙体的总重的一半；

      h_1——墙体的重心到钢梁上翼缘的垂直距离；

      G_2——屋顶的总重的一半；

h_2——墙体的重心到钢梁上翼缘的垂直距离。

式（7-1）中，房屋、底部各连接点螺栓所受到的拉力与各点到支点的垂直距离成正比。

3. 试验过程

按照设计要求，安装好钢梁，再将房屋连接在钢梁上，测量房屋的纵横向中间墙体的上下垂直两点的相对变形（图7-25上的A、B两点）。安装好吊钩，用起重机将钢梁基础的一端逐步吊起，直至房屋倾斜90°并测量A、B两点的相对变形，整个过程中，房屋的任何部位都不与地面接触。待房屋倾斜90°后，再将房屋吊回原始状态，再次测量纵横向中间墙体的上下垂直两点的相对变形（图7-26）。分别沿纵横向反复倾斜房屋各三次，并作好相关记录。

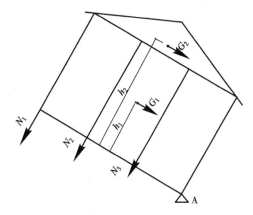

图7-24　屋架和墙体连接

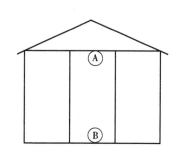

图7-25　墙体测点

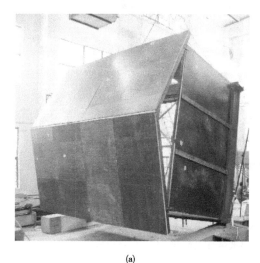

(a)

(b)

图7-26　房屋倾斜试验

(a) 沿房屋横向倾斜90°；(b) 沿房屋纵向倾斜90°

4. 试验结果和分析

试验结果表明，房屋的任一部位在试验过程中和试验后均没有脱落现象，房屋在整个倾斜的过程中整体性很好。此外，对房屋的纵横向中间墙体的上下垂直两点的相对变形的测量结果表明，房屋在倾斜 90°状态下，墙体上下两端点的相对变形量较小，而且待房屋吊回原始状态时候，房屋的墙体变形基本能完全恢复，可以看出竹结构板房具有良好的弹性变形能力。

竹结构板房的总重不到 2t（钢梁基础除外），结构自重较轻。其中，屋面板和墙面板自重为 0.25~0.3kN/m²，约为砖混结构的 1/20，竹结构板房具有较高的强重比。由此可见，在剧烈地震中，即使结构产生大幅度的摇晃，结构因之变形，但是房屋只是"晃而不散，摇而不倒"，当地震波消失后，整个房屋仍具有良好的完整性，同时，竹结构安置房屋的层高不大，开间尺寸较小等因素都有利于结构抗震。

7.7　装配式竹结构房屋的室内空气品质

装配式竹结构安置房所采用材料主要是胶合竹材，为了确定结构材料对房屋室内空气质量的影响，受课题组委托，由湖南省建设工程质量检测中心对课题组所建的预制装配式竹结构板房的室内空气质量进行了检测与分析。该装配式竹结构试验房位于湖南大学土木工程学院内，墙体和屋面为竹骨架板块单元，平面尺寸为 3.66m×6.10m，如图 7-27 所示。

图 7-27　装配式竹结构试验房屋

7.7.1　室内空气质量检测

现场检测指标主要包括温度、相对湿度和风速，甲醛（HCHO）、氡、苯、氨等常见的挥发性有机物（VOC）和总挥发性有机物（TVOC）的浓度。

温度、相对湿度、风速的测量采用美国 TSI 公司的 8347 型温湿度风速计进行现场实测；对甲醛的检测，采用酚试剂比色法测定分析；对于氨的检测，采用纳氏试剂分光光度法检测；使用 1027 氡测定仪对室内外空气中的氡进行检测；空气中的苯等挥发性有机物和总挥发性有机物 TVOC 的检测采用 QC-2 型大气采样仪采样，Tenax 管进行吸附，然后使用带有氢火焰离子检测器（FID）的 GC-9160 型气相色谱仪进行分析，以保留时间定性，峰面积定量，可以分析出包括苯等空气中常见的挥发性有机物质和总挥发性有机物（TVOC）的浓度[7-16,7-17]。测量仪器及参数详见表7-1。各仪器在使用前先进行校正，以尽量减小仪器带来的测试结果误差，并对色谱仪进行校准设定。GC-9160型气相色谱仪的色谱柱尺寸为50m×0.53mm×1.0μm；解析温度、进样器温度和检测器温度都设定为250℃。试验时，柱炉温度为50℃并保持10min，然后以5℃/min的速率升高到250℃并保持50min；载气的流量为30~40mL/min，空气的流量为300~400mL/min，氮气的流量为30~40mL/min[7-17~7-19]。

测试参数及仪器　　　　　　　　　　　　　　表7-1

测量参数	仪器名称	测量范围	测量方式
温度（℃）	Testo 8347温度湿度风速计	-10~60	现场读数
相对湿度（%）		0~95	
风速（m/s）		0~30	
甲醛（mg/m³）	气泡吸收管、分光光度计	0~10	酚试剂比色法
氨（mg/m³）	具塞比色管、分光光度计	0~10	纳氏试剂分光光度法
氡（PCi/L）	1027氡测定仪	0.1~999	现场读数
挥发性有机物（μg/m³）	GC-9160气相色谱仪	0.1~106	采样后色谱仪分析

通常使用高纯氮气（纯度>99.999%）作为载气，可以提高FID的灵敏度以及基线的稳定性[7-13,7-16]。在实验前对所有使用的Tenax管在270℃的高温下使用氮气进行吹扫，持续时间最少0.5h，并抽样进行二次吹扫，通过色谱工作站观察是否仍有物质残留，吹扫后戴好密封帽，以备使用。对该板房的室内空气质量测试，主要采用现场实测和实验室分析相结合的方法。在实测的同时，对室内外各测点的空气利用大气采样仪采样，Tenax管吸附，实测结束后将Tenax管送到实验室，利用气相色谱仪进行色谱分析，可以分析出采样气体中含有的常见的挥发性有机物的种类和浓度，主要有苯和TVOC的浓度。采样后的Tenax管必须密封，常温下可以保存一周左右。对甲醛和氨在现场进行吸收，保存并密封试管，送实验室进行分析。

采样时，要根据房间面积和现场情况来确定采样点，所选择的采样点的数量和位置要能正确反映室内空气污染物的污染程度。原则上面积小于50m² 的房间应设1~3个点；50~100m² 设3~5个点。采样点应避开通风口，距离墙壁的距离大于0.5m，采样点的高度原则上与人的呼吸带的高度一致，相对高度在0.8~1.5m[7-20,7-21]。由于该竹结构板房建筑面积较小（22m²），仅在房间中间布置一个测点[7-22~7-26]。

7.7.2 室内空气质量检测结果与分析

1. 热湿环境分析

对该建筑进行检测时，正值夏季，室内温度30℃左右，相对湿度约为60%，风速0.9m/s。环境温度较高，有利于材料中挥发性有机物等有害物质的散发，室内空气中有害物质的浓度将增大，测试结果将更能反映竹结构板房的宜居性。

2. 室内空气质量检测结果

通过对该建筑进行检测，可以分析出空气中所含有的甲醛、氡、苯、氨和TVOC的浓度，测试结果见表 7-2。从表 7-2 中可以看出，各种检测物质的浓度均低于国家空气质量标准中的上限值。

室内空气质量检测结果   表 7-2

地点	检测项目	单位	标准要求	实测值
装配式竹结构房屋	氡浓度	Bq/m³	≤200.00	4.00
	游离甲醛	mg/m³	≤0.08	0.03
	苯	mg/m³	≤0.09	0.00
	氨	mg/m³	≤0.20	0.02
	TVOC	mg/m³	≤0.50	0.00

利用 GluBam 板作为建筑材料的装配式房屋，室内空气品质良好，完全满足国家相关规范的要求，适宜居住。其中，主要有害物质浓度很低，可以通过开窗换气等自然通风进一步消除。

7.8 工程实例

2008 年 5 月 12 日汶川大地震后，作者的课题组根据前期研究成果在极短的时间内设计了预制装配式竹结构抗震安置房[7-1]，2008 年 6 月，由湖南大学师生和长沙凯森竹木新技术有限公司共同生产和捐赠了 20 套竹结构安置教室在四川广元北街小学安装完成，其中 17 间作为安置教室使用，每间教室面积为 48m²，并以两间教室作为一个单元组成连体，另外 3 间作为医务室使用。2008 年 11 月中旬，由美国蓝月基金和长沙凯森竹木新技术有限公司出资生产的共 24 间竹结构安置房，全部捐给四川省广元市南鹰小学、新民小学等四个学校和政府机关作为教室和办公室使用（图 7-28、图 7-29）。

(a)   (b)

图 7-28 建于四川省广元市的快速装配式竹结构板房
（a）北街小学的竹结构教室；（b）南鹰小学的竹结构教室

(c)　　　　　　　　　　　　　　　　(d)

图 7-29　应用中的快速装配式竹结构板房

(a) 使用中的竹结构板房教室；(b) 使用中的竹结构板房医务室

　　快速预制装配式竹结构板房自 2008 年 6 月投入使用后，经历了多次余震、高温、大风、大雨、大雪等极端天气的考验，很多还重复异地使用了 2 次以上，使用效果良好，受到了灾区民众的好评。

参考文献

[7-1] 肖岩，佘立永，单波等. 现代竹结构在汶川地震灾害重建中的应用 [J]. 自然灾害学报，2009，18 (3).

[7-2] 查晓雄. 轻钢活动房计算理论 [M]. 北京：科学出版社，2011.

[7-3] 国家标准. GB 50005—2003 木结构设计规范 [S]. 北京：中国建筑工业出版社，2003.

[7-4] 龙卫国，杨学兵，王永维等. 木结构设计手册（第三版）[M]. 北京：中国建筑工业出版社，2005：214-215，175-176，286-287，290-291，292-293，76-78.

[7-5] 黄振梁. 建筑设计的防火性能 [M]. 北京：中国建筑工业出版社，2006，13-15.

[7-6] 郑端文，刘海辰. 消防安全技术 [M]. 北京：化学工业出版社，2004，274-281.

[7-7] 吴必龙，李颖. 木结构建筑的节能和防火性能分析 [J]. 林业科技，2008，33 (3)：46-47.

[7-8] 姚利宏，王喜明，费本华等. 木结构建筑防火的研究现状 [J]. 木材工业，2007，21 (5)：29-31.

[7-9] Brehob E G, Knlkarni A K. Time-dePendent mass loss rate behavior of wall materials under external radiation. Fire and Materials, 1993, 17 (5): 249-254.

[7-10] 保罗·C·吉尔汉姆. 暴露木结构防火设计概述 [J]. 世界建筑，2002，12 (9)：76-77.

[7-11] 马健. 现代竹结构房屋的火灾安全性能研究 [D]. 湖南：湖南大学，2011.

[7-12] 国家标准. GB 8624—2006 建筑材料及制品燃烧性能分级 [S]. 北京：中国建筑工业出版社，2006.

[7-13] 佘立永. 装配式现代竹结构房屋设计与研究 [D]. 湖南：湖南大学，2009.

[7-14] 周泉，佘立永，肖岩等. 装配式竹结构房屋受火试验研究与模拟分析 [J]. 建筑结构学报，2011，32 (7)：60-66.

[7-15] 肖岩，佘立永，单波等. 快速装配式竹结构板房设计与研究 [J]. 工业建筑，2009，39 (1)：

56 - 59.

[7-16] 肖书博. 现代竹结构房屋室内空气质量品质实测与防火性能模拟与研究 [D]. 湖南：湖南大学，2008：48 - 50，30 - 31.

[7-17] 宋广生. 室内空气质量标准解读 [M]. 北京：机械工业出版社，2003：27 - 33.

[7-18] 周中平. 室内污染检测与控制 [M]. 北京：化学工业出版社，2002：10 - 20.

[7-19] Wu C H, Feng C T, Lo Y S, et al. Determination of volatile organic compounds in workplace air by multisorbent adsorptionthermal desorption GC/MS. ChemosPhere, 2004, 56 (3)：71 - 80.

[7-20] KarPe P, Kirchner S, Rouxel P. Thermal desorPtion-gas chromatograPhy-mass sPectrometry-flame ionization detection-sniffer multi-couPling：a device for the determination of odorous volatile comPounds in air. Journal of ChromatograPhy A, 1995, 708 (2)：105 - 114.

[7-21] 严治军，刘方，李楠. 建筑物火灾烟气流动性状预测 [J]. 重庆建筑大学学报，2001，23 (1)：36 - 41.

[7-22] 任常兴，朱常龙，徐永胜. 关于脲醛树脂胶粘剂安全问题的探讨 [J]. 安全与环境学报，2004，4 (1)：41 - 43.

[7-23] 刘方，胡斌，付祥钊. 中庭烟气流动与烟气控制分析 [J]. 暖通空调，2000，30 (6)：42 - 47.

[7-24] Stolwijk J A. Risk assessment of acute health and comfort effects of indoor air pollution. Annals of the New York Academy of Science, 1992, 641 (2)：56 - 62.

[7-25] Raw G J, Coward L. Exposure to air pollutants in English homes. Journal of Exposure Analysis and Environmental Epidemiology, 2004, 14 (5)：85 - 94.

[7-26] Lee S C, Sanches L, Kin F H. Characterization of VOCs, ozone, and PM10 emissions from office equipment in an environmental chamber. Building and Environment, 2001, 36 (9)：837 - 842.

第 **8** 章

GluBam 胶合竹轻型框架结构房屋

2008 年 5 月 12 日，发生在中国四川省汶川县的 8 级特大地震，破坏力超过了 1976 年的唐山大地震。地震造成人员伤亡超过十万人，直接经济损失八千多亿人民币。地震带来的巨大破坏力给我们敲响了警钟，也给土木工程研究人员提出了一个全新的课题，即如何减少地震所带来的危害，尤其是当强震发生时如何最大限度地保护居住者的生命安全。反观 1994 年美国 Northrige 地震和 1995 年日本 Kobe 大地震，设计良好的轻型木结构房屋的抗震性能得以显现，大大减轻了人员伤亡和财产损失。轻型木结构被广泛应用于北美[8-1]、日本和欧洲等国家的住宅建设中，以美国为例，每年新建住宅的 90％采用的都是木结构体系。另外，木结构也被大量应用于多层写字楼、商业建筑和大跨场馆的建设中。在 1994 年 Northrige 地震后，针对地震暴露出的一些问题和为了进一步提高木结构住宅建筑的抗震性能，美国实施了一项大规模的科学研究计划，取得的成果进一步提升了木结构建筑的科技含量和抗震水平[8-2]。

参照北美等地的轻型木结构框架体系，作者的研究团队对竹结构住宅技术进行了系统的研究，并率先提出了现代竹结构房屋的结构体系[8-3]。本章介绍现代竹结构住宅的设计，并对竹结构住宅的抗震性能、抗火性能和室内空气品质等关键技术进行了深入探讨。

8.1 轻型竹结构框架房屋设计

作者的科研团队提出的轻型竹结构框架房屋，基本上参照了北美广泛应用的轻型木结构框架体系，使得构造简单，施工便捷，得房率高及造价比较低廉等优良特性，已经得到了一定程度的推广和应用。这种类型的房屋主要采用钢筋混凝土或砖砌条形基础，上部结构采用胶合竹或木规格材和竹基结构板材以及其他竹木工程产品，其特征类似箱形结构。风和地震作用产生的水平荷载首先作用于水平横隔层，然后上层剪力墙将水平横隔层传来的水平力传递至下层的剪力墙，最终传递给基础，如图 8-1 所示[8-4,8-5]。为保证这条传力途径的可靠性，所有的构件和连接部位都必须有可靠的刚度和强度。

8.1.1 剪力墙分析

1. 剪力墙承载力分析

水平地震作用通常被简化为作用在各楼（屋）盖上的均布线荷载，并由楼（屋）盖传

147

递至剪力墙。每片剪力墙分担剪力的大小主要取决于剪力墙和楼（屋）盖的抗侧移刚度，通常采用下面两种假设方法进行分析和计算：

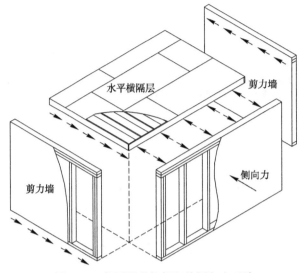

图 8 - 1　轻型竹结构框架抗侧向力系统

（1）柔性水平横隔假定。如图 8 - 2 所示，支撑横隔层的各片剪力墙按其从属面积分配从横隔层传递来的剪力[8-4]，这个方法在剪力墙刚度未有统一计算方法前，由于简单而被广泛接受。目前的竹结构房屋的计算主要是采用这种方法。

（2）刚性水平横隔假定（图 8 - 3）。假定楼（屋）盖不变形，从而约束了下部剪力墙顶的相对位移，使其必须协调一致。当楼（屋）盖在水平剪力作用下仅发生平移时，则可按刚度分配的原则来计算每片剪力墙所受到的剪力，即第 i 片剪力墙所受剪力 V_i 为：

$$V_i = \frac{VK_i}{\sum K_i} \tag{8-1}$$

式中，K_i 为第 i 片剪力墙的刚度（N/mm）；V 为总剪力。

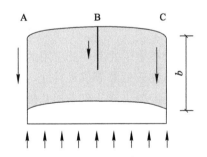

图 8 - 2　柔性横隔对剪力墙分配的影响

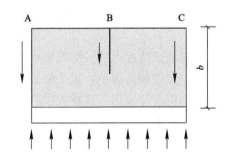

图 8 - 3　刚性横隔对剪力墙分配的影响

当水平荷载的合力与全部剪力墙的刚度中心不一致，或房屋的质量中心和全部剪力墙的刚度中心不一致时，对于完全刚性的横隔除产生平移外，还造成扭转，扭转位移分量在各片剪力墙中产生的剪力是根据各剪力墙中心线距全部剪力墙的刚度中心的距离来分配。如图 8 - 4、图 8 - 5 所示，总剪力距刚度中心为 e，而剪力墙 A、B、C 分别距刚度中心的

距离为 a、b、c，则每片剪力墙的剪力为：

$$V_{ti} = Fe\, x_i\, K_i / J \qquad (8-2)$$

式中，$J = K_i x_i^2$；K_i 为各剪力墙 i 的抗侧移刚度，x_i 是剪力墙 i 至刚度中心的距离。按式（8-1），平移分量对应的剪力为：

$$V_{di} = K_i F / \mathrm{sum}(K_i) \qquad (8-3)$$

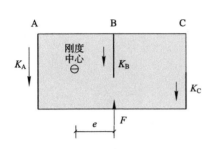

图 8-4 刚性横隔上的剪力分布

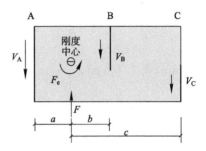

图 8-5 刚性横隔上的剪力分布

最终各片剪力墙的剪力为上述两项的叠加：

$$V_i = V_{di} + V_{ti} \qquad (8-4)$$

需要指出的是，考虑到扭转刚度中心的不确定性，当扭转分量分配的剪力为反向时，负方向的分量往往被忽略，为了保守起见，有利的作用一般不予考虑。此外，即使墙体均匀对称，也需要按照规范考虑偶然偏心造成的扭转效应。

2. 开孔剪力墙承载力分析

根据建筑功能的需求，往往需要在剪力墙上开洞口，此时的剪力墙就被孔洞分隔成若干小的窄墙肢，其性能更加类似于框架深梁的受力性能，所以整面剪力墙的性能实际为框架作用，如图 8-6 所示。墙体中的孔洞极大地降低了剪力墙的刚度和承载能力，因为剪力墙的有效面积减少了。因此，洞口两侧需采取相应的构造措施，从而保证剪力的有效传递。

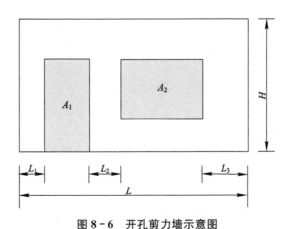

图 8-6 开孔剪力墙示意图

当剪力墙的孔洞上下部分的墙体总高度大于 $\dfrac{H}{8}$，而且面板的面积与整片墙体的面积比值大于 30％时，可采用经验公式（8-5）、式（8-6）或式（8-7）作为开孔剪力墙的抗剪承载力的折减系数[8-6]。当剪力墙的侧移角不大于 $\dfrac{1}{300}$ 时，也就是说处于小变形阶段时，折减系数采用下列的经验计算公式：

$$\eta=\frac{3\gamma}{8-5\gamma} \tag{8-5}$$

当侧移角介于 1/150～1/60 时：

$$\eta=\frac{\gamma}{2-\gamma} \tag{8-6}$$

当侧移角约为 1/100 时：

$$\eta=\frac{\gamma}{3-2\gamma} \tag{8-7}$$

其中：

$$\gamma=\frac{1}{1+(\alpha+\beta)}=\frac{1}{1+\dfrac{A_0}{H\sum L_i}} \tag{8-8}$$

式中　η——开洞墙抗剪承载力折减系数；

　　　　γ——墙面覆板面积率；

　　　　A_0——为所有洞口面积之和；

　　　　H——为剪力墙高度；

　　　　L_i——第 i 段墙肢长度；

　　　　α——墙体开洞率，$\alpha=\dfrac{A_0}{HL}$；

　　　　β——为剪力墙的有效宽度比，$\beta=\dfrac{(L_1+L_2+L_3)}{L}$。

　　这种简化计算方法并未考虑到洞口上、下方的墙体对剪力墙承载能力的贡献，将洞口两侧的剪力墙视为独立的墙肢，开孔剪力墙总的承载力为各独立墙肢的承载能力之和，因此是偏于安全的。

　　当剪力墙的宽度小于横隔高度而未达到横隔的边界杆件时（图 8-7），可能导致横隔的水平剪力不能可靠地传递至剪力墙顶，为此需要在剪力墙顶设置拉条与横隔封边杆件相连，其拉力按式（8-9）计算：

$$T_f=V_f L_d \tag{8-9}$$

式中　L_d——拉条长度；

　　　　V_f——设拉条处横隔单位高度所受剪力。

　　在多层竹结构房屋中，每片剪力墙所受剪力除本层分得的剪力外，尚应计入上层剪力墙传来的剪力。剪力墙被视为悬臂构件，因此，除剪力作用外，尚有弯矩作用。在计算剪力墙的弯矩抗力时，可将其视为工字形截面梁，剪力墙两端的墙骨柱分别为梁的两个翼缘，墙面板为腹板，因此剪力墙两端的墙骨柱存在拉、压力作用：

$$N=\pm\frac{M}{B_0} \tag{8-10}$$

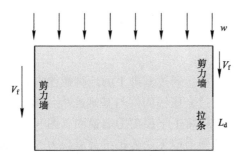

图 8-7　剪力墙一端未与横隔封边杆件相连

式中　M——所受的最大弯矩；

　　　B_0——剪力墙的宽度（两端墙骨柱的中心距离）。

　　实际工程中的竹结构剪力墙往往处于复杂的应力状态，除承受上层横隔传递而来的竖向和水平荷载外，对于外墙而言，还要承受垂直于墙面的直接风荷载。若要分析剪力墙中各个构件的应力状态是一件十分复杂的工作。精细的有限元剪力墙模型由于繁琐而仅仅应用于理论研究，在工程设计中难以采用。本章采用简化方法对侧向力作用下的竹骨架剪力墙的受力进行分析，通常的做法都是将它视为悬臂工字梁，面板的作用类似于工字梁的腹板而承担全部的剪力；墙体两侧的墙骨如同工字梁的翼缘而抵抗所受到的弯矩[8-7]，见图 8-8。为保证剪力墙有可靠的传力路径，剪力墙设计通常有以下几个部分，即面板抗剪承载力验算、墙端两侧墙骨柱的抗拉或抗压强度验算和剪力墙与相邻层剪力墙的连接设计。图 8-8 表示出了一组简化的作用在剪力墙骨架上的力，覆面板用于防止骨架变为平行四边形，换句话说，覆面板为剪力墙提供了剪切刚度和强度。通过采用大尺寸覆面板，剪力墙可以获得更高的刚度、侧向承载力和延性[8-8]。如第 4 章所述，在侧向荷载作用下，

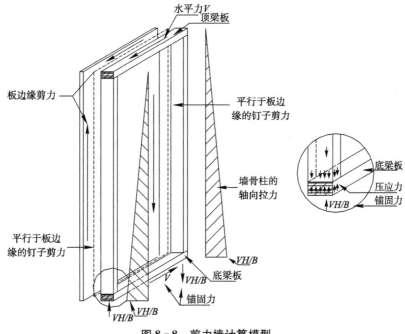

图 8-8　剪力墙计算模型

剪力墙的破坏形态主要以墙板钉节点破坏和墙骨柱与底梁板的分离为主。设置于墙角的抗拉锚固件能显著提高墙体的抗侧性能，能较大幅度地降低横墙端部墙骨柱的上拔和提高墙体的抗剪强度和耗能能力[8-9]。

首层剪力墙安装时，地梁板应通过基础上的地脚螺栓牢固地锚固在基础墙顶面，墙体两端及门窗洞口两侧墙骨柱通过金属锚固件与基础连接（图 8-9）。上层剪力墙的底梁板应用钉与楼盖钉牢，且应用螺栓将上下层剪力墙锚固（图 8-10）。随着竹结构体系在大型建筑中的应用，当传统竹骨架剪力墙无法满足抗剪承载力的要求时，可以采取下面的一些措施来提高剪力墙的抗剪承载力。

（1）增设墙骨柱间的斜撑，使得墙体能承受更大的剪力，如图 8-11 所示。

（2）加固墙面板边缘部分，增强钉连接的强度。如采用更高抗剪承载力的覆面板，也可以采用金属片加强边缘，防止钉子过早的穿透和撕裂板边缘。

（3）采用大尺寸的覆面板。

（4）在结构体系方面，可以加设钢框架提高水平承载力。美国加州强地震区的木结构住宅现在一般采用这种措施。

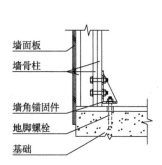

图 8-9　剪力墙和基础的连接

图 8-10　上、下层剪力墙通过锚固螺栓连接

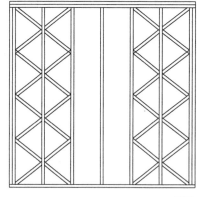

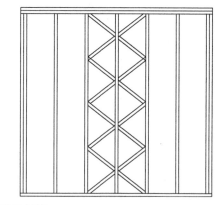

图 8-11　增设斜撑

8.1.2　楼（屋）盖分析

1. 横隔承载力分析

在水平荷载下，横隔（楼、屋盖）的受力机制类似于工字形简支深梁，其上、下翼缘

为横隔的封边杆件，即下层剪力墙的顶梁板或屋盖中的承椽板，有时还包括封头或封边搁栅等，而搁栅或椽条上铺钉的覆面板则被视为深梁的腹板[8-4,8-10]。因此，横隔平面内的剪力和弯矩均可按简支梁计算，支座处为最大剪力，跨中处的弯矩最大（图 8-12）。水平横隔层的设计主要包含以下几个部分，面板的抗剪承载力、边界杆件承受的拉力或压力验算以及横隔周边的骨架承受来自边界杆件传递而来的剪力等。

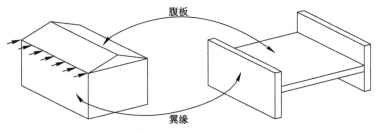

图 8-12　楼（屋）盖计算模型

假设在侧向均布水平荷载作用下，横隔层两端支承在剪力墙上，横隔层受到的弯矩作用由其封边杆件承担，其轴力 N 可由式（8-11）计算：

$$N=\pm\frac{wL_\mathrm{D}^2}{8L_\mathrm{W}}\tag{8-11}$$

支座处为最大剪力 V 采用式（8-12）计算：

$$V=\frac{wL_\mathrm{D}}{2}\tag{8-12}$$

式中，L_W 为横隔的高度；L_D 为横隔的宽度；w 为横隔受水平方向的均布线荷载。

2. 开洞横隔承载力分析

由于建筑方面的需要，楼（屋）盖经常需要开洞口让设备穿越或者安装楼梯等（图 8-13），对于尺寸较小的洞口可以不考虑洞口对受力性能的影响，但开洞四周的骨架应增强，以保证剪力的传递。当洞口的尺寸较大时，就需要依据实际的受力情况来分析洞口周边骨架的受力情况。洞口边的窄条在外荷载直接作用横隔侧面的情况下，将会承受很大的剪力和弯矩作用，这也就是当风荷载直接作用到横隔的封边构件上的受力情况。封边构件 A 将受横隔整体受弯导致的轴向力，同时还要受小窄条受弯的轴向力。开洞横隔所形成的带状窄条的封边构件 A 和 B 所承受的轴力 N_A 和 N_B 分别按式（8-13）和式（8-14）计算：

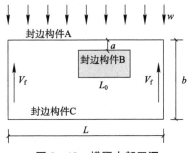

图 8-13　横隔中部开洞

$$N_A = \frac{wL^2}{8b} + \frac{wL_0^2}{15a} \tag{8-13}$$

$$N_B = \frac{wL_0^2}{15a} \tag{8-14}$$

8.1.3　剪力墙和横隔的变形计算

精确的分析剪力墙和横隔的变形及刚度非常复杂，但可以采用加拿大哥伦比亚省林产工业协会提出的木结构方面的公式。剪力墙及横隔的侧移变形公式主要考虑了剪切变形、弯曲变形和钉连接的滑移变形 3 个方面。侧向荷载作用下的剪力墙弹性变形按式（8-15）和式（8-16）计算：

$$\Delta_w = \frac{2v_Q h^3}{3Etb} + \frac{v_Q h}{B_v} + 0.0025 h e_n \tag{8-15}$$

横隔在均布荷载下的跨中挠度：

$$\Delta_d = \frac{5v_Q L^3}{96Etb} + \frac{v_Q L}{4B_v} + 0.0006 L e_n \tag{8-16}$$

式中，v_Q 为剪力墙或横隔所受到的单位长度的水平荷载；B_v 是覆面板厚度上的剪切刚度；e_n 是单个钉连接的滑移量（mm）；b 为剪力墙宽度或横隔的高度；h 为剪力墙高度；E 为覆面板的弹性模量；L 为楼屋盖的长度；t 为覆面板的厚度。

8.1.4　算例分析

以作者课题组在北京紫竹院公园内建成的竹结构房屋为例，说明设计步骤（详见文献 [8-4]）。房屋总建筑面积为 $110m^2$，建筑层数：2 层，建筑高度：6.400m。本建筑设计使用年限为 50 年，屋面防水等级：Ⅱ级。设计基本地震加速度值为 $0.2g$，场地类别Ⅲ类。50 年一遇的基本风压为 $0.45kN/m^2$，基本雪压：$0.40kN/m^2$，地面粗糙度为 C 类。屋面恒荷载为 $1.91kN/m^2$，楼面恒荷载为 $1.24kN/m^2$，内墙恒荷载 $0.39kN/m^2$，外墙恒荷载 $0.78kN/m^2$。该建筑的平面及立面图分别见图 8-14、图 8-15。

图 8-14　紫竹院公园竹结构茶室

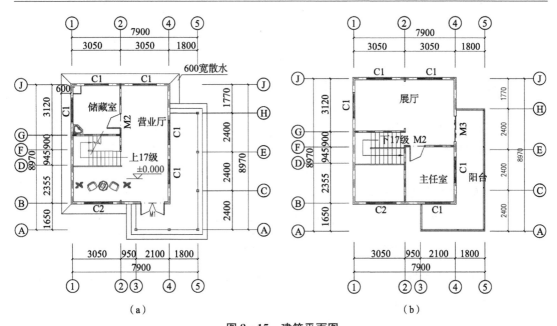

图 8-15　建筑平面图

(a) 底层平面图；(b) 二层平面图

出于简化计算的要求，紫竹院公园竹结构房屋简化为双自由度体系，依据经验公式估算出基本自振周期。假设竹结构房屋的水平横隔层为柔性的，同一横隔层中的各榀剪力墙的侧移变形是互不相干，各个楼层层间剪力依据各榀剪力墙从属面积上的重力荷载代表值的比例进行分配[8-11]。按照上述方法求得的水平地震作用通过水平横隔层传递至与其相连接的下层剪力墙。

1. 荷载计算

(1) 屋盖承受的水平风荷载 (图 8-16)

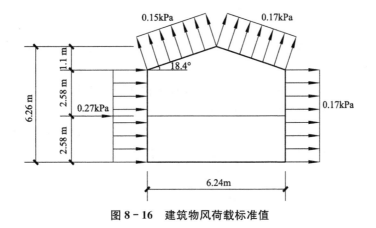

图 8-16　建筑物风荷载标准值

横向：$F_{2-H} = \left[(0.27+0.17) \times \dfrac{2.58}{2} + (0.17-0.15) \times \sin 18.4° \times 1.1 \right] \times 7.46 = 4.29 \text{kN}$

纵向：$F_{2-Z} = (0.27+0.17) \times \left(\dfrac{2.58}{2} + 1.1 \right) \times 6.24 = 6.56 \text{kN}$

（2）屋盖承受的竖向风荷载

$$F_{2-\text{up}} = (0.15 + 0.17) \times (3.12 + 0.54) \times \cos 18.4° \times 7.46 = 8.29\text{kN}$$

（3）楼盖水平风荷载

横向：$F_{1-\text{H}} = (0.27 + 0.17) \times 2.58 \times 7.46 = 8.47\text{kN}$

纵向：$F_{1-\text{Z}} = (0.27 + 0.17) \times 2.58 \times 6.24 = 7.08\text{kN}$

（4）地震作用

建筑物的基本自振周期 T 为

$$T = 0.05(h_n)^{0.75} = 0.2\text{s}$$

其中，h_n 为建筑高度（m）。

$$F_i = \frac{G_i H_i}{\sum_{j=1}^{n} G_j H_j} F_{\text{EK}}(1 - \delta_n) = \frac{G_i H_i}{\sum_{j=1}^{n} G_j H_j} \alpha_1 G_{\text{eq}}(1 - \delta_n)$$

式中，α_1 为水平地震影响系数；$\alpha_1 = \left(\dfrac{T_g}{T}\right)^{\gamma} \eta_2 \alpha_{\max}$，其中 $T_g = 0.55$，$\eta_2 = 1.0$，由于 $0.1 < T = 0.2 < T_g = 0.45$，所以 $\alpha_1 = \eta_2 \alpha_{\max} = 0.16$。

对于低矮建筑物而言，鞭梢效应可以忽略不计，顶部附加地震作用系数 $\delta_n = 0.0$；G_{eq} 为结构等效的总重力荷载，本章中的房屋可取总重力荷载代表值的 85%。

屋盖质点自重：

$$G_{2-\text{eq}} = 187.79\text{kN}$$

楼盖质点自重：

$$G_{1-\text{eq}} = 182.21\text{kN}$$

结构等效总重力荷载：

$$G_{\text{eq}} = 0.85 \times (G_{1-\text{eq}} + G_{2-\text{eq}}) = 314.5\text{kN}$$

$$F_{2-\text{eq}} = \frac{187.79 \times 5.71}{(187.79 \times 5.71 + 182.21 \times 2.58)} \times 0.16 \times 314.5 = 34.98\text{kN}$$

$$F_{1-\text{eq}} = \frac{182.21 \times 2.58}{(187.79 \times 5.71 + 182.21 \times 2.58)} \times 0.16 \times 314.5 = 15.34\text{kN}$$

由此可见，对于屋盖和楼盖水平荷载，本结构南北向和东西向均由地震作用控制。

2. 结构构件设计

（1）屋盖设计：屋盖系统由 10mm 厚的面板和竹结构屋架组成，覆面板边缘的钉间距为 150mm，板中部的钉间距为 300mm。由于南北立面的屋盖方向较短，所以屋盖系统的设计由作用在南北向的荷载所决定。假设地震作用在水平横隔产生的侧向力为均匀分布，那么作用于屋盖上的横向水平荷载设计值为

$$w_\text{f} = 1.4 \times 34.98/7.46 = 6.56\text{kN/m}$$

根据建筑物平面图，屋盖的边界杆件位于Ⓑ轴线、Ⓖ轴线和Ⓙ轴线。

1）屋盖抗剪承载力验算

楼盖的设计抗剪承载力为：

$$V = f_\text{d} \cdot B = f_{\text{vd}} \cdot k_1 \cdot k_2 \cdot B$$

式中，$k_1 = k_2 = 1.0$，$B \approx 6.24\text{m}$，$f_{\text{vd}} = 6.4\text{kN/m}$。

所以沿Ⓖ轴线的设计抗剪承载力为：

$$V = f_d \cdot B = 6.4 \times 1.0 \times 1.0 \times 6.24 = 39.94 \text{kN} > 0.5 \times 6.56 \times 7.46 = 24.47 \text{kN}$$

2）屋盖边界杆件承载力验算

屋架边界杆件由二层外墙的顶梁板组成。沿⑧～①轴线间的边界杆件承受的轴向力设计值为：

$$N_f = \frac{M_1}{B_0} = \frac{w_f L_1^2}{8 B_0} = \frac{6.56 \times 7.46^2}{8 \times 6.24} = 7.31 \text{kN}$$

屋盖边界杆件（墙体顶梁板）的轴向承载力由抗拉承载力所控制：

$$N_t = 2 \times 56 \times 140 \times 5.4 \times 10^{-3} = 84.67 \text{kN} > N_f = 7.31 \text{kN}$$

（2）二层剪力墙 SW1 及 SW2 设计：剪力墙由墙骨柱、顶梁板和底梁板以及墙面板组成。墙骨柱为 40mm×84mm 胶合竹材，墙面板为 10mm 的胶合竹结构板材，面板边缘钉间距为 150mm。地震作用下墙体所承受的剪力为 $0.5 \times 34.98 = 17.49 \text{kN}$。沿⑥、⑥轴线剖面的二层剪力墙由内墙 SW1 及 SW2 组成，长度分别为 2.15m 和 3.05m。假设剪力墙的刚度与长度成正比（表 8-1），则每片剪力墙所承受的剪力为：

$$V_{SW1} = 17.49 \times \frac{2.15}{3.05 + 2.15} = 7.23 \text{kN}$$

$$V_{SW2} = 17.49 \times \frac{3.05}{3.05 + 2.15} = 10.26 \text{kN}$$

剪力墙层间剪力 F_x 计算结果　　　　　　　　　　　　　　　　　表 8-1

层数	楼层高度 h_x(m)	质量 w_x	$w_x h_x$	层间剪力 F_x（kN）
屋盖	4.88	85.4	416.8	17.5
楼盖	2.44	67.9	165.6	7.0

剪力墙的设计抗剪承载力为：

$$V = f_d l = (f_{vd} k_1 k_2 k_3) l$$

式中，$k_1 = k_2 = k_3 = 1.0$；$f_{vd} = 4.7 \text{kN/m}$，所以

$$f_d = f_{vd} k_1 k_2 k_3 = 4.7 \times 1.0 \times 1.0 \times 1.0 = 4.7 \text{kN/m} > \frac{17.49}{3.05 + 2.15} = 3.36 \text{kN/m}$$

剪力墙的边界杆件为墙体端部的墙骨柱，为两根 120mm×84mm 胶合竹规格材。边界杆件承受的设计轴向力为：

$$N_f = \frac{7.23 \times 2.44}{2.15} = 8.21 \text{kN}$$

胶合竹材的抗拉强度低于抗压强度，因此，墙体边界杆件的轴向承载能力由抗拉强度所决定：

$$N_t = 2 \times 120 \times 84 \times 5.4 \times 10^{-3} = 108.87 \text{kN} > N_f = 8.21 \text{kN}$$

（3）楼盖设计：楼盖系统由搁栅及 12mm 厚的楼面板组成，面板边缘钉间距为 150mm。由于东西立面的楼盖长度较短，所以楼盖的设计由作用在南北方向的荷载控制。假设所产生的侧向力均匀分布，则作用在楼盖上南北方向的水平荷载设计值：

$$w_f = \frac{1.4 \times 15.34}{7.46} = 2.88 \text{kN/m}$$

根据楼盖的边界杆件布置，楼盖的边界杆件为⑧轴线、⑥轴线和①轴线。

1) 楼盖侧向抗剪承载力验算

楼盖的设计抗剪承载力为:

$$V=f_d \cdot B=f_{vd} \cdot k_1 \cdot k_2 \cdot B$$

式中,$k_1=k_2=1.0$;$B=6.24$;$f_{vd}=7.6kN/m$,所以沿Ⓖ轴线的设计抗剪承载力为:

$$V=f_d \cdot B=(7.6 \times 1.0 \times 1.0) \times 6.24=47.42kN>0.5 \times 2.88 \times 7.46=10.74kN$$

2) 楼盖边界杆件承载力验算

楼盖的边界杆件由一层外墙的顶梁板组成。顶梁板为双层56mm×140mm胶合竹规格材。沿Ⓖ轴线的边界杆件承受的轴向力设计值为:

$$N_f=\frac{M_1}{B_0}=\frac{w_f L_1^2}{8 B_0}=\frac{2.88 \times 3.73^2}{8 \times 6.24}=0.80kN$$

由于一层外墙的顶梁板的抗拉承载力低于抗压承载力,因此,顶梁板的承载力由抗拉强度所决定:

$$N_t=2 \times 56 \times 140 \times 5.4 \times 10^{-3}=84.67kN>N_f=7.31kN$$

(4) 一层剪力墙SW3设计

沿Ⓖ轴线剖面的一层剪力墙由内墙SW3组成,长度为3.05m。构成剪力墙SW3的墙骨柱、顶梁板和底梁板以及墙面板与SW1相同。经计算,地震作用下墙承受的总剪力设计值为7.67kN。

由剪力墙SW1设计可知剪力墙的设计抗剪承载力为:

$$f_d=4.7kN/m>f_f=\frac{7.67}{3.05}=2.51kN/m$$

故一层剪力墙SW3满足设计要求。

(5) 连接设计:由于作用在屋盖上的上拔力(8.29kN)小于屋盖单元自重(115kN),故不需要进行上拔力验算。墙体与楼板之间的连接构造见图8-17。

1) 二层墙体与楼盖的连接

由直径为3.66mm、长82mm的普通钢钉形成的钉节点的设计承载力为:

$$N_v=k_v d^2 \sqrt{f_c}=10.2 \times 3.66^2 \times \sqrt{23} \times 10^{-3}=0.66kN$$

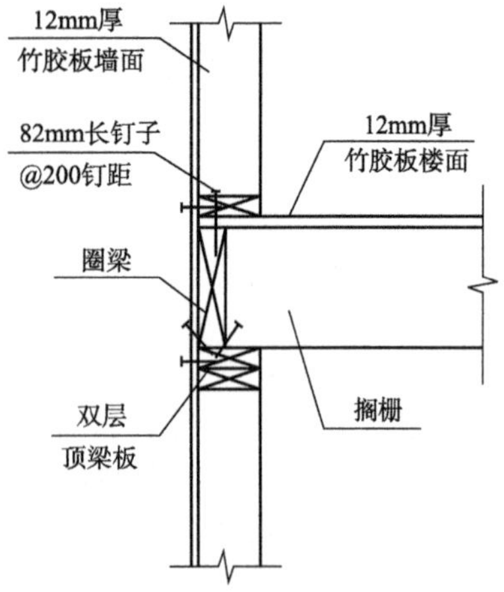

由屋盖传来的水平地震作用设计值为:$1.4 \times 34.98=48.97kN$

所需要的钉子数为:$\frac{48.97}{0.66}=74.2$ 颗,二层纵向墙体总长为:18.3m

故钉子的间距:$\frac{18300}{74.2}=247mm$,取钉子间距为200mm。横向钉子的间距计算方法同上。

2) 楼盖与一层墙体的连接

由楼盖传来的纵向水平地震作用设计值为:

$$1.4 \times (34.98+15.34)=70.45kN$$

所需的钉子个数为:70.45/0.66=106.7颗,一层纵墙体总长为:15.95m

12mm厚竹胶板墙面

82mm长钉子@200钉距

圈梁

双层顶梁板

12mm厚竹胶板楼面

搁栅

图8-17　外墙与楼盖连接详图

故钉子的间距为：$\dfrac{15950}{106.7}=150\text{mm}$，取钉间距为 100mm

横向钉子的间距计算方法同上。

3）墙体与基础的连接

选取 M12 锚固螺栓将一层墙体与基础连接。单个螺栓的侧向设计承载力为：

$$N_v=k_v d^2\sqrt{f_c}=5.5\times 12^2\times\sqrt{23}\times 10^{-3}=2.96\text{kN}$$

由楼盖传来的纵向水平地震作用设计值为 70.45kN

所需的螺栓个数为：$\dfrac{70.45}{2.96}=23.8$ 颗，一层纵向基础总长为 15.95m。

故螺栓的间距为 $\dfrac{15950}{23.8}=670\text{mm}$，取螺栓的间距为 600mm。

纵向基础的螺栓间距计算方法同上。

3. 抗震构造措施

从竹结构房屋的抗震性能试验可知，门窗洞口四角以及楼层间的连接处是比较脆弱的部位。为增强竹结构房屋的整体性，通常在洞口四角和楼层间钉上薄钢带，如图 8-18 所示。抗拉锚固件（hold-down）能显著提高墙体的抗剪承载力和刚度性能，在门窗孔洞两侧以及墙体端部设置抗拉锚固件，从而使得结构组件之间能够更加有效地传递剪力。这些构造措施可以保证竹结构房屋具有安全可靠的传力路径[8-12]。

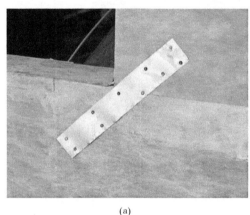
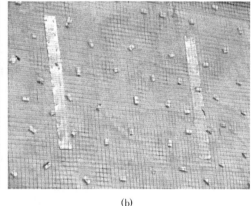

(a)　　　　　　　　　　　　　　　　(b)

图 8-18　一些抗震构造措施

（a）门窗洞口的薄钢带；（b）楼层之间的薄钢带

8.2　轻型竹结构房屋施工

轻型竹结构是由构件断面较小的规格材均匀密布（间距一般不大于 610mm）连接组成的一种结构形式，适用于 3 层以下的工业建筑和民用建筑。世界首幢竹结构别墅样板房位于湖南大学校园内，房屋占地面积为 120m²，总建筑面积达 235m²，首层布置了起居室、厨卫、餐厅、车库以及一个美式壁炉，二楼布置了 1 间主卧，2 间次卧和一个休息平台，如图 8-19（a）所示。图 8-19（b）所示的建筑建在肯尼亚 Kisumu 市的 Maseno 大学里，单层建筑面积约 50m²，全部构件在长沙预制，通过陆路和海运运输到当地后现场组装。图 8-19（c）所示的长沙当代置业竹结构样板外观与一般砖混结构无异，但主要承重构件均为胶合竹材。

(a)

(b)

(c)

图 8-19　竹结构建筑实例

（a）湖南大学现代竹结构别墅；（b）肯尼亚基苏木 Maseno 大学校区样板房；（c）长沙当代置业竹结构建筑

相对于常见的砖混结构而言，竹结构住宅建造周期比较短，作者团队设计建造的第一栋竹结构别墅（图 8-19a）从开工到建成累计用工 8 人，耗时三个月，这其中还包括了装修。图 8-14 的样板房 6 个工人仅用了一个月的时间全部完工，而其主体结构仅用了 8 天即完工。然而，相同户型的砖混住宅耗时和耗工都会更多。竹结构房屋与砖混房屋的性能对比，见表 8-2。

竹结构房屋与砖混房屋性能对比表　　　　　　　　　　　　　　　　表 8-2

主要性能	竹结构房屋	砖混房屋
建造周期	采用工厂预制，现场拼装的方式建造 2～3 月（含简单装修）	3～4 月
结构强度	抗震性能极好	抗震性能差
得房率	墙厚 10～15cm，得房率达 90%	墙厚 37cm，得房率只有 80%
施工难易度	主体结构施工方便，只需较少的施工人员，改造灵活，设备安装可以充分利用墙体和楼板的内腔空间	土建施工对堆放用地、起吊设备要求较高，施工人员多，装修时容易破坏结构，另外设备安装局限性大
使用寿命	50 年	50 年

8.2.1 基础工程

竹房屋的地基施工过程与普通混凝土别墅地基施工类似，在细节方面唯一不同的是竹结构房屋的基础上需要预埋地脚螺栓，或采用后装植筋。在通风不良的湿热条件下，竹材易发生霉变和腐烂。因此，竹房屋底层楼盖建议采用架空的形式，架空层内应有足够的空间以供进出及维修操作空间，爬行空间高度通常为0.6m。直接搁置于基础墙顶面的地梁板应采用必要的防潮、防腐措施，通过间距不超过2m且直径不小于12mm的地脚锚栓锚固于基础上。地脚锚栓在基础的埋置深度不小于0.3m，每块地梁板两端应各有一个地脚锚栓，端距为0.1～0.3m，如图8-20所示。

(a) (b)

图8-20 竹结构住宅建筑基础

(a) 钢筋混凝土条形基础；(b) 基础墙防潮处理

竹结构墙体或柱子接触基础的底板下面必须设置防潮层。此外，为防止土层湿气入侵地基及爬行空间的框架结构，基础墙表面可以进行防潮处理，如图8-20（b）所示。防潮层的做法有多种形式，通常采用沥青涂层、聚乙烯塑料或防水卷材等。在排水性差的土层中，还需增设防水墙，防水墙通常由两层沥青浸渍油毡制成，两层油毡相互粘结并附于基础墙上，油毡的表面需涂抹液态沥青。为保持架空层空间内的空气流通，需在基础墙周围设置通风孔（图8-21），通风孔的总面积不得小于房屋占地面积的1/150。

图8-21 通风孔

161

当爬行空间的地面采用了可靠的防潮措施时，通风孔的总面积可适当减小。在大多数地区，还需另外采取排水措施来排除地下水，以防止地下室或楼板潮湿。

8.2.2　墙体工程

1. 墙体施工

轻型竹结构墙体骨架由墙骨柱、底梁板、顶梁板和承受门窗洞口上部荷载的过梁组成，类似于国外轻型木结构的构造形式。墙体骨架的各构件之间的钉连接构造（图 8-22）要求见表 8-3。墙骨柱通常采用截面尺寸为 40mm×84mm 或 40mm×140mm 的胶合竹材。承重墙的墙骨柱间距一般为 305mm 和 405mm，非承重墙的墙骨柱间距不得超过 610mm。除了孔洞处的墙骨柱截断以支撑过梁外，墙骨柱在楼层内应保持连续。墙骨柱截面的长边一般应与墙面板垂直。当墙骨柱截面的长边与墙面板平行时，该墙仅可用于无阁楼的屋顶山墙或其他非承重内墙。而顶梁板和底梁板在楼盖顶棚处起到防火挡的作用，可阻止火灾发生时的火焰蔓延，并为墙面板和房屋的装饰材料提供支撑。

墙体骨架各构件之间钉连接构造要求　　　　　　　表 8-3

连接构件名称	钉连接要求
墙骨柱与墙体顶梁板采用斜向钉接或垂直钉接	4 枚 60mm 或 2 枚 80mm 长钉子
开孔两侧墙骨柱或墙体交接或转角处的墙骨柱	中心距 750mm，长 80mm 钉子
双层顶梁板	中心距 600mm，长 80mm 钉子
墙体底梁板或地梁板与搁栅或封头块（用于外墙）	中心距 400mm，长 80mm 钉子
内隔墙与骨架或楼面板	中心距 600mm，长 80mm 钉子
过梁和墙骨柱	2 枚 80mm 长钉子
墙体交接处搭接的顶梁板	2 枚 80mm 长钉子

图 8-22　墙体构件之间斜向钉连接

墙体的施工采用所谓平台式施工方案，主要是利用每层楼盖平台作为上层墙体的施工时的平台，先外墙后内墙。在首栋竹结构别墅的建造过程中，墙体采用模块化设计，首先在楼面平台上现场制作墙体构件，墙体施工的主要流程一般为：铺放门窗洞口过梁→铺放墙骨柱→铺放顶（底）梁板→将过梁与墙骨柱钉接→将顶梁板与墙骨柱钉接→将底梁板与墙骨柱钉接→墙体框架调平调直角→钉接墙面板→竖立墙体并设置临时支撑→用顶梁板将各墙体单元钉接→调直调平。

墙骨柱与顶(底)梁板之间采用斜向钉连接,斜向钉连接可以有效地避免竹材构件劈裂。而在其后的竹结构房屋的建造过程中,房屋的主要结构构件(如墙体构件单元)采用工厂预制再搬运至现场拼装,然后人工抬起就位。竖立各片墙体单元后,用钉子将墙体单元的底梁板与下层墙体的顶梁板连接为整体,并设临时支撑,待该层的外墙单元全部竖立起,再竖立内墙体框架单元[8-14]。待该楼层的内墙体和外墙体框架单元全部立起后,检查墙体框架的对角线和平整度后,再铺设覆面板,如图 8-23 所示。

(a)   (b)   (c)

图 8-23 平台式施工实例

(a) 现场制作墙体单元框架;(b) 竖起墙体;(c) 二层平台上的施工

墙体在楼盖施工平台上全部立起并连接完毕后,还需向墙体内空腔填充保温隔热材料(如岩棉或玻璃棉),最后再安装防火型纸面石膏板或其他装饰性板材。石膏板通常以单层的形式直接铺于墙体骨架上,通过自攻螺钉与墙骨连接。有时为提高墙体的噪声控制等级和耐火等级,可采用双层石膏板。石膏板铺设完成后,需在螺钉表面涂抹防锈漆(图 8-24a),相邻的石膏板之间需预留 3mm 左右的缝隙,缝隙之间使用石膏粉填充,然后用厚度为 0.2mm、宽度为 50mm 的弹性纸带封好(图 8-24b),之后刮两遍腻子,干后再涂乳胶漆或其他墙面漆。纸面石膏板与墙骨柱之间的连接采用螺钉,钉直径不得小于 2.5mm,钉间距应满足下列要求:

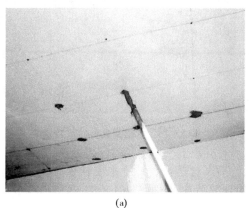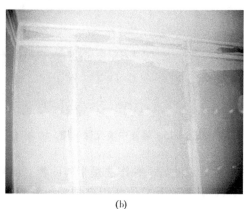

(a)   (b)

图 8-24 防火石膏板的施工细节

(a) 防锈漆涂抹钉帽;(b) 贴弹性纸带

纸面石膏板边缘钉间距不得大于 200mm，纸面石膏板中间钉间距不得大于 300mm。当墙体采用双层纸面石膏板时，用于固定内层石膏板的钉距应为 600mm。

钉间距离纸面石膏板边缘：对于切割边而言，不得小于 15mm；对于包装边而言，不得小于 10mm。

当墙体中有弱电线路或上下水管道通过时，需在安装防火纸面石膏板之前就布置完毕。由于竹结构建筑中各种管线均布设在墙体或楼板内，且竹墙体厚度较小，因此其有效使用面积一般可达到 80%～90%，得房率比普通砖混结构房屋高 10%。在墙体上安装电源插座盒时，插座盒宜采用自攻螺钉固定在墙骨柱上。而电源插座盒与覆面板之间应使用石膏抹灰进行密封。为了保证墙面的完整性，墙面板安装完毕后，面板间的连接缝和固定用钉头应进行平整处理，密封材料和钉头覆盖材料应采用弹性密封膏或快干粉密封膏，如图 8 - 25 所示。

2. 外墙装修

外墙体的外表面在楼盖、屋盖工程结束后即可进行饰面。外墙体的内表面和内墙体的装修工作一并进行，该工程通常放在整个工程的结尾。外墙装饰面通常采用护墙挂板和粉饰灰泥装修层等。

目前作者课题组已建成的竹结构房屋的外墙面多半都是采用钢丝网及复合砂浆装修层。钢丝网复合砂浆装修层是依靠钢丝网作为加筋材料与外墙连接，相邻钢丝网的搭接长度不得小于 200mm，使用特制的镀锌紧固件将钢丝网固定在外墙上。值得注意的是，第一层复合砂浆必须充分的掩盖金属网，厚度约为 10mm[8-15]，待首层砂浆进行 2 天养护后，将首层砂浆拉毛并喷湿后再开始涂刷第二层砂浆，厚度大约为 6mm。同样，第二层复合砂浆的养护时间不得少于 2 天，之后就可开始进行 3mm 厚的找平层施工。最后一道工序为装修层施工，其厚度至少为 3mm，如图 8 - 26 所示。

图 8 - 25　墙体中填充保温棉　　　　　图 8 - 26　钢丝网复合砂浆装修层

外墙面层的另一种作法是干挂面板。面板包括锯材挂板、纤维水泥挂板、硬质纤维挂板、PVC 挂板以及其他外用型挂板等。具体作法是在铺设完外墙上的防潮层后，安装木钉板条或钢条，然后在其上钉互搭外墙面板或外挂装饰石材、瓷砖等。

3. 外墙保温隔热

作为围护构件的墙体必须具有良好的保温隔热性能。冬季的室内温度高于室外，热量从高温传至低温。为减少热损失，参照北美木结构的做法，通常可以采取以下措施：

首先，增加外墙厚度，从而减小导热系数，达到保温目的。如图 8-14 所示的北京紫竹院公园茶室采用了 180mm 厚的外墙。但墙厚的增加将会增加结构自重和减小了得房率，这也使得房屋的有效使用空间缩小等；其次，选用导热系数更低的保温隔热材料；第三，增没附加保温措施，除墙体空腔内填充保温材料外，还可在墙体外侧增加一层保温系统。

防止外墙体中雨水渗入和出现冷凝水。如果墙体中有水分，热量传递增强，这将直接影响房屋的耐久性和节能性。外墙侧敷设的单向透气防潮纸和钢丝网复合砂浆可以起到阻止室外水蒸气对墙体的侵袭。当室内热空气向室外传递时，墙体外侧的温度较低，蒸汽就会在外墙板内侧形成冷凝水；当室外的热空气向室内传递时，墙体内侧的温度较低，蒸汽将在墙内形成冷凝水。为避免冷凝水的出现，在外墙内侧设置隔汽层，阻止水蒸气进入墙内，隔汽层材料通常采用防水涂料或 0.2mm 厚的聚乙烯薄膜，如图 8-27 所示。

图 8-27　敷设防潮纸

防止外墙体发生空气渗透。墙体在建造过程中因安装不密封或者材料收缩等因素，会产生一些缝隙。由于缝隙的存在，冬季室外风的压力使冷空气从迎风墙面渗透到室内，室内热空气从内墙渗透到室外，所以风压与热压使外墙出现了空气渗透。为防止外墙出现空气渗透，外墙上的门窗边框安装缝处，通常填充具有压缩性的填料或采用聚氨酯对缝隙进行一次性的保温和气密处理。

防止冷热空气带走热量。不管冬季供暖还是夏季制冷期内，房屋中的门窗通常是长时间紧闭，这将造成室内空气品质的降低。因此一般要设置新风系统，将室外新鲜空气定时送入室内。如果是夏季，进来的是热空气，就需要对其进行制冷。因此，当冷空气排出室外前，需要其与进入室内的热空气进行一次热交换，以尽可能减少热损失。

4. 墙体隔声

为保证室内的使用要求，不同类型的房屋具有相应的噪声控制标准。竹结构墙体按照墙体计权隔声量的大小，将墙体分为 7 级：Ⅰn（≥55dB）、Ⅱn（≥50dB）、Ⅲn（≥45dB）、Ⅳn（≥40dB）、Ⅴn（≥35dB）、Ⅵn（≥30dB）和Ⅶn（≥25dB）。对于有特殊要求的墙体采用Ⅰn；特殊要求的会议室和办公室的隔墙采用Ⅱn；办公室和教室等隔墙采用Ⅱn、Ⅲn；住户分户墙、旅馆客房和客房隔墙采用Ⅲn、Ⅳn；无特殊安静要求的一般房间隔

墙采用 Ⅴn、Ⅵn 和 Ⅶn 等[8-16]。墙体主要隔离由空气直接传播的噪声。声波在墙体中的传播途径主要有两种：一是通过墙体上的缝隙传播，二是声波作用下使墙体受到振动，声音穿透墙体传播。对墙体的噪声控制一般采取如下措施：

注意墙体接缝处的处理，尤其在管道穿越墙体时，对管道穿越空隙和墙一墙连接处的接缝间隙应采用隔声密封胶或密封条；墙骨柱与墙面板之间采用点连接；在墙体空腔内填充吸声材料，如岩棉或玻璃棉；利用外部垂直绿化带降低外部噪声的侵入。

8.2.3　楼盖工程

1. 楼盖施工

现代竹结构房屋的楼盖通常由中心间距为 305mm、405mm 和 610mm 的搁栅、15mm 厚的楼面板、剪刀撑以及顶棚组成。出于防潮方面的考虑，底层架空的房屋首层的楼盖由基础墙支承，二层以上的楼盖通常由竹墙体支承。楼盖各构件之间的钉连接构造要求，见表 8-4。

楼盖各构件之间钉连接构造要求　　　　　　　　　表 8-4

连接构件名称	钉连接要求
楼盖搁栅和墙体顶梁板或底梁板—斜向钉连接	2 枚 80mm 钉子
楼盖搁栅木底撑或扁钢底撑和楼盖搁栅底部的连接	2 枚 60mm 钉子
搁栅间剪刀撑和楼盖搁栅的连接	间距 750mm，长 80mm 钉子
楼面板和楼盖搁栅的连接	面板边缘 150mm，中间支座 300mm，60mm 长钉子
封头搁栅和楼盖搁栅的连接	3 枚 80mm 钉子
边框架或封边板和墙体顶梁板或底梁板的连接-斜向钉连接	间距 600mm，长 80mm 钉子

当房屋净跨较大，常用的矩形规格材搁栅无法满足承重要求时，也可采用工字梁、箱形梁或平行弦桁架。楼盖搁栅在支座处的搁置长度不小于 40mm。竹梁的端部应与支座连接，且在其跨度范围内每隔 2m 左右设置横撑、板条撑或剪刀撑。这些加强构件钉接于搁栅的底面，两端固定在顶梁板上。若楼盖搁栅底面有板条或预制顶棚，可不需要外加钉板条撑。搁栅底面的顶棚吊顶也能提供足够的约束阻止楼盖搁栅扭曲，或者在搁栅间安装剪刀撑或宽度为 40mm 的木横撑，如图 8-28 所示。楼盖搁栅与支座采用斜向钉连接，或与

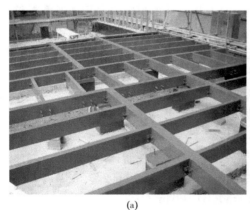
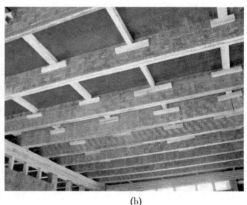

(a)　　　　　　　　　　　　　　　　(b)

图 8-28　楼盖搁栅

(a) 底层架空层楼盖；(b) 二层楼盖

封边搁栅垂直钉连接，或者连续的钉板条将搁栅固定在其下的支座处。

楼盖施工一般按照先梁后板，先主梁后次梁的次序进行。覆面板边缘与搁栅的钉接采用间距为 150mm、长 50mm 的普通圆钉或麻花钉或长 45mm 的螺旋圆钉，内支座的间距为 300mm。次梁与主梁通过角钢或其他连接件连接，如图 8-29 所示。覆面板铺设时，其长度方向通常垂直于次梁，相邻板材的拼缝位于梁上且必须错缝。为有效减小活荷载所引起的嘎吱声，有时也在覆面板和竹梁之间涂刷弹性胶，这无疑也能够增大楼层的整体刚度。

图 8-29 主梁—次梁节点

楼屋盖常需开洞口让设备穿越或者安装楼梯等，当开孔周围与搁栅平行的封边搁栅长度超过 1.2m 时，封边搁栅应为两根；当封头搁栅长度超过 2.0m 时，封边搁栅的截面尺寸应由计算确定。开孔四周的封头搁栅及被开孔切断的搁栅，当依靠楼板搁栅支承时，应选用合适的金属连接件或采用其他可靠的连接方式。平行于搁栅的非承重墙，应放置于搁栅或搁栅间的横撑上。平行于搁栅的承重内墙，不得支承于搁栅上，而应支承于主梁或承重墙上。对于垂直于搁栅的非承重内墙，距搁栅支座的距离不大于 900mm；对于垂直于搁栅的承重墙，距搁栅支座的距离不大于 600mm。当搁栅的放置方向垂直于承重墙时，在承重墙下的搁栅间应增设挡块支撑，墙骨柱尽可能位于挡块支撑之上。平行于搁栅的承重墙，其下方应加设 2 根或 2 根以上搁栅，形成组合大梁，搁栅梁下面如有支撑墙体，且与其平行时，该搁栅可单根布置。

2. 楼盖保温及顶棚饰面

对于无加热空间的楼盖都需采取保温措施。对絮棉和刚性保温材料来说，可以在搁栅底部布设金属网来支撑保温材料。对玻璃纤维松填保温材料来说，提供支撑的材料不能采用网状，以免从中掉落。蒸汽隔层必须放置于保温材料顶部或温暖的一面。如果采用胶合板底板且紧密吻合，那么可以不布设额外的蒸汽隔层，因为该底板可以起到空气屏障和蒸汽隔层作用，如图 8-30 所示。

卧室房间的顶棚一般采用石膏板来装修，而起居室有时会使用其他的木质装饰板材。石膏板顶棚的具体做法为：首先将纸面石膏板切好尺寸后，使用 20mm 长的螺钉将其铺设于楼盖搁栅底部，纸面石膏板间预留 3mm 的伸缩缝；石膏板边缘的钉间距为 150mm，纸面石膏板中间的钉间距为 200mm，钉距石膏板边缘不小于 10mm；将防锈漆涂抹于螺钉表面，且用厚度 0.2mm、宽度 50mm 的弹性纸带封好，通常批两遍白水泥，待其干燥后再涂乳胶漆。

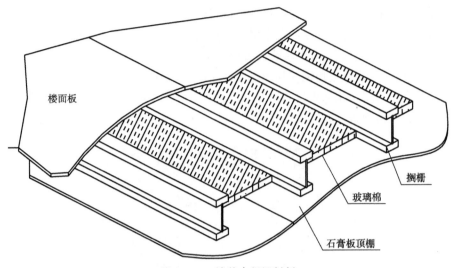

图 8 - 30　楼盖内保温材料

3. 楼盖振动控制评价方法

楼板振动是一个非常复杂的问题，有时甚至会严重影响到居住者的生活质量[8-17,8-18]。楼板振动的性能受质量、刚度、阻尼及楼板双向运动影响。在大多数情况下，通过控制楼板的静态刚度足以获得令人满意的振动性能。在某些情况下，虽然楼板系统可以满足传统的均布荷载下的挠度标准，但实际工程中的楼板还是会出现振动问题。美国联邦住宅管理局（FHA）发表了单体住宅和联体住宅的最低适用性标准。FHA 适用性标准规定，均布设计荷载下的楼盖搁栅的挠度 d 应满足下式的要求：

$$d \leqslant \frac{L}{360} \tag{8-17}$$

式中，L 为搁栅的跨度。

FHA 设计方法由于简单实用，一直被用于早期的楼盖最低适用性设计。但是，FHA 设计法是以单根搁栅为基础来计算，而忽略了楼盖是一个两向运动的系统。虽然限定均布荷载下的搁栅挠度限值为 $L/360$，但是某些情况下，还是无法得到令人满意的振动性能。Onysko 等人又提出以楼板刚度指标来衡量振动是否在可接受范围内。楼盖刚度的预测指标是集中荷载下的静态挠度，即在二维楼盖系统中心处 1kN 集中荷载下的静态挠度极限。该法于 1990 年被加拿大国家建筑规范（NBCC）所采用。

$L < 3\text{m}$ 时，

$$d \leqslant 2\text{mm} \tag{8-18a}$$

$3 \leqslant L \leqslant 5.5\text{m}$ 时，

$$d \leqslant \frac{8}{L^{1.3}} \tag{8-18b}$$

$L > 5.5\text{m}$ 时，

$$d \leqslant \frac{2.55}{L^{0.63}} \tag{8-18c}$$

使用静态下的楼板挠度限值可以在很大程度上减小振动，为更好地控制楼板振动，又提出了限定基本频率和频率加权均方根加速度的方法[8-4,8-17,8-18]。

8.2.4　屋盖工程

屋盖按其外形通常有坡屋顶、平屋顶及其他形式的屋盖三种类型。对于坡度小于1∶6的屋盖称为平屋顶，而坡度大于1∶6的屋盖则统称为坡屋顶。坡度对于房屋的耐久性至关重要，建议竹结构房屋的屋顶排水坡度不得小于1∶12。坡屋顶的常见形式有单坡屋盖、双坡屋盖、带天窗四坡屋盖、带脊四坡屋盖、复斜屋盖、荷兰式斜屋盖、内斜蝶式屋盖以及复折屋盖等。按照屋架结构的不同，屋盖又可分为椽条连杆屋盖和竹桁架屋盖等。

1. 椽条连杆系统

椽条连杆系统是使用矩形规格材、工字形梁或箱形梁作为椽条，相互连接形成椽条结构屋盖。椽条结构屋盖由屋脊、普通椽条、屋脊椽条、屋谷椽条、短屋脊和顶棚搁栅等组成，如图8-31所示。

图8-31　椽条连杆系统

顶棚搁栅和椽条在其跨度内应保持连续，也可在竖向支座处搭接或用节点板拼接。采用椽条连杆系统的屋面坡度不得小于1∶3。在屋脊和屋檐处的椽条根据建筑的要求切割成所需长度和角度，如图8-32所示。椽条可在承重墙处开缺口并悬挑出外墙，或与墙平齐，也可在椽条的端部外加挑板从而提供悬挑。椽条的最小支承长度为40mm。顶棚搁栅的拼接应该比搁栅和椽条的连接至少多使用1枚钉子。当屋面椽条的跨度较大时，可采用截面尺寸不小于40mm×90mm的水平椽条连杆提供中间支撑。而对于长度超过2.4m的水平椽条连杆，其中部应增加截面尺寸为20mm×90mm的横向支撑。椽条连杆系统中各构件连接的构造要求见表8-5所示。

2. 竹桁架屋盖

竹桁架屋盖以竹桁架作为屋盖搁栅梁，将其按间距不大于610mm置于承重墙或主梁上并覆盖以屋面板而形成的屋盖。竹桁架由于施工速度快而被大量使用在竹结构房屋的建造中。竹结构屋盖系统的施工通常都是采用工厂预制再运输至工地安装的方法。与木结构桁架相比，竹结构屋架节点一般都是采用钢或竹连接板，金属板、竹连接板成对布置。预制的屋架通过人工搬运就位。通常都是先安装山墙两端的屋架，从山墙往中部依次安装其他屋架。各榀屋架在定位的过程中，需设置截面尺寸不小于 40mm×60mm 的木方作为临时或永久支撑，安装过程中始终都必须保证屋架的垂直度，见图 8-33（a）。

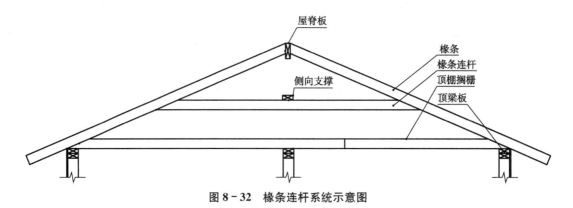

图 8-32　椽条连杆系统示意图

橡条连杆系统的钉连接构造要求　　　　　　　　　　　　　　　　　　　　表 8-5

连接构件名称	钉连接要求
顶棚搁栅和墙体顶梁板—每端采用斜向钉连接	2 枚 80mm 长钉子
屋面椽条、桁架或屋面搁栅与墙体顶梁板—斜向钉连接	3 枚 80mm 长钉子
椽条与顶棚搁栅	2 枚 100mm 长钉子
椽条和搁栅（屋脊板有支座时）	3 枚 80mm 长钉子
椽条和搁栅（屋脊板无支座时）	由工程计算确定
两侧椽条在屋脊通过连接板和每根椽条的连接	4 枚 60mm 长钉子
椽条和屋脊板—斜向钉连接或垂直钉连接	3 枚 80mm 长钉子
椽条拉杆每端和椽条	3 枚 80mm 长钉子
椽条拉杆侧向支撑和拉杆	2 枚 60mm 长钉子
屋脊椽条和屋脊或屋谷椽条	2 枚 80mm 长钉子
椽条撑杆和椽条	3 枚 80mm 长钉子
椽条撑杆和承重墙—斜向钉连接	2 枚 80mm 长钉子

　　屋面板铺设时，其长度方向垂直于屋架上弦杆。为使屋盖体系作为主要的水平抗侧力构件获得更好的水平抗侧能力，面板端部接缝应位于屋架的上弦杆或水平横撑上且错缝，板边缘间预留 2～3mm 的空隙，以防潮湿天气中板材在细微膨胀时发生弯曲，如图 8-33（b）所示。当覆面板的厚度小于 10mm，可由 50mm 长麻花钉或普通圆钢钉、40mm 长的 U 形钉或 45mm 长的螺钉将覆面板和屋架钉接。若覆面板的厚度为 10～20mm，可采用 50mm 长的麻花钉或普通圆钢钉、50mm 长的 U 形钉或 45mm 长的螺钉将屋面板和屋架钉接。若覆面板的厚度大于 20mm 时，可采用 60mm 长的普通圆钢钉或麻花钉、50mm 长的螺钉将屋面板与屋架钉接。一般而言，在板边缘的钉子间距为 150mm，在中间支座上的钉子间距为 300mm。钉距离面板边缘不小于 10mm，钉头也不应过度地钉入覆面板内。长期暴露在潮湿环境中的钉子应做防腐处理。

　　屋面防水基层采用双层防水卷材，类似"两毡三油"做法。安装时，应从屋檐开始，由下往上铺设，搭接处为高位卷材压住低位卷材，如图 8-33（c）所示。屋面材料的安装与屋面防水基层的安装顺序是一样的。当屋面的覆面板铺设完毕后，必须立即开始屋面防水的施工，也必须先于其他任何内外部装修等工序。这一顺序使得在施工过程初期即有一个防风雨的工作空间，使各个分部工作均可以同时展开各自工作。另外，还可以保护板材和其他装饰材料免受过多水分的侵蚀。到目前为止，沥青类屋面材料和陶瓷瓦是坡屋顶中常用的屋面防水材料，如图 8-33（d）所示。

（a）　　　　　　　　　　　　　　　　（b）

（c）　　　　　　　　　　　　　　　　（d）

图 8-33　竹桁架屋顶体系的施工

（a）安装屋架；（b）铺设屋面板；（c）铺设屋面防水材料；（d）盖瓦

3. 通风与保温

对竹结构建筑的屋盖而言，保温层之上的阁楼空间的通风状况对于其耐久性显得尤为重要。即使是在采用了防潮措施的地方，部分水气还是会从管道周围和其他出口等进入。水气极易在阁楼空间或平屋顶下聚积，当气温较低时，水气将在某一冰冷处积聚成冷凝水。另外，由于屋檐的积雪未及时融化冻结而形成冰坝，雪水在屋檐处积聚而渗入墙体或屋盖。目前去除屋盖空间内的冷凝水而且防止屋盖融雪最有效的办法就是通风。提供通风的常用办法就是在屋檐底安装连续网开孔或百叶式开孔，如图 8-34（a）所示。若和屋脊风道或山墙端部的风道配合起来使用，将对屋盖的通风更为有效，如图 8-34（b）所示。小坡屋顶的通风面积一般是顶棚面积的 1/150，而较大坡度屋顶的通风孔面积可适当减小。

在铺设保温材料前，需在屋盖搁栅间敷设保温材料的木龙骨框架。龙骨框架顶部可与屋架下弦杆顶部或顶棚搁栅顶部处在同一平面，也可低于它们一个保温层厚度。当选择矿棉或玻璃纤维等絮状保温材料时，可将其宽度切割成搁栅中心间距，保温材料须紧密挤压。如选择刚性保温材料，可将其宽度切割成搁栅净间距，可使用发泡剂将四周填充密实。为保证屋盖的通风顺畅，在风道两端的入口处使用导流板（图 8-35），这样可使保温材料不受风的影响，以防空气流通受阻[8-1]。

(a)

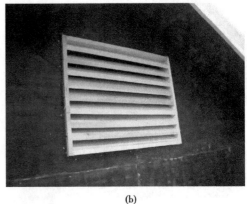
(b)

图 8-34　屋顶系统的通气方式

(a) 屋檐通风百叶窗；(b) 山墙通风百叶窗

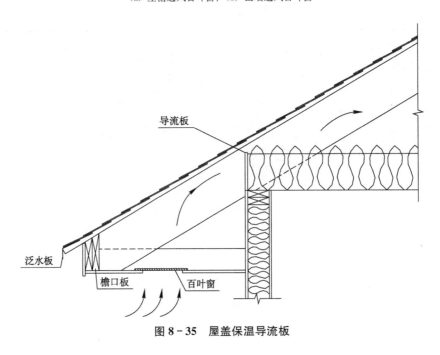

图 8-35　屋盖保温导流板

8.3　现代竹结构房屋抗震性能试验研究

8.3.1　概述

轻型木结构是北美地区单体住宅和联体住宅中最主要的一种结构形式。在美国洛杉矶、日本神户及加拿大魁北克地区，木结构房屋多次成功抵抗地面峰值加速度超过 0.6g 的强烈地震。震中的许多木结构房屋往往损坏很轻微，而不会带来大量的房屋倒塌以及重大人员伤亡。作为地震多发国的日本，每年经历大大小小的地震千余次，所以对建筑物的抗震性能有着非常严格的规定。神户大地震后，相比传统的日本梁柱式木结构建筑，北美的轻型木结构框架（俗称 2×4 工法）作为抗震性能更好的结构形式被日本采纳并大规模推广，目前在日本每年新建住宅建筑中，超过 40% 的房屋采用北美的轻型木结构体系。作者曾经在日本考察神户地震重建时看到很多新建房屋的工地立有特别强调"美国 2×4 工法"的广告。

2009 年 7 月 14 日，日美两国的研究人员进行了一次迄今为止世界上规模最大的 7 层木结构建筑振动台实验[8-19]。此次振动台试验采用的模拟人工地震波强度达里氏 7.5 级，持续时间约 40s。测试结果表明，木结构建筑对地震有较高的耐受力。在中国国内，吕西林等人[8-20]对一个两层、足尺、长宽高为 6m×6m×6.3m 的木框架房屋模型进行了 67 个工况的振动台试验，考虑了一层横墙的门洞宽度变化和结构平面布置不对称等研究参数。试验研究的结果表明，与模型结构类似的对称轻型木结构房屋能够满足我国建筑抗震设计规范中的 8 度抗震设防要求。作者提出的轻型竹结构框架结构体系[8-2]和木结构一样具有自重轻、施工周期短、抗震性能好以及综合经济效益好等优点。为了进一步验证轻型竹结构框架结构的抗震性能，作者课题组进行了一个足尺单层、单间模型的振动台试验和推覆试验[8-21]，考察了模型结构的动力特性变化、破坏机制以及薄弱环节等方面的内容。为进一步考察模型结构的弹塑性变形能力，振动台试验结束后，对重新组装但未经修复的房屋模型进行推覆试验，直至破坏。

8.3.2 模型设计

模型选择了能够反映实际"单体竹结构住宅"特点的底层一个长×宽×高为 3.66m×2.44m×2.6m 的房间进行模拟地震振动台试验和推覆试验研究，见图 8-36。一层南立面墙体（即纵墙）上设置一道入户门，尺寸为 0.9m×2.1m，一层北立面墙体上设置一个窗户，窗户高度为 1220mm，宽度 1220mm，东西横墙均不开洞。图 8-37 给出了振动台（以及后续的火灾）模拟实验模型建立的示意图。

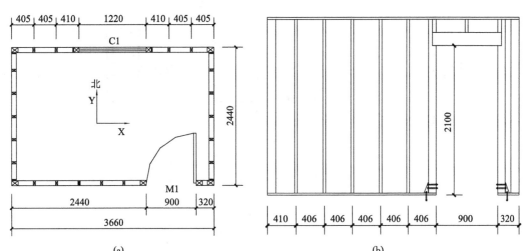

(a) (b)

图 8-36 竹结构轻型框架房屋足尺房间单元振动台试验模型（一）

（a）模型平面图；（b）南立面图

(c)

图 8-36　竹结构轻型框架房屋足尺房间单元振动台试验模型（二）

（c）置于振动台上的模型

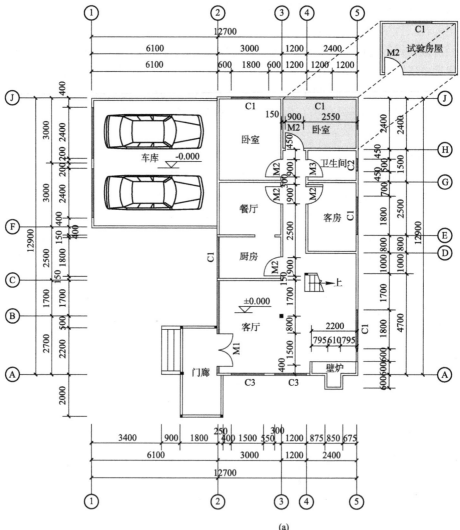

(a)

图 8-37　试验模型的建立示意图（一）

（a）竹结构一层平面图

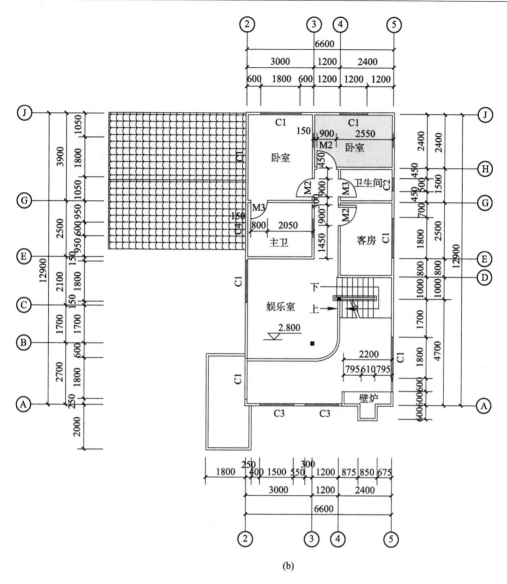

(b)

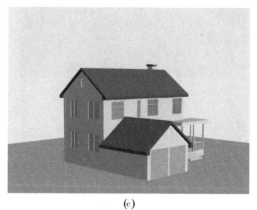

(c)

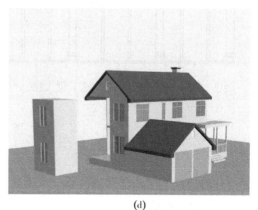

(d)

图 8-37 试验模型的建立示意图（二）

（b）竹结构别墅二层平面图；（c）试验原型房屋；（d）抽取独立单元

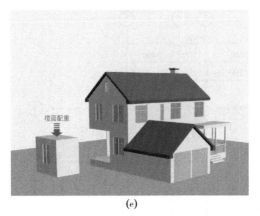
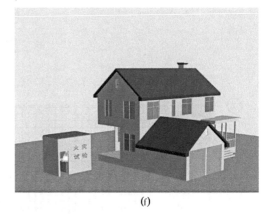

(e)　　　　　　　　　　　　　　　　　　(f)

图 8 - 37　试验模型的建立示意图（三）

(e) 底层房屋配重；(f) 振动台或火灾试验

轻型竹结构墙体骨架由墙骨柱、底梁板、顶梁板和承受门窗洞口上部荷载的过梁组成。墙骨柱按 405mm 的间距均匀布置，截面尺寸为 40mm×84mm，门窗洞口两侧及墙体转角处的墙骨柱尺寸为 112mm×84mm。除了孔洞处的墙骨柱截断以支撑过梁外，墙骨柱在楼层内应保持连续。墙骨单元和 10mm 厚的面板间采用长度为 60mm 的普通圆钉连接，面板边缘的钉间距为 150mm，面板中部的钉间距为 300mm，墙骨柱与底梁板间用 80mm 长的钉斜向钉连接。截面尺寸为 56mm×185mm 的竹梁按 405mm 的间距布置，竹梁之上铺设 10mm 厚的面板，为提高竹梁的侧向稳定性，竹梁间布置剪力撑。一层墙体和基础钢梁之间的连接采用 12mm 的锚栓，锚栓的间距为 610mm，如图 8 - 38（a）所示。剪力墙端部及开洞口两侧均布置特质的金属锚固件，如图 8 - 38（b）所示。

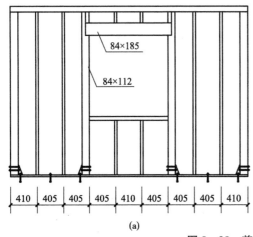

84×185

84×112

| 410 | 405 | 405 | 405 | 410 | 405 | 405 | 405 | 410 |

(a)　　　　　　　　　　　　　　　　　(b)

图 8 - 38　剪力墙的锚固

(a) 墙体锚固位置；(b) 墙角锚固件

8.3.3　模拟地震振动台试验研究

1. 试验用振动台

本试验在广州大学减震控制与结构安全开放实验室的模拟地震振动台上进行。该振动台采用电液伺服方式通过计算机进行加载控制，采用模拟和数字补偿技术使模型得到最佳的地震输入波形。振动台台面尺寸为 3m×3m×1.2m，台面重 6t，可进行的试件标准荷载为 10t，最大负荷 25t，工作频率为 0.1～50Hz，为焊接钢蜂窝状结构，整个外表面用钢板包络以提高其抗弯和抗扭刚度。振动台由 8 个作动器推动，其中 4 个位于水平方向，4 个位于竖直方向。为尽量减少台面和模型加于竖向作动器上的静压力，采用柔性空气弹簧作静态支承，从而减少竖向运动的畸变，表 8-6 为试验用振动台的主要技术参数。

三向六自由度模拟地震振动台主要技术参数　　　　　　　表 8-6

工作状态	轴向	位移（±m）	速度（±m/s）	加速度（±g）
空台	X	0.1	1.0	2.56
	Y	0.1	1.0	2.56
	Z	0.5	1.0	5.0
标准荷载	X	0.1	0.8	1.0
	Y	0.1	0.8	1.0
	Z	0.5	0.5	2.0

2. 楼面附加质量

按照现行国家标准《建筑结构荷载规范》GB 50009 要求[8-22]，住宅结构的楼(屋)面的活载标准值分别为 0.5kN/m² 和 2.0kN/m²。振动台试验过程中，本模型在计算荷载时所采用的受荷质量为屋盖、楼盖及二层墙体的质量。考虑了地震时的活荷载组合系数后，实际的楼面附加质量为 1920kg（图 8-39），竹结构模型自重约为 1600kg，因此模型总重约为 3520kg。

图 8-39　楼面配重布置

3. 地震波的选取

选取试验用地震波时，考虑到现有地震记录的持时、地面运动幅度和频谱成分的复杂性、场地类别、地震区烈度、断层等各种因素，同时考虑到本试验并不具体针对某一特定区域，因此选择了 2 条有代表性的实际地震记录波（El Centro 波、Taft 波）及 1 条人工地震波作为台面地震动输入，输入的地震波峰值，根据试验工况要求作相应的调整。本研究选用的 El Centro 地震波、Taft 地震波以及 1 条人工波和白噪声的详细情形如下：

（1）El Centro 波是 1940 年 5 月 18 日发生在 Imperial Valley 的 6.7 级地震在 El Centro 台站记录的强震记录。地震总计持续 53.73s，南北分量的加速度峰值为 3.42m/s²，东西分量的加速度峰值为 2.10m/s²，竖直分量的加速度峰值为 2.06m/s²，属于 II～III 类场地土，震中距 11.5km，如图 8-40（a）所示。

（2）Taft 波是 1952 年 7 月 21 日发生在加利福尼亚州 Kern Country 的 7.7 级地震 Taft Lincoln 学校采集的记录。地震总计持续 54.38s，南北方向加速度峰值为 1.76m/s²，东西方向加速度峰值为 1.53m/s²，竖直方向加速度峰值为 1.03m/s²，属于 II～III 类场地土，震中距 50.1km，如图 8-40（b）所示。

（3）人工模拟地震波，II 类场地，设计地震分组第二组的人工波，近震。

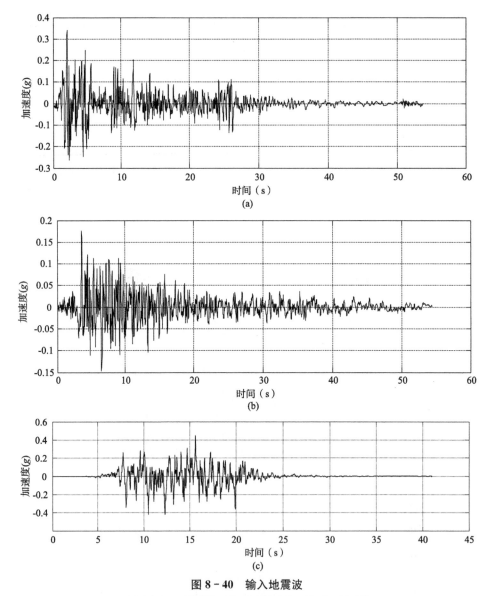

图 8-40　输入地震波

（a）El Centro 波时程；（b）Taft 波时程；（c）人工波时程

（4）白噪声，人工模拟，频率范围为 $0.5 \sim 50 \mathrm{HZ}$，峰值加速度为 $0.07 \mathrm{m/s^2}$，如图 8-40（c）所示。

4. 地震波调幅

实际强震记录的峰值加速度与建筑物所在场地的基本烈度（表 8-7）不相对应，因而无法直接使用，需要对选用的地震波加速度峰值进行相应的调整，使其峰值加速度相当于抗震设防烈度相应的加速度峰值[8-23]。通常采用比例法对设计峰值加速度进行调幅，即按照同一比例对原来的加速度记录进行放大或缩小。比例法只会改变峰值加速度的幅值，而不会改变反应谱的形状，持续时间与原波相同。具体调幅公式按式（8-19）计算：

抗震设防烈度和设计基本地震加速度值的对应关系 表 8-7

抗震设防烈度	6 度	7 度	8 度	9 度
设计基本地震加速度值	0.05g	0.10 (0.15) g	0.20 (0.30) g	0.40g

$$a'(t) = \frac{A'_{max}}{A_{max}} a(t) \qquad (8-19)$$

式中，A'_{max} 为调整后的加速度峰值；A_{max} 为原记录的加速度峰值；$a'(t)$ 为调整后 t 时刻的地震加速度值；$a(t)$ 为原记录 t 时刻的地震加速度值。

5. 振动台试验工况

本试验研究选用 El Centro 地震波、Taft 地震波和 1 条人工模拟地震波作为台面地震动输入。在整个试验过程中，输入地震波的持时不变，其加速度峰值按调幅公式依次缩放为 $0.1g$、$0.3g$、$0.4g$ 和 $0.5g$ 四个地震水准。同一水准的地震试验，依次采用上述 3 条地震波记录。在每次激励前后，均对房屋模型进行白噪声扫频，得到模型的自振频率及阻尼，白噪声的幅值在整个测试过程中保持为 $0.07 \mathrm{m/s^2}$，振动台试验分为 34 个试验工况（表 8-8）。

试验工况表 表 8-8

工况	输入波	地震方向	加速度峰值（g）	
			设定值	实际值
1	白噪声	X	0.07	
2	EI Centro	X	0.1	0.09
3	Taft	X	0.1	0.084
4	人工波	X	0.1	0.087
5	白噪声	Y	0.07	
6	El Centro	Y	0.1	0.118
7	Taft	Y	0.1	0.1
8	人工波	Y	0.1	0.097
9	白噪声	X	0.07	
10	El Centro	X	0.3	0.268
11	Taft	X	0.3	0.282
12	人工波	X	0.3	0.338
13	白噪声	Y	0.07	

续表

工况	输入波	地震方向	加速度峰值（g）	
			设定值	实际值
14	El Centro	Y	0.3	0.346
15	Taft	Y	0.3	0.296
16	人工波	Y	0.3	0.298
17	白噪声	X	0.07	
18	El Centro	X	0.4	0.394
19	Taft	X	0.4	0.384
20	人工波	X	0.4	0.368
21	白噪声	Y	0.07	
22	El Centro	Y	0.4	0.368
23	Taft	Y	0.4	0.412
24	人工波	Y	0.4	0.39
25	白噪声	X	0.07	
26	El Centro	X	0.5	0.45
27	Taft	X	0.5	0.433
28	人工波	X	0.5	0.466
29	白噪声	X	0.07	
30	白噪声	Y	0.07	
31	El Centro	Y	0.5	0.498
32	Taft	Y	0.5	0.472
33	人工波	Y	0.5	0.426
34	白噪声	Y	0.07	

注：地震方向 X 向，就是沿纵墙方向；地震方向 Y 向，就是沿横墙方向。

6. 测试参数及仪器

本试验测量的内容包括加速度、位移和力。共设置了 16 个加速度传感器、7 个激光位移计和 8 个穿心式力传感器，分别测量房屋模型的加速度、位移、墙骨柱上拔位移和地脚螺栓的应力变化。各类传感器、位移计和应变片在各个试验工况的位置保持不变。

（1）加速度传感器：作为振动台试验中最主要的测试指标之一，加速度反映了结构的自振频率和阻尼比等动力特性。本文试验中采用的压电式加速度传感器的频率范围为 $0.1 \sim 1000 Hz$，灵敏度为 $1000 pc. g^{-1}$，电荷放大器频宽为 $0.1 \sim 300 Hz$，输出量为 $\pm 10 Vp$。

沿模型高度方向设置的 16 个加速度传感器，分别位于基础、一层顶等标高处，在不同的试验阶段，分别测量模型的加速度和绝对位移。加速度传感器的位置保持不变，加速度测点位置如图 8-41 所示。通过对其中 8 个加速度测点的响应时程处理并进行积分变换，可获得相对振动台台面的位移响应时程。

（2）激光位移计：为测量门窗洞口两侧及墙体端部的墙骨柱上拔位移，共设置了 8 个普通激光位移计。试验中采用的激光位移计的分辨率为 0.01mm，精度为 0.1%。传感器的位置在各个地震水准的试验阶段保持不变。图 8-42 为南北立面墙体布置的位移计。

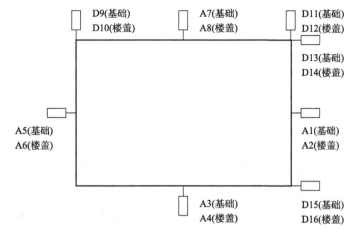

图 8-41 加速度传感器布置图（A 为加速度，D 为位移）

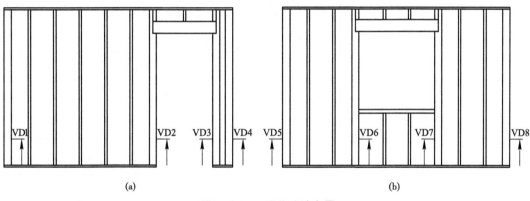

图 8-42 立面位移计布置

（a）南立面位移计布置；（b）北立面位移计布置

（3）穿心式力传感器：竹结构房屋墙体的底梁板通过地脚螺栓与基础钢梁连接。为了测试不同地震水准作用下基础锚栓的内力变化，沿剪力墙长度方向共设置了 8 个穿心式力传感器，在各个试验阶段位置保持不变。穿心式力传感器由钢套管以及内置的应变片构成，通过应变片的数值估算锚栓的内力值。试验前，对基础锚栓施加了 60Nm 的预紧扭矩，如图 8-43 所示。

7. 试验结果分析

（1）试验现象：纵观整个振动台试验，竹结构房屋表现出极其优异的抗震性能。由于竹结构房屋模型的自重较轻，在 0.3g 以下的振动台试验中，模型均无明显晃动，模型结构基本没有可见破坏，仍然处于弹性状态。当加速度达到 0.4g 时模型晃动剧烈，墙角处及门窗洞口处有个别的墙面板钉子被拔出，墙面板有松动的迹象，破坏位置多数在板边缘处及一层顶部标高处。在 0.5g 的试验中，模型地震反应明显剧烈，振动声响较大，由于损伤的累积，可以观测到模型出现了轻微的扭转现象，整个结构没有出现不可恢复的变形，也没有明显的破坏特征，结构整体完好。竹结构房屋模型的可见破坏主要发生在竹剪力墙。竹胶板墙体的破坏主要表现为钉子凹陷入墙面板，但未穿透墙面板（图 8-44）。板中部绝大多数钉子保持完好。竹墙体边缘并未出现木结构房屋振动台试验中出现的墙面板

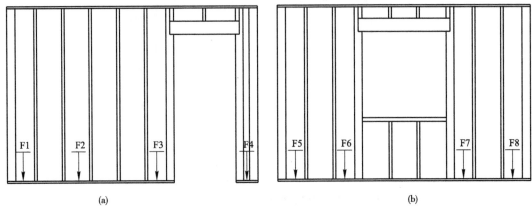

(a)　　　　　　　　　　　　　　　　　　(b)

图 8 - 43　力传感器布置

（a）南立面力传感器布置；（b）北立面力传感器布置

(a)　　　　　　　　　　　　　　　　(b)

图 8 - 44　墙体钉连接的损坏

（a）钉子被拔出；（b）钉子凹陷

边缘钉连接的拔出破坏或疲劳剪切破坏。

（2）模型结构的动力特性：建筑结构的动力特性参数主要包括结构的自振频率和阻尼比等，反映了结构本身所固有的动力性能和耗能特性。在每个不同地震水准前后，对房屋模型进行幅值为 $0.07g$ 的白噪声扫描而得到加速度响应时程曲线并进行频谱分析，从而得到结构传递函数的幅频曲线和相频曲线。借助于传递函数曲线，可以得到模型结构的多项动力特性参数。采用半功率法计算阻尼比时，需要在传递函数曲线上确定与 $1/\sqrt{2}$ 峰值相对应的频率值[8-24]。幅频特性曲线峰值对应的频率即为模型的固有频率。

通过对各测点的加速度时程曲线进行分析，可求出结构的自振频率和阻尼特性，如图 8 - 45（a）、（b）所示。由频率公式 $f=\dfrac{1}{2\pi}\sqrt{\dfrac{k}{m}}$ 可知，结构刚度 k 和自振频率 f 成正比，因此模型结构自振频率的变化反映了结构刚度的变化。随着结构受到地震作用的加强，损伤加剧，模型的自振频率呈现下降趋势。尽管经过了多个地震水准的累积作用，试验结束后的模型第一阶频率降低为试验前的 98%，结构破坏很轻微。

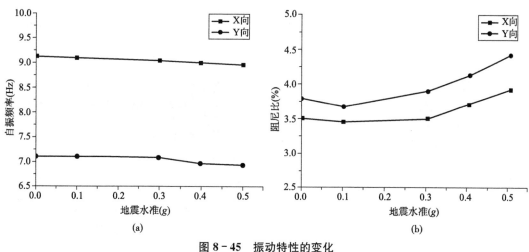

图 8-45　振动特性的变化

(a) 模型自振频率；(b) 模型阻尼比

　　除自振频率外，阻尼比也是结构设计的重要特性。图 8-45（b）中给出了房屋模型在历经各加载工况后的阻尼比。阻尼比随着地震强度的增加而逐渐增大，这是由于随着结构损伤的加剧而引起结构耗能能力的增大。模型在各个地震水准作用后，模型 X 向和 Y 向的自振频率变小，而阻尼比却不断增大。初始状态结构的阻尼比在 3.7% 左右，加速度 0.5g 的地震试验之后，X 向的阻尼比增幅为 20%，Y 向阻尼比增幅为 8.5%。X 向破坏情况比 Y 向破坏更剧烈。试验结束后，模型结构的刚度退化不明显，动力特性变化不大。阻尼比的变化规律与模型结构主体基本没有发生大的破坏的试验现象是对应的。

　　（3）模型结构的加速度反应：试验过程中，测点加速度反应放大系数是考察模型结构各部位在不同水准地震输入下响应状况的重要参数，其响应趋势和变化规律可以基本确定结构的薄弱位置和损伤程度（图 8-46）。以布置于台面上的加速度计的最大实测加速度为参考标准，把模型结构各加速度计在同一工况的实测最大值与底座上加速度计的实测值相比，可得到同一工况下模型的加速度反应的放大系数。

　　结构的加速度反应与地震波频谱特征、结构的自振周期以及结构的阻尼比有关，它是结构动力反应的重要参数。房屋模型在不同水准地震作用下的动力放大系数如图 8-47 所示，结果表明，随着输入地震波水准的不断增大以及累积地震作用，结构刚度出现了一定程度的退化，阻尼比呈增大的趋势，动力放大系数也随之不断减小，结构发生了可修复的破坏。随着地震强度增加，结构各层动力放大系数变化值变化不大，说明结构抗侧刚度变化不大，结构损伤轻微。

　　（4）模型结构的位移反应：通过对加速度测点的响应时程处理并进行积分变换，可获得楼层相对振动台台面的位移响应时程，如图 8-48 所示。模型房屋的最大层间位移发生于第 32 工况的 Y 向，最大层间位移值为 19.1mm（图 8-49）。模型结构在 0.1g、0.3g、0.4g、0.5g 的地震中，最大的层间位移角分别为 1/565、1/218、1/148 和 1/136。从图 8-47 中可以看出，随着地震强度的增加，Y 向层间位移的增长幅度明显大于 X 向，这与 Y 向墙体的损伤程度要大于 X 向墙体的损伤程度的现象相对应。在 0.4g 以下的地震水准中，模型的层间位移与地震强度近似呈线性关系。相同地震作用水准下，Y 向层间位移比 X 方向要大，尽管 X 向和 Y 向的有效墙肢长一样，但 Y 向的实际墙长为 2.44m，而 X 向实际墙长为 3.66m。然而门窗洞口上下方的墙体对墙体的抗侧性能还是有一定的贡献作用。

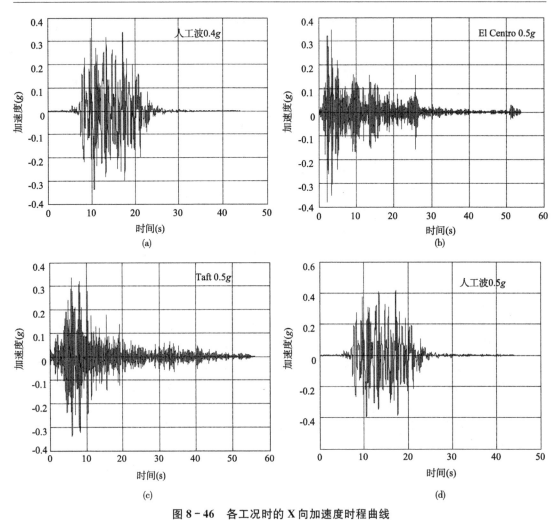

图 8 - 46　各工况时的 X 向加速度时程曲线

(a) 20 号工况；(b) 26 号工况；(c) 27 号工况；(d) 28 号工况

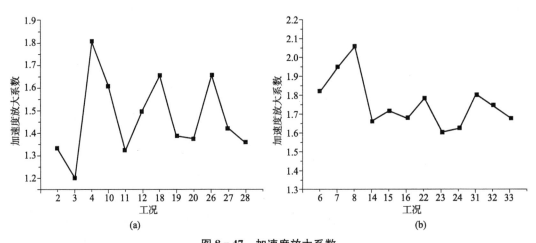

图 8 - 47　加速度放大系数

(a) X 向加速度放大系数；(b) Y 向加速度放大系数

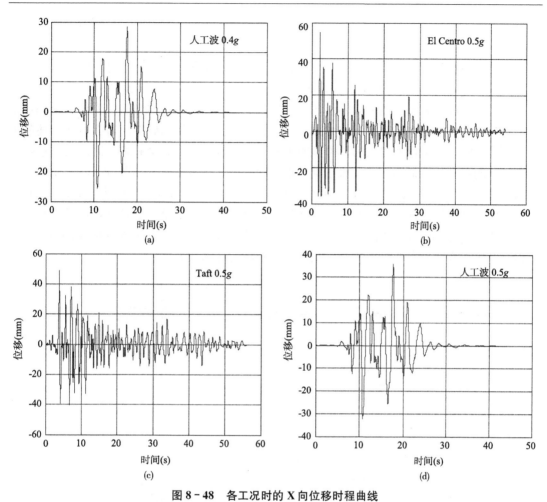

图 8 - 48　各工况时的 X 向位移时程曲线

(a) 20 号工况；(b) 26 号工况；(c) 27 号工况；(d) 28 号工况

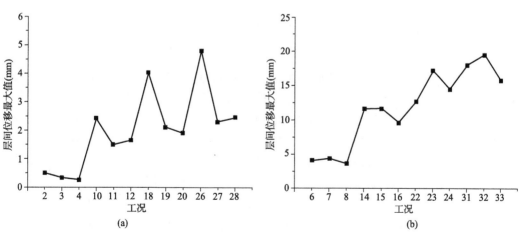

图 8 - 49　层间位移最大值

(a) X 向；(b) Y 向

8.3.4　竹结构房屋推覆试验研究

静力弹塑性分析方法（Push-over 分析方法）作为结构非线性响应的一种简化分析方法，由基于性能的抗震设计思想发展而来。Pushover 方法从本质上说是一种静力分析方法，即对结构进行静力单调加载的弹塑性分析。这种方法首先在结构试验模型上施加按某种方法模拟地震水平惯性力的侧向力并逐级单调加大，直至结构破坏。对上节所叙述的振动台试验后的模型进行观察认为，模型的主要构件及材料没有完全破坏，因此模型被拆卸后运回到湖南大学教育部重点实验室重新组装后进行了推覆试验，如图 8-50 所示。试验采用位移加载，每步加载位移为 1.5mm，加载至 99mm 后，每步加载位移为 10mm，直至房屋破坏。结构静力弹塑性分析方法也称为推覆分析法，其结果具有直观，信息丰富的特点，且解相对稳定，求解时间较短等特点。对竹结构可以采用此方法进行抗震评估，确定结构在罕遇地震下的潜在破坏机制，找到最先破坏的薄弱环节。

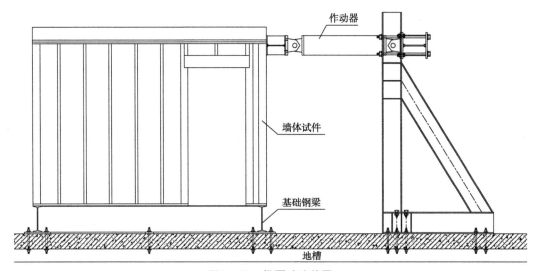

图 8-50　推覆试验装置

1. 试验现象

竹结构房屋 Pushover 试验的破坏形态主要有钉连接破坏和墙骨柱和底（顶）梁板的分离以及墙面板的挤压破坏，但整体结构并未倒塌或散架，如图 8-51 所示。

钉连接的破坏主要有钉子从墙体覆面板中被拔出、钉头穿透墙面板、钉子被剪断等常见形式。图 8-52 所示是试件的钉连接破坏形态，由该图可以看出，钉连接的破坏主要发生在墙板边缘，中间墙骨柱钉子很少发生破坏，钉连接的破坏形态主要是钉子拔出或者穿透墙面板破坏，而较少发现钉子被剪断的破坏形式，且墙面板上钉子破坏往往仅发生在一侧边缘。最早出现的钉连接破坏是钉子从面板中被拔出的破坏，当钉子从墙骨柱中被拔出的长度较小时，钉子仍然可以传递剪力，而试验中一旦发生其他类型的钉连接破坏时，钉连接将无法传递剪力从而失去了抗剪承载力。整个试验过程中，未发生墙面板边缘剪切破坏，这与前面第 4 章描述的剪力墙试验观察一致。

图 8 - 51 推覆试验后

(a)

(b)

图 8 - 52 钉子连接破坏

(a) 钉子穿透墙面板；(b) 钉子被拔出

侧向力能够在墙体两端的根部或者洞口两侧的墙骨中产生竖向的上拔力，一旦上拔力大于墙骨柱和地梁板之间、面板和地梁板之间的钉连接以及金属锚固件的锚固力所提供的抗力之和时，墙骨柱就会陆续和地梁板分离。墙体两端所产生的上拔力最大，因此墙体两端的墙骨柱首先发生了上拔破坏（图 8 - 53a），随着地震作用造成的破坏不断累积，中部的墙骨柱将逐次脱离地梁板（图 8 - 53b），最后墙体发生整体旋转使得墙面板和墙骨柱将发生分离（图 8 - 53c、d）。在单向 Pushover 试验中，这种分离破坏只出现墙体的受拉一端。由于墙角及门窗洞口两侧布置了金属锚固件，限制了墙骨柱的上拔，改善了其受力性能，从而极大地提高了墙体的抗剪承载力，钉接破坏主要发生于面板四周以及门窗洞口两侧，以钉子穿透覆面板和钉子被剪断为主，而墙面板中部的钉子基本无破坏发生。通过在洞口四角安装斜向拉条可以有效地改善其整体受力性能。

2. 主要试验结果分析

（1）参数定义：推覆试验中获得的荷载—位移曲线下降段中 80% 最大荷载处的位移，定义为极限位移 $\Delta_{failure}$；初始弹性刚度 k_e 定义为原点和曲线上升段中的 40% 最大荷载处的割线刚度，按式（8 - 20）计算。延性 D_u 按式（8 - 21）计算。等效能量弹塑性曲线（简称 EEPC 曲线）采用等效能量的方法，即等效弹塑性曲线从原点到 $\Delta_{failure}$ 位移区间段所围成的面积和实际的荷载—位移曲线在这个区间段里所围成的面积相同的原则，则可得到相应的 F_{yield}，该值大于等于 $0.8F_{peak}$，F_{yield} 按式（8-22）计算：

$$k_e = \frac{0.4F_{peak}}{\Delta_{@0.4vpeak}} \quad (8-20)$$

$$D_u = \frac{\Delta_{failure}}{\Delta_{yield}} \quad (8-21)$$

$$F_{yield} = \frac{-\Delta_{failure} \pm \sqrt{\Delta_{failure}^2 - \frac{2A}{k_e}}}{-\frac{1}{k_e}} \quad (8-22)$$

其中，A 为房屋实际荷载—位移曲线在原点到 $\Delta_{failure}$ 位移区间中所围成的面积。EEPC 曲线中弹性阶段和塑性阶段交接处的相应位移，定义为 Δ_{yield}。

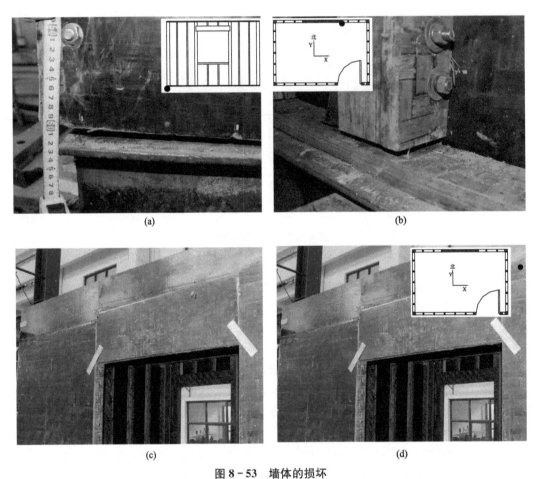

(a)　　　　　　　　　　　　　　　(b)

(c)　　　　　　　　　　　　　　　(d)

图 8-53　墙体的损坏

（a）墙体与基础钢梁分离；（b）墙骨柱与底梁板分离；（c）墙体整体旋转；（d）墙面板与墙骨柱分离

推覆试验主要结果如图 8-54 所示，竹结构房屋的延性略低于轻型木结构房屋的延性，但高于混凝土结构的延性。由于本次推覆试验是在振动台试验后立即进行，且未进行任何加固，因此推覆试验获得的试验值偏于保守，具体数值见表 8-9。

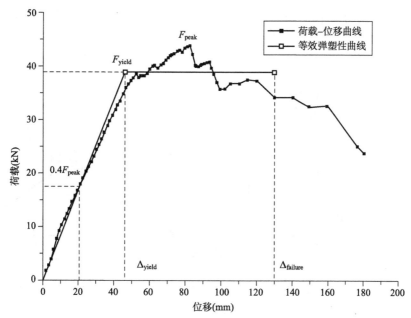

图 8-54 竹结构房屋 pushover 荷载—位移曲线

竹结构房屋推覆试验结果汇总

表 8-9

k_e	Δ_{failure}	Δ_{yield}	F_{peak}	F_{yield}	延性系数 $D=\Delta_{\text{failure}}/\Delta_{\text{yield}}$
0.85kN/mm	132.9mm	43.1mm	43.75kN	38.9kN	3.1

（2）墙骨柱上拔和地脚螺栓应力变化：在侧向荷载作用下，墙骨柱与底梁板之间将产生竖向相对位移。振动台试验中，在第 31 工况的 El Centro 地震波时，一层横墙端部的墙骨柱上拔最大，为 0.42mm。在 0.1g 的地震水准试验中，墙角锚栓的最大应力变化小于 0.4kN，墙骨柱上拔最大为 0.04mm。在 0.3g 的地震水准试验中，小于 1.1kN，墙骨柱上拔最大为 0.12mm；在 0.4g 的地震水准试验中，墙角锚栓应力变化在 1.5kN 之间，墙骨柱上拔最大为 0.19mm；在 0.5g 的地震水准试验中，锚栓应力变化在 1.9kN 之间。Push-over 推覆试验中，墙角锚栓的最大应力变化为 32.1kN，墙骨柱上拔为 1.43mm。试验表明，设置在墙体端部墙骨柱及门窗洞口两侧的抗拉锚固件，能够极大地限制墙骨柱的上拔。抗拉锚固件能极大地提高房屋抗侧能力。内力最大的锚栓一般位于和地震方向垂直的墙体根部。

8.3.5 竹结构房屋的理论分析

1. 计算模型

针对振动台及推覆试验结果，陈国[8-4]采用 SAPWOOD 程序进行了数值模拟分析。将剪力墙可看成是等效桁架模型，即由四个铰接的刚性杆单元以及沿对角线分布的两对弹簧单元组成，墙体的抗侧向变形性能由弹簧单元来实现，而刚性杆单元只是承受轴力，如图 8-55 所示。四根刚性杆单元的刚度远大于弹簧刚度，墙体的变形由等效模型结构的整体侧移变形和弹簧单元的变形两部分组成，不考虑刚性杆的变形，也就是说，墙体的等效抗侧刚度完全由弹簧所决定。在抗震性能试验中，房屋模型平面布置规整且每次都是采用单向地震波输入，楼盖水平横隔的有限元模型由沿周边和对角线布置的刚性杆单元组成，楼盖在平面内的变形很小，以平动为主，不会有平面内的剪切变形，据此可采用刚性楼板假定。

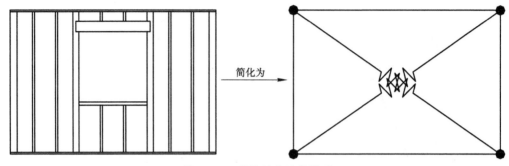

图 8 - 55　墙体简化计算模型

图 8 - 56 为墙体有限元模型变形图，那么墙体计算模型中的非线性弹簧的轴向刚度可按式（8 - 23）计算，

$$K_{\mathrm{d}}=\frac{F_{\mathrm{d}}}{u_{\mathrm{d}}}=\frac{\dfrac{F}{2\cos\alpha}}{u\cos\alpha}=\frac{K}{2\cos^{2}\alpha} \tag{8-23}$$

其中，u 为计算模型结构的侧向变形；F 为模型结构受到的侧向荷载；K 为模型结构的抗侧刚度。

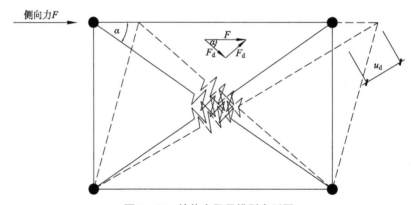

图 8 - 56　墙体有限元模型变形图

面板和框架之间采用普通圆钉连接，由两节点单元模拟，一般而言，每个连接单元拥有六个自由度，即采用六个独立的弹簧组成。但是面板和框架的钉连接中，只需考虑两个自由度，也就是说沿 x 轴和 y 轴的剪切变形，钉子的扭转变形不在考虑范围之内，如图 8 - 57 所示。图 8 - 58 为框架和框架之间的连接同样是用两节点单元模拟的，但是这种连接有三个自由度，以三个弹簧表示。钉节点模型在竹结构模型分析中起决定性作用，其荷载—位移曲线直接关系到整体分析的精度，其数值一般都是由试验而获得。

2. 分析结果与试验结果讨论

图 8 - 59 分别为部分工况下的 x 向层间位移时程曲线，表 8 - 10 为加速度为 $0.3g$ 地震水

准下的 x 向动力特性参数和加速度放大系数最大预测值与试验值的对比。第 10 号工况下（El Centro $0.3g$ 的地震水准），由 SAPWOOD 预测的 x 向层间位移最大值仅为 2.01mm，而试验值却为 2.47mm，误差达 22.9%。SAPWOOD 程序假定楼盖为刚性横隔，即水平横隔层只能发生整体平动，不能发生剪切变形，限制了结构的扭转，所以造成了计算结构小于实验值。而且，采用有限元软件预测模型结构的地震响应时，并未采用累计地震波的作用，使得预测所得到的层间位移误差偏大。模型结构房屋的南北立面各有一个窗户和门，因此结构存在一定的偏心和扭转。这也正是 SAPWOOD 程序无法预测出地震荷载下的结构扭转和水平横隔层平面内的变形的原因所在。其他主要参数的预测结果如表 8-10 所示。

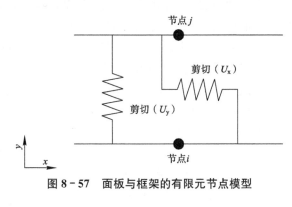

图 8-57　面板与框架的有限元节点模型

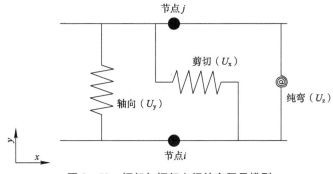

图 8-58　框架与框架之间的有限元模型

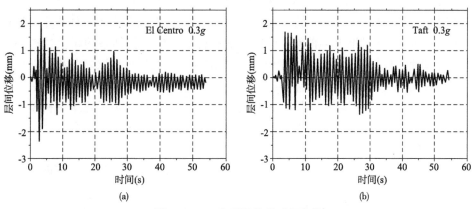

图 8-59　x 向层间位移时程曲线

(a) 第 10 工况；(b) 第 11 工况

	阻尼比	自振频率	加速度放大系数
预测值	3.10%	8.50Hz	1.54
试验值	3.49%	9.04Hz	1.61
误差	-11.2%	-6.0%	-4.4%

8.3.6　抗震性能研究小结

对足尺胶合竹房屋模型进行了 34 个工况的振动台试验研究，在加速度为 0.4g 及以下地震水准的试验中，模型结构的荷载—位移曲线呈线性关系，这与其此时的破坏特征相对应，只有轻微的破坏发生，面板边缘少量的钉子被拔出，仍处于弹性状态，满足"中震可修"的要求；在峰值加速度为 0.5g 的大震中，虽历经多次地震的损伤累积，但墙体的破坏仍然以少数板边缘钉子的拔出破坏或者钉子陷入墙面板为主，主体结构无大的损伤，此时的结构刚度出现了较大的退化，满足"大震不倒"的要求。经历振动台试验后，模型房屋未经任何修复与加固即进行推覆试验直至破坏。推覆试验后，模型结构发生了破坏，墙体发生严重倾斜，受拉一侧的墙骨柱与底梁板分离，但房屋未发生倒塌或散架破坏，只需经过简单修复即可重新投入使用。抗震性能试验也暴露出竹结构房屋的一些薄弱环节，即墙面板边缘的钉连接。由于试验过程中，面板未被钉子撕裂，只要加密板边缘尤其是板角处的钉子，就可以极大地改善结构的抗震能力和整体刚度，保证水平地震作用较好地传递。装饰层（如石膏板及外墙抹灰）对结构的整体抗震性能有一定程度的提高，试验未考虑装饰层的影响，因此所做的试验研究是偏于保守和安全的[8-25]。综上所述，作者认为平台式的现代竹结构房屋能够满足我国规范的 8 度抗震设防要求且具有较大的安全储备。

8.4　轻型竹结构框架房屋足尺火灾试验

8.4.1　概述

竹木结构在我国推广面临的另一个很大问题，是对于其防火能力的怀疑。按照现阶段我国防火设计方法[8-26]，对于房屋火灾安全性能的评价除了规定了结构主材的燃烧性能级别外，还对房屋具体构件，例如梁、柱以及墙体等的耐火极限作出了具体规定。其耐火极限的测定是在 ISO834 标准升温曲线[8-27]环境下进行的。但结构体系的耐火性能还与整个结构的综合设计，包括防火装修密切相关。建筑结构整体的耐火极限就是指建筑确定的区域发生火灾，受火灾影响的有关结构构件在规定火灾荷载作用下，整体结构失去稳定性所持续的时间，以小时（h）计。虽然现行的建筑防火设计规范尚未对建筑结构整体的耐火极限作出规定，但根据结构耐火设计的目的，建筑结构整体的耐火极限要求可按建筑中所有构件耐火极限的要求最大值确定[8-28]。

作为示范，作者的课题组实施了一个竹结构轻型框架足尺房屋单元模型的火灾模拟试验[8-29,8-30]。试验的目的是观察房屋在规定火灾荷载作用下的宏观表现，对轻型竹结构框架房屋的整体耐火极限进行初步探索。试验过程中在房屋两片纵墙靠近火源的中间内墙面安装 10mm 厚普通石膏板、防火石膏板、石膏复合板三种板材，比较三者的防火性能。试同时测得火灾过程中纵横墙体及其屋顶内外数点的温度分布情况，为今后研究此类房屋的保温隔热性能提供一些基础性数据。

8.4.2 试验模型

本次火灾试验选取建在湖南大学土木学院竹结构别墅作为试验原型，考虑到试验成本的控制，同时由于这种轻型竹结构框架房屋各房间结构传力相对比较独立，如振动台试验一样（图8-37），试验时抽取该别墅底层的一个房间单元（卧室）作为研究对象，其上层楼面以及屋面荷载采用配重块予以施加，以最大限度地模拟试验房屋的真实荷载情况。由于前述振动台和推覆试验后的竹结构构件及材料的破坏并不十分严重，因此重新装配后，对内部进行了保温隔热装修，用于火灾模拟试验。

试验房屋尺寸为：长3.660m，宽2.440m，高为2.747m，与ISO9705标准火灾测试间[8-31]尺寸近似对应，便于今后进一步与标准火灾试验的对比分析。具体尺寸详见图8-60及表8-11。

房屋模型主体胶合竹结构按前述方法建造完成后，在墙体和楼盖中空处填装岩棉后，内墙表面安装石膏板。其中在屋顶安装2层9.5mm厚防火石膏板，除图8-61中所示两片纵墙指定位置外，其他各部分墙体安装9.5mm厚普通石膏板。试验房屋的建造过程详见图8-62各步骤。

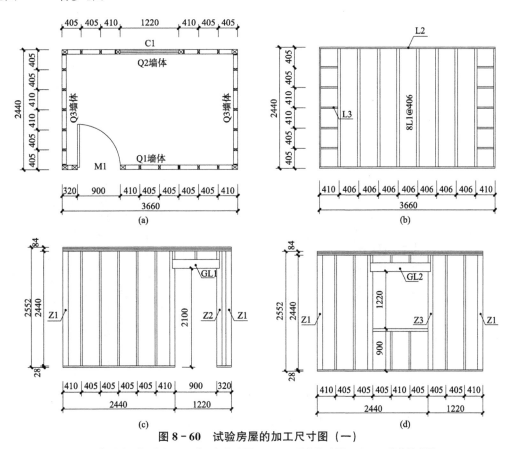

图8-60 试验房屋的加工尺寸图（一）

（a）房屋平面布置图；（b）楼面板构造图；（c）Q1墙体构造图；（d）Q2墙体构造图

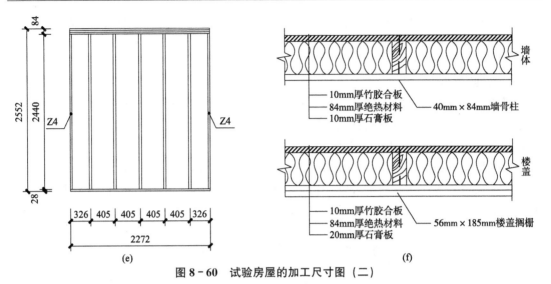

图 8 - 60　试验房屋的加工尺寸图（二）

（e）Q3 墙体构造图；（f）墙体和楼盖断面图

梁柱尺寸明细表

表 8 - 11

编号	截面尺寸（mm×mm）	长度（mm）	数量（根）	备注
L1	56×185	2385	8	楼盖搁栅
L2	28×185	2440	6	封头搁栅
L3	28×185	354	10	楼盖搁栅
GL1	84×185	1012	1	门过梁
GL2	84×185	1332	1	窗过梁
Z1	84×120	2440	4	转角柱
Z2	84×112	1332	2	门边柱
Z3	84×84	1332	2	窗边柱
Z4	40×84	2440	20	普通骨柱
DL1	28×104	2440	15	顶梁板
DL2	28×104	2440	5	底梁板

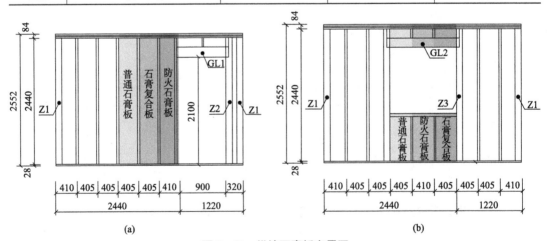

图 8 - 61　纵墙石膏板布置图

（a）Q1 墙体石膏板（9.5mm）布置图；（b）Q2 墙体石膏板（9.5mm）布置图

图 8-62 试验房屋的建造步骤

8.4.3 火灾荷载方案

火灾试验可以在不同条件下进行,以热释率(HRR,Heat Release Rate)为参数,试验可分为定常火源型和非定常火源型两种。热释放率是指单位时间内材料燃烧时所释放的热量,它是燃烧过程基本的特征参数之一,也是衡量火灾危害的重要参数。ISO ROOM火灾实验方法是采用氧耗原理测量材料的热释放速率的。

木垛火(图 8-63)作为定常火源是火灾基础理论研究中主要的火源应用形式。木垛的结构之间存在交叉,便于燃烧表面之间的交叉辐射,其具有简单、对称及不封闭性、可重复性等优点,在燃烧过程中比较稳定,重复性较好,在火灾增长与蔓延的试验研究方面,得到了广泛的应用,因此研究机构已将其作为一种标准火源。通过改动一些试验变量可以使木垛以某个确定的速率燃烧并持续一定的时间。这些变量包括:木棒的截面边长(b)、木棒的长度(l)、木棒层数(N)以及每层内各木棒之间的距离(s)等,另外木棒的含湿量也会影响木垛的燃烧速率。因此本试验拟采用木垛火作为火源,试验开始时用乙醇引燃木垛[8-29]。

建筑室内的可燃材料的数量称为火灾荷载。火灾荷载显然与建筑面积或容积大小有关。一般地,大的空间比小的空间有更多的可燃物。为消除建筑面积因素对火灾荷载的影响,在防火工程中引入了火灾荷载密度的概念。火灾荷载密度 q 定义为房屋中可燃材料完全燃烧时产生的总热量与房间的特征参考面积之比。房间的特征参考面积一般采用房间的

地面面积 A_n，则：

$$q = \frac{1}{A_n} \sum M_v H_v \qquad (8-24)$$

式中，M_v 为室内可燃材料 V 的总质量（kg）；H_v 为室内可燃材料 V 的热值（MJ/kg）。

在着火房间里一般不会把所有可燃物全部烧光，因而实际上火灾荷载密度应乘以一个 $0\sim1$ 之间的系数，以考虑可燃物的实际燃烧程度，即：

$$q = \frac{1}{A_n} \mu \sum M_v H_v \qquad (8-25)$$

式中，μ 为非完全燃烧系数，与材料类型有关，在 $0\sim1$ 之间。

在工程中，有时将火灾荷载密度定义为单位面积上的当量标准木材质量，即：

$$q = \frac{1}{A_n H_n} \mu \sum M_v H_v \qquad (8-26)$$

式中，H_n 为标准木材的热值，可取为 20MJ/kg。

根据文献 [8-28] 和 [8-32]，试验房屋的火灾荷载密度取为 780MJ/m²[8-29]，计算得到试验房屋（房屋面积为：7.70m²）的总火灾荷载为：

$$Q = 780 \times 7.70 = 6006\text{MJ}$$

由此可以计算得到需要设置的木材总重量为：$M = 6006/20 = 300.3$kg，试验用杉木的密度约为 383kg/m³[8-13]，即所需杉木总体积约为 0.784m³。

预先设定试验用木方尺寸为：1.200m（长）×0.080m×0.040m（截面尺寸），木垛间隙比为 1：1.80，每层木条数为 10 根。最终算得所需木棒根数为：$N = 0.784/(0.04 \times 0.08)/1.2 = 204$ 根，为方便设置，取为 200 根。即每层放置 10 根木棒，共放置 20 层，最终火源形式如图 8-63 所示，由上述计算确定的木垛火源参数详见表 8-12。

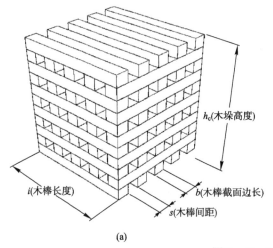

图 8-63 试验用火源

(a) 木垛参数图；(b) 试验用木垛

8.4.4 试验房屋楼面配重方案

考虑到试验成本，抽取常见两层平台式竹结构别墅底层的一个单元作为研究对象，该试验房屋为一层，其上层楼面以及屋面荷载采用标准配重块的方式予以施加，以最大程度模拟真实荷载情况。计算过程中仅简单考虑竖向荷载，计算过程如下：

本试验确定的木垛参数 表 8-12

木垛参数	参数内容
木垛尺寸	1.2m（长）×1.2m（宽）×0.8m（高）
木条尺寸	1.2m（长）×0.080m×0.040m（截面尺寸）
间隙比	1：1.80
层数	20 层
每层木条数	10 根
加乙醇容量	500ml
引燃油盘尺寸	直径为 0.2m

屋盖自重：

沥青瓦屋面 $0.12kN/m^2$

屋架间距 610mm $0.25kN/m^2$

10mm 厚胶合竹屋面板 $0.080kN/m^2$

10mm 厚石膏板 $0.104kN/m^2$

屋面保温材料 $0.048kN/m^2$

总计：$0.602kN/m^2$

墙体自重（每平方米）：

截面 40mm×84mm，间距 406mm 墙骨柱 $0.074kN/m^2$

墙内保温材料 $0.048kN/m^2$

10mm 厚竹胶合板 $0.080kN/m^2$

10mm 厚石膏板 $0.104kN/m^2$

总计：$0.306kN/m^2$

将墙体荷载折算到楼面上：

$q=0.306×(5.798×2+9.340×2-0.9×2.1-1.2×1.22)/7.865=1.047kN/m^2$

活荷载：仅计入楼面荷载，其中竹木复合地板荷载为：$0.24kN/m^2$，家具荷载按 $0.7kN/m^2$ 估算。

因此总配重荷载为：$Q=0.602+1.047+0.24+0.70=2.589kN/m^2$

采用标准配重块对楼面施加荷载，总配重荷载为：

$$G=258.9kg/m^2×7.865m^2=2036kg$$

采用 10kg 一个的标准配重块（180mm×120mm×120mm），在楼面均匀布置 210 个，如图 8-64 所示。

8.4.5 试验测试内容

本次试验的主要目的是验证轻型竹结构框架房屋在规定火灾荷载作用下的火灾安全性能，同时对此类竹结构房屋的保温隔热性能进行一些基础性的研究，因此试验过程中对房屋主要承重构件的挠度变形控制和纵横墙体以及屋顶内外的温度测量是至关重要的。

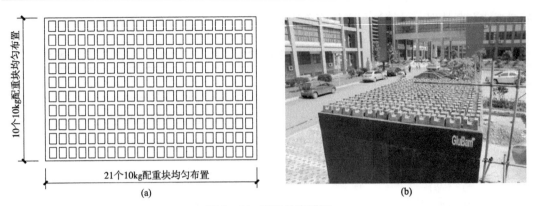

图 8-64　配重块布置图

(a) 配重块布置图；(b) 配重块布置实景

　　对于轻型竹结构框架房屋，其主要的水平承重构件为楼面搁栅，主要的竖向承重构件为墙体，因此试验过程中应对这两种构件的变形进行测量，但是由于试验条件的限制，我们主要通过肉眼观察来观测房屋在试验过程中的变形。试验过程中，在试验房屋的纵横墙体以及屋顶内外安装 8 对共 16 个热电偶来测定火灾过程中预设位置的温度变化情况，具体安装位置如图 8-65 所示。

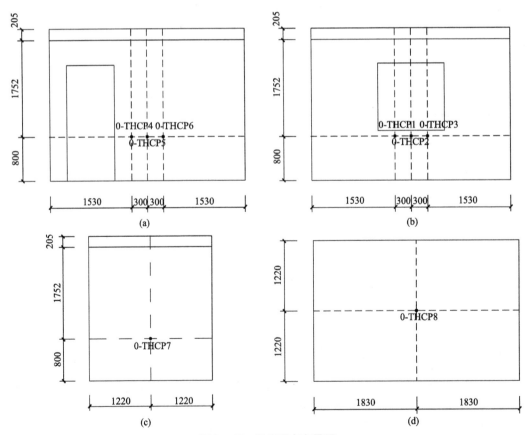

图 8-65　温度测点布置图

(a) Q1 墙体热电偶布置图；(b) Q2 墙体热电偶布置图；(c) Q3 墙体热电偶布置图；(d) 屋顶热电偶布置图

如图 8-66 所示，温度测量采用直径为 3mm 的 K 型热电偶，数据采集使用型号为 PPM-XSL/D（XSR30）的多功能数字采集仪。

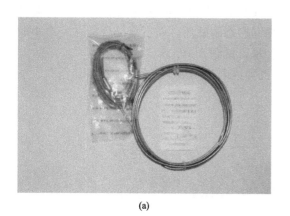

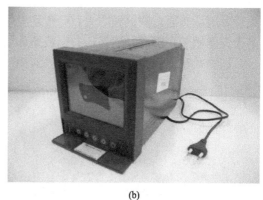

(a)　　　　　　　　　　　　　　　　　　　　(b)

图 8-66　火灾模拟试验数据采集系统

（a）用于温度测试的热电偶；（b）多功能数字采集仪

8.4.6　试验过程与测试结果

试验开始前，按照图 8-65 所示位置安装热电偶，并将其连接在多功能数字采集仪，使用电脑进行自动采集。调试好相关仪器设备后，使用 500ml 纯度为 100% 的乙醇引燃木垛，将其装入直径为 200mm 的油盘置于木垛正下方，见图 8-63（b）。

点燃酒精大约 1min 后，木垛被引燃（见图 8-67a）。门窗玻璃开始发生破损以及出现较明显位移分别发生在第 9min 和第 10min 左右（见图 8-67b 和图 8-67c），并且在门窗开始发生变形大约 1min 以后，玻璃开始严重破损脱落，此时试验房屋开始大面积通风，火势增强（见图 8-67d 和图 8-67e）。

当试验进行到第 13min 时，木垛发生轰燃（见图 8-67f），5min 后木垛火达到最大（见图 8-67g）；随后在试验进行到第 27min 时，木垛发生坍塌（见图 8-67h）。

试验进行到大约第 28min 时，距离火源较近的纵墙墙体上的普通石膏板开始出现裂缝，2min 后防火石膏板也出现了类似裂缝，随后两者均出现局部脱落现象（见图 8-67i）。

大约从第 38min 开始，随着木材逐渐燃尽，火势开始减小；整个试验进行了 60min 后，用自来水将剩余木垛灰烬熄灭，至试验结束（见图 8-67j）时，房屋墙体上的所有石膏复合板依然没有破损脱落现象，因而有效地阻断了该区域火焰的蔓延，其他墙体部分虽然表面石膏板有不同程度的破损和脱落，但是由于墙体中填充的岩棉是一种不燃材料，因此所有墙体并没有出现烧透现象。屋顶防火石膏板虽然出现了裂缝，但是火灾过程中并没有发生大面积脱落，同时由于楼板岩棉的隔热阻断作用，所有楼面梁几乎没有受到火灾损伤。各构件之间的钢连接件和螺栓没有直接受火，墙体内温度维持在较低的水准，其强度没有大幅度降低，因此至试验结束时，该房屋依然保持了良好的结构整体性（见图 8-67k）。

试验结束后，拆除墙体表面残余石膏板和内部填充岩棉，观察墙骨柱发现，骨柱平均炭化深度仅为截面尺寸的 1/3，如图 8-68（a）所示。由于火灾以后灭火不完全，位于房间南侧有一根搁栅梁支座处发生了阴燃，阴燃时间长达 12h 后，但其炭化深度仅为梁截面尺寸的 1/4，如图 8-68（b）所示，除此之外其他搁栅梁几乎均无火灾损伤，相应位置的墙体仅形成了一个小面积的阴燃穿透区域，如图 8 - 68（c）所示。房屋各构件之间的钢连接件亦没有明显破损或变形，如图 8 - 68（d）所示。

　　试验前，在房屋纵墙距火源最近的中间区域安装了三种不同的石膏板作对比，试验结束后发现，普通石膏板和防火石膏板均发生了相同形态的破坏，而石膏复合板在一个小时的火灾作用后，没有发生任何裂缝或整体脱落现象，见图 8 - 69。

　　试验共测得内外墙体以及楼盖 8 对 16 个点的温度时程曲线，详见图 8 - 70。

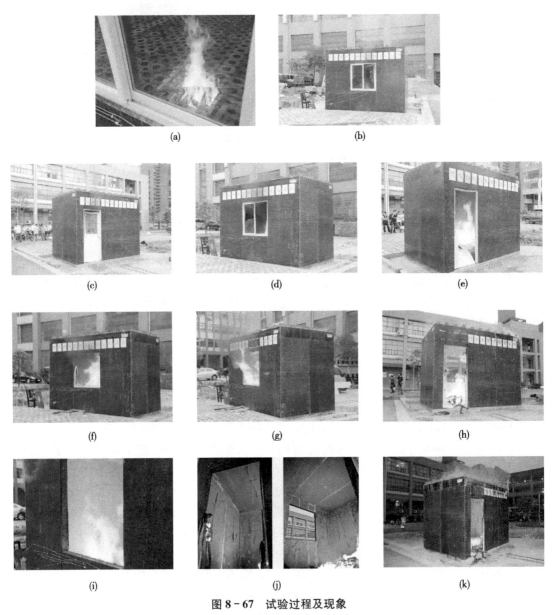

图 8 - 67　试验过程及现象

　　（a）1min 时木垛被引燃；（b）9min 时窗户发生大变形；（c）10min 时门发生大变形；（d）12min 时窗口通风打开；
（e）12min 时门通风打开；（f）13min 时木垛发生轰然；（g）18min 时最大木垛火；（h）27min 时木垛发生坍塌；
（i）28min 时石膏板裂缝；（j）60min 时房屋内景；（k）60min 时房屋外景

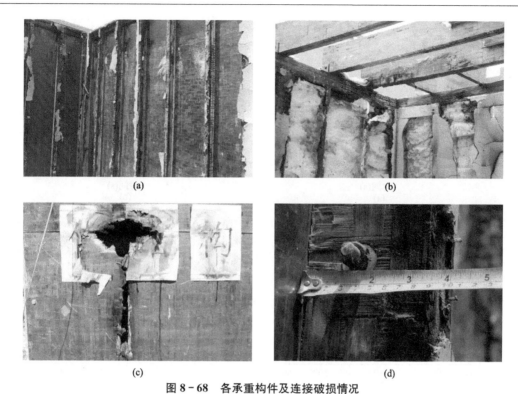

图 8-68　各承重构件及连接破损情况

（a）墙骨柱炭化情况；（b）阴燃梁的炭化情况；（c）12h 阴燃穿透小面积墙体；（d）部分连接件灾后情况

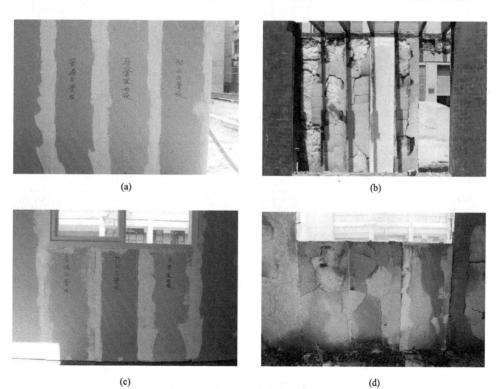

图 8-69　三种石膏板破损情况

（a）Q1 试验前；（b）Q1 试验后；（c）Q2 试验前；（d）Q2 试验后

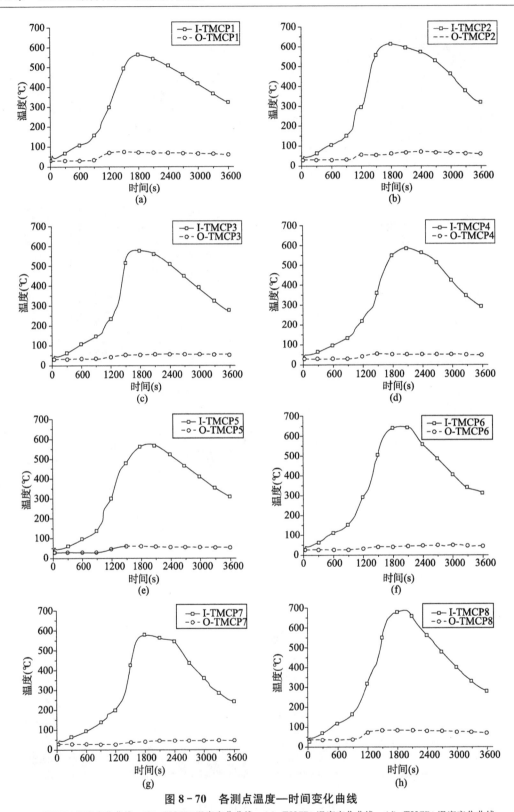

图 8-70 各测点温度—时间变化曲线

（a）THCP1 温度变化曲线；（b）THCP2 温度变化曲线；（c）THCP3 温度变化曲线；（d）THCP4 温度变化曲线；
（e）THCP5 温度变化曲线；（f）THCP6 温度变化曲线；（g）THCP7 温度变化曲线；（h）THCP8 温度变化曲线

8.4.7 结果分析

由温度—时间曲线图8-70可以看出，室内墙体温度最高可以达到686℃，而所有位于墙体外表面的测点，其最高温度都维持在46～84℃之间，处于一个较低的温度水平，达不到一般材料的燃点温度，说明这种墙体有很好的隔热作用。

位于火源正上方的测点I-THCP8的温度最高，这是由于火灾过程中，热气上升，室内温度从上往下降低所造成的，而其他各点由于安装高度相同，温度相差并不大。

在给定此类型房屋火灾荷载的情况下，整个试验历时60min，至试验结束时，试验房屋所有墙体并没有出现烧透现象，由于表面石膏板的延缓作用，墙骨柱的平均炭化深度也仅为截面尺寸的1/3，而所有楼面梁在1h的火灾过程中几乎没有受到火灾损伤，另外由于构件迎火面设置了石膏板以及结构中空部分填装了岩棉，起到了很好的防火隔温作用，因此用来连接各构件的钢质连接件以及螺栓没有因为温度的大幅提高而丧失过多的强度，保证了各构件之间的可靠连接，房屋在火灾作用以后，仍然保持了良好的结构整体性，可以满足建筑物内人员逃生，并让消防人员有足够的时间到达火灾现场进行灭火，而不至于危害到其生命，即对于此类轻型竹结构框架房屋的整体结构耐火极限可以认定为1.0h以上。

至试验结束时，石膏复合板仍然没有发生裂缝破损，而普通石膏板和防火石膏板在试验分别进行到第28min和第30min即开始裂缝脱落，表明石膏复合板的防火性能优于普通石膏板和防火石膏板。在整个火灾过程中，楼顶的第二层石膏板虽然产生了裂缝，并没有发生大面积脱落，但是在灭火过程中，由于水的冲击力作用，并且石膏板本身遇水强度会大幅度降低的原因，发生了瞬间脱落现象。

由于灭火不完全，在火灾结束以后，房屋构件局部产生了阴燃，其阴燃时间长达12.0h之久，但是观察发现阴燃在梁和墙体中并没有大面积发展（图8-69b和图8-69c），这就说明建造房屋所使用的胶合竹材经过加工处理工艺，本身的耐火性能有了很大的提高，有助于提高结构本身的耐火极限。

8.4.8 竹结构房屋防火性能小结

通过对轻型竹结构框架房屋的火灾试验数据以及试验现象的比较分析，主要得出了以下结论：

（1）在模拟火灾荷载作用下进行了1.0h的火灾试验，试验结束后墙骨柱的平均炭化深度仅为截面尺寸的1/3，楼面梁几乎没有发生火灾损伤，各构件的钢质连接件未出现明显变形，房屋维持了良好的结构整体性；而且所有位于墙体外表面的测点，其最高温度都在46～84℃之间，处于一个较低的温度水平，达不到一般材料的燃点温度，因此采用作者提出的轻型竹结构框架建造房屋其耐火时间可以达到1.0h。

（2）试验发现石膏复合板的防火性能要优于普通石膏板和防火石膏板。

（3）试验过程中发现，由于气流作用，墙体上诸如门、窗等洞口处的火作用较大，如果洞口处的防火措施处理不得当，很可能使该处墙体过早破坏，影响其整体结构的耐火性能，因此在今后的房屋设计中，应特别注意墙体洞口处的防火处理。

（4）鉴于本试验结果，作者分析认为在今后的房屋设计和试验研究过程中，屋顶石膏板厚度可以减小为15mm甚至更小，楼面梁即可满足耐火要求。

（5）由于灭火不完全，在火灾结束以后，房屋构件局部产生了阴燃，其阴燃时间长达 12.0h 之久，但是观察发现阴燃在梁和墙体中并没有大面积发展，这就说明建造房屋所使用的胶合竹材经过加工处理以后，耐火性能有了很大提高。

（6）在整个火灾过程中，楼顶的第二层石膏板虽然产生了裂缝，但没有发生大面积脱落，在随后的灭火过程中，由于水的冲击力作用，并且石膏板本身遇水强度会大幅度降低的特性，防火石膏板发生了瞬间脱落，如果这种现象大面积发生，将有可能危及灭火人员的生命安全，因此在灭火过程中应采取有效的灭火措施，避免发生次生灾害。

此外，马健等采用美国 NIST 研究机构开发的通用软件 Fire Dynamics Simulator（FDS）对竹结构轻型框架房屋火灾模拟试验进行了分析[8-29,8-30]，墙体的温度分布与试验测试结果比较接近，在一定程度上数值再现了一些主要试验现象和结论。

8.5　竹结构住宅室内空气质量品质

在现代都市社会里，人的一生中的大部分时间都是在室内度过的，室内空气质量的优劣与人们的健康息息相关[8-33]。随着生活水平的提高，人们普遍对室内空气质量品质越来越关注。中国城市居民每天在室内学习、工作和生活的时间达 21.5h，占全天时间的 92%。加拿大人每天平均在室内度过的时间达 22.8h，占全天时间的 95%，而美国人全天有超过 88% 的时间在室内度过[8-34]。出于节约能源的考虑，一方面，提高建筑物及其围护结构的密闭性和热绝缘性，同时降低室内最小新风量标准，另一方面，有机合成材料在室内装饰方面得到了广泛使用，导致了室内有害物质由于得不到新风稀释使得其浓度进一步提高，以致长期在室内生活和工作的人们出现眼、喉刺激、头晕、乏力、恶心、胸闷等症状，统称为"病态建筑综合症"（简称 SBS）[8-35]。据估计，目前世界上有近 30% 的建筑物受 SBS 的影响，超过 30% 的办公室人员常受 SBS 症状困扰。由于不断恶化的室内空气质量极大地影响了人们的身心健康和工作效率，写字楼内的工作人员受到的影响尤其明显[8-36]。因此，对室内空气质量品质的研究已经成为当前建筑环境领域内的一个热点问题。

现代竹结构是一种新型结构，作者的研究团队除了倾力于结构及材料的研发外，也十分重视竹结构建筑的居住环境的研究，因此选取位于湖南大学土木工程学院内的两层竹结构别墅作为研究对象对其室内空气质量做了多次检测和鉴定，验证了其良好的空气品质。该竹别墅的所有承重构件均为 GluBam 胶合竹材，内墙面及楼盖顶棚的饰面板为石膏板，外墙覆面板为竹胶合板，墙体及楼盖空腔内填充的保温隔热材料为玻璃棉。实测时的竹别墅内部尚未进行装修，只有卫生间进行了防水砂浆的铺设，其他所有房间的竹材构件均处于完全裸露状态，所以是针对胶合竹材结构材料本身的最不利研究[8-37]。

8.5.1　室内空气的主要污染物及检测方法

甲醛是一种广泛存在于空气中且具有辛辣刺激性的无色气体。在室温条件时，甲醛极易挥发，为较高毒性的物质，被世卫组织确定为致癌和致畸形物质，是公认的变态反应源，也是潜在的强致突变物之一。苯类化合物具有强烈芳香味，被世卫组织确定为强烈致癌物质，能够引发再生障碍性贫血和白血病。人在短期内吸入高浓度的苯类化合物，会出现中枢神经麻醉的症状,轻者恶心、胸闷、头晕,重者昏迷甚至因呼吸衰竭而死亡。慢性苯中毒还会对眼睛、皮肤和上呼吸道有刺激作用,长期吸入苯能引发再生障碍性贫血,若人体的造血功能完全破坏,将引发致命的颗粒性白细胞消失症,从而引起白血病。房屋的建筑材料、装饰板材和人造板家具的胶粘剂和溶剂中均含有苯类化合物,从而造成室内环境污染。

总挥发性有机物 TVOC 是挥发性有机物 VOC 的总称,在民用建筑的室内环境中,有将近 50~300 余种挥发性有机化合物。总挥发性有机物对人体健康的影响主要表现在刺激眼睛、呼吸道和皮肤过敏,使人产生头痛、咽痛与乏力。TVOC 对人体健康的主要影响是刺激眼睛和呼吸道、皮肤过敏,使人头痛、咽痛和乏力。表 8 - 13 为现行国家标准《民用建筑工程室内环境污染控制规范》GB 50325—2010[8-38]中的主要控制指标。

《民用建筑工程室内环境污染控制规范》中主要控制指标　　　　　表 8 - 13

序号	污染物	Ⅱ类民用建筑工程	Ⅰ类民用建筑工程
1	苯（mg/m³）	≤0.09	≤0.09
2	TVOC（mg/m³）	≤0.60	≤0.50
3	甲醛（mg/m³）	≤0.12	≤0.08
4	氨（mg/m³）	≤0.50	≤0.20
5	氡（Bq/m³）	≤400	≤200

8.5.2 测试参数及仪器设备

由于各类气体污染物的存在状态、浓度、物理化学性质和监测方法的不同,故需采用不同的采样方法和测试仪器。通常采用 Testo 8347 温、湿度风速计对现场的温、湿度和风速进行实测;采用酚试剂比色法 GB/T 18204.26[8-39]对 HCHO 浓度进行测定分析;采用纳氏试剂分光光度法 GB/T 18204.25[8-40]检测氨的浓度;使用 1027 氡测定仪测定室内外空气中的氡含量（表 8 - 14）。对于总挥发性有机物 TVOC 以及其他苯类挥发性有机物的实测,通常都是使用活性炭管进行采集,然后使用二氧化硫提取出来,用氢火焰离子化器的 GC - 9160 型气相色谱仪进行分析,以保留时间定性和峰高定值[8-41,8-42]。

测试项目及仪器设备　　　　　表 8 - 14

项目	仪器设备	量测范围	量测方法
相对湿度（%）		0~95	
温度（℃）	Testo 8347 温湿度风速计	−10~60	现场读数
风速（m/s）		0~30	
氡（PCi/L）	1027 氡测定仪	0.1~999	现场读数
甲醛（mg/m³）	气泡吸收管、分光光度计	0~10	酚试剂比色法
氨（mg/m³）	具塞比色管、分光光度计	0~10	纳氏试剂分光光度法
挥发性有机物（μg/m³）	气相色谱仪	0.1~10⁶	采样后色谱仪分析

8.5.3 检测方法

采样前,关闭被测试房间的门窗 12h 以上,采样时关闭门窗,采样时间不少于45min。门窗密闭期间,每个房间相互关闭。本文针对的是室内建筑及装修材料的检测和评估，检测前室内应无家具，最好不要在室内吸烟以及喷洒空气清新剂等带有芳香味物品，吸烟和芳香味物品等会使室内污染物浓度叠加，从而造成检测数据增高。

竹结构建筑中的复合材料在阳光的照射下，挥发物增强，因此选择检测时应选择朝阳房间，并且选取停留时间较长的房间加以检测。国家标准规定的污染物浓度限量（氡除外）都是扣除室外空气后的限量值，即需要同时测量室内外污染物含量，二者相减才是由于室内建筑装饰材料引起的污染物含量。采样点的数量一般都是由房间面积大小决定。采样点的位置不得靠近通风口，且离墙壁距离应大于 0.5m，以免局部微小气候影响污染物的实际含量，如图 8-71 所示。采样点高度和人体呼吸带的高度保持一致，测试高度介于 0.8～1.5m。污染物的采样流量为 0.5L/min，采样持续时间 20min，共吸附 10L 空气[8-37]。

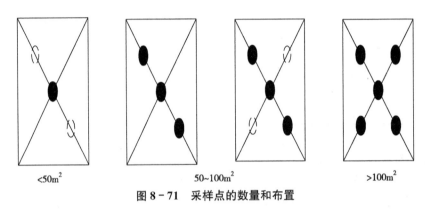

<50m²　　　　50~100m²　　　　>100m²

图 8-71　采样点的数量和布置

由于被检测的房间面积均不大于 50m²，每个待测房间只需设置 1 个采样点即可，见图 8-72。为掌握室内外污染的关系，检测室内污染物的同时，应在同一区域的室外选取 1～2 个对照点。也可用原来的室外固定大气监测点作对比，这时室内采样点的分布，应在距固定监测点的半径 500m 范围内才较合适。

8.5.4　竹别墅室内空气品质检测结果与分析

从表 8-15 中可以发现，该两层竹结构建筑的室内空气中的甲醛含量是很低的，均在 0.06mg/m³ 以下，低于国家室内空气质量标准所规定的 0.12mg/m³，室内测点 A、E 和 F 点的甲醛浓度较低，C 点浓度最高，达到 0.06mg/m³，因为 C 点所在房间的面积比较小，自然通风条件差，且进行了防水油毡及砂浆层的铺设，有利于甲醛的聚集，从而使得 C 点浓度最高。但所有测点的浓度均不超出《室内空气质量标准》GB/T 18883—2002[8-43] 中的规定。

从表 8-16 可知，室内各测点的乙酸丁酯、苯乙烯和十一烷的浓度都很低或者无法检测出；各测点的甲苯和对（间）二甲苯的浓度稍高，苯、乙苯和邻二甲苯次之。C 测点由于面积较小且通风不良，所测出的各种挥发性有机物及总挥发性有机物的浓度都相对较高，其中甲苯为 32.2μg/m³，总挥发性有机物的浓度为 125.0μg/m³，均远低于国家相应的空气质量标准的规定。

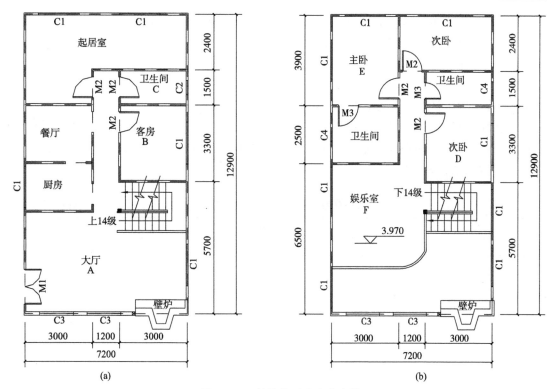

图 8-72 竹结构别墅室内布置

(a) 底层测点布置图；(b) 二层测点布置图

室内测点的甲醛平均浓度（mg/m³） 表 8-15

测点	甲醛浓度	测点	甲醛浓度
A	0.02	E	0.02
B	0.04	F	0.02
C	0.06	室外	0.01
D	0.03	—	—

室内挥发性有机物的平均浓度（μg/m³） 表 8-16

测点	苯	甲苯	乙酸丁酯	乙苯	对（间）二甲苯	苯乙烯	邻二甲苯	十一烷	TVOC
A	1.6	2.7	—	2.0	3.1	—	2.6	—	26.1
B	1.9	14.2	—	3.7	6.7	0.1	2.7	—	64.2
C	2.1	32.2	0.2	6.1	5.9	0.2	2.1	0.2	125.0
D	1.4	4.8	—	0.7	3.3	—	1.7	—	49.1
E	1.1	3.4	0.1	1.0	1.6	—	0.8	—	54.4
F	0.9	2.6	—	0.9	1.2	—	1.2	—	47.9
室外	0.4	1.9	—	0.3	1.1	—	0.4	—	9.5

　　检测结果表明，竹别墅室内的各类挥发性有机物浓度均大大低于国家空气质量控制规范的要求。另外，竹别墅室内空气中含有微量的氡，氡主要源于石材等建筑材料中，可能是部分房间（如卫生间）的地面使用的防水油毡和水泥砂浆引起的。从表中可以看出，C

207

测点的浓度较其他房间要高。这主要是因为卫生间面积较小，使得污染物累积效应明显，另外，该房间只有一个面积不到 1m² 的窗户，没法形成穿堂风，以至于卫生间的挥发性有机物不易散发出去。

8.5.5　竹别墅与混凝土住宅室内空气品质比较

为比较竹别墅和混凝土结构住宅的室内空气品质，选取一栋同地区刚建成的普通混凝土商品房[8-4,8-37]。该混凝土商品住宅共六层，所测房间位于二楼，实测时刚进行完装修，各项测量数据见表 8-17。

竹别墅与混凝土建筑空气质量对比　　　　　　　　　表 8-17

检测项目	竹别墅测点 A	竹别墅测点 C	混凝土建筑室内测点	室外测点
温度（℃）	26.8	26.3	26.4	27.3
相对湿度（%）	69.2	70.6	71.3	76.5
甲醛（mg/m³）	0.03	0.06	0.15	0.02
TVOC（μg/m³）	21.1	80.6	493.7	10.6
氡（Bq/m³）	0.0	0.2	83.7	0.2
苯（μg/m³）	1.1	1.7	11.5	0.2
甲苯（μg/m³）	2.1	24.3	81.7	1.1
乙酸丁酯（μg/m³）	0.0	0.1	2.8	0.1
乙苯（μg/m³）	2.0	5.4	31.9	0.2
对间二甲苯（μg/m³）	1.9	3.4	60.5	0.8
苯乙烯（μg/m³）	0.2	0.1	16.3	0.0
邻二甲苯（μg/m³）	1.8	1.8	20.6	0.3
十一烷（μg/m³）	0.0	0.4	5.5	0.0

从表 8-17 的实测数据可以看出，混凝土商品房室内的各种污染物浓度明显高于竹别墅。该混凝土住宅室内空气中的苯和甲苯含量分别高达 11.5μg/m³ 和 81.7μg/m³，明显高于竹别墅 A 和 C 测点的含量。但乙苯和邻二甲苯的浓度则较低。混凝土建筑室内空气中的甲醛含量达 0.15mg/m³，已经超过国家标准规定的 0.12mg/m³，将严重刺激眼睛。实测结果表明了新建成的混凝土住宅的室内空气质量远不如竹别墅。造成这两类建筑室内空气品质的差异最主要的原因是混凝土房屋中使用的建筑材料以及装修材料中含有大量挥发性污染物质，如墙面漆和大理石类等。

参考文献

[8-1] American Forest and Paper Association. Details for Conventional Woodframe Construction. 2001, Washington D. C.

[8-2] Cobeen, K., Russell, J., and Dolan, J. D. Recommendations for Earthquake Resistance in the Design and Construction of Woodframe Buildings. CUREE-Caltech Woodframe Project Report W-30, Consortium of Universities for Research in Earthquake Engineering (CUREE), Richmond, Cali-

fornia，USA. 2002.

［8-3］肖岩，陈国，单波等．竹结构轻型框架房屋的研究与应用［J］．《建筑结构学报》，2010，31
（6）：195-2003.

［8-4］陈国．现代竹结构房屋的试验研究与工程应用［D］．湖南大学，2011.

［8-5］Erol Varoglu，Erol Karacabeyli，et al. Midply wood shear wall system：performance in dynamic tes-ting. Journal of Structural Engineering，2007，133（7）：1035-1042.

［8-6］李青纯．轻型木结构开洞剪力墙侧向力作用下力学性能研究［D］．上海：同济大学，2009：20-26.

［8-7］David W. Dinehart，Harry W. Shenton，et al. Comparison of static and dynamic response of timber shear walls. Journal of Structural Engineering，1998，124（6）：686-695.

［8-8］Frank Lam，Helmut G. L. Prion，et al. Lateral resistance of wood shear walls with large sheathing panels. Journal of Structural Engineering，1997，123（12）：1666-1673.

［8-9］Ming He，Frank Lam，et al. Influence of cyclic test protocols on performance of wood-based shear walls. Canadian Journal of Civil Engineering，1998，25（3）：539-550.

［8-10］李硕，何敏娟．轻型木楼盖抗水平力研究进展［J］．结构工程师，2010，26（3）：176-180.

［8-11］何敏娟，周楠楠．都江堰向峨小学轻型木结构设计与施工［J］．施工技术，2010，39（3）：88-92.

［8-12］康加华，熊海贝．都江堰向峨小学木结构校舍结构设计简介［J］．结构工程师，2010，26（3）：7-12.

［8-13］龙卫国，杨学兵，王永维等．木结构设计手册（第三版）［M］．北京：中国建筑工业出版社，2005.

［8-14］任海青，周海宾．框架式木结构示范住宅建造实例［J］．建筑技术，2007，38（2）：127-129.

［8-15］任海青，周海宾．现代框架式木结构住宅建造技术探讨［J］．林业科技，2006，31（2）：56-59.

［8-16］周海宾，江泽慧．木结构墙体建造细节对其隔声性能的影响［J］．北京林业大学学报，2007，29（3）：159-163.

［8-17］周海宾．木结构墙体隔声和楼板减振设计方法研究［D］．北京：中国林业科学研究院，2006.

［8-18］周海宾，江泽慧，费本华等．木结构房屋中木楼板的振动及其适用性设计［J］．林业科学，2008，（6）．

［8-19］http://www. bosai. go. jp/hyogo/ehyogo/research/movie/movie-detail. html♯22.

［8-20］吕西林，程海江，卢文胜等．两层轻型木结构足尺房屋模型模拟地震振动台试验研究［J］．土木工程学报，2007，（10）．

［8-21］陈国，单波，肖岩．轻型竹结构房屋抗震性能的试验研究［J］．振动与冲击，2011，30（10）：136-142.

［8-22］国家标准．GB 50009—2012 建筑结构荷载规范［S］．北京：中国建筑工业出版社，2012.

［8-23］Lv Xilin. Application of identification methodology to shaking table tests on reinforced concrete col-umns. Engineering Structures，1995，17（7）：505-511.

［8-24］熊海贝，倪春．三层轻木混凝土混合结构足尺模型模拟地震振动台试验研究．地震工程与工程振动，2008，28（1）：91-98.

［8-25］Andre Filiatrault，David Fischer，et al. Seismic testing of two-story woodframe house：influence of wall finish materials. Journal of Structural Engineering，2002，128（10）：1337-1345.

［8-26］国家标准．GB 50016—2006 建筑设计防火规范［S］．北京：中国计划出版社，2006.

［8-27］ISO834，Fire-resistance tests—Elements of building construction，International Organization for

Standardization，ISO 834-1：1999.

［8-28］ 李国强，韩林海，楼国彪等. 钢结构及钢－混凝土组合结构抗火设计 ［M］. 北京：中国建筑工业出版社，2006.

［8-29］ 马健. 现代竹结构房屋的火灾安全性能研究 ［D］. 湖南：湖南大学，2011.

［8-30］ Xiao，Y.；Ma，J. Fire simulation test and analysis of laminated bamboo frame building. Journal of Construction and Building Materials，Vol. 34，September 2012：257-266.

［8-31］ ISO 9705，Fire tests；full-scale room test for surface products，International Organization for Standardization，ISO9705-1993.

［8-32］ 霍然，胡源，李元洲. 建筑火灾安全工程导论（第二版）［M］. 合肥：中国科技大学出版社，2009.

［8-33］ 任海青，周海宾. 木结构住宅常见性能检测和评估 ［M］. 北京：中国建筑工业出版社，2008：15-36.

［8-34］ Kwiatkowski，J.；Woloszyn，M. et al. Influence of sorption isotherm hysteresis effect on indoor climate and energy demand for heating. Applied Thermal Engineering，2011，（31）：1050-1057.

［8-35］ Steeman，M.；De Paepe，M. et al. Impact of whole building hygrothermal modelling on the assessment of indoor climate in a library building. Building and Environment，2010，（45）：1641-1652.

［8-36］ Kwiatkowski，J.；Woloszyn，M. et al. Modeling of hysteresis infuence on mass transfer in buildings materials. Building and Environment，2009，44（3）：633-642.

［8-37］ 肖书博. 现代竹结构房屋室内空气质量品质实测与防火性能模拟与研究 ［D］. 湖南：湖南大学，2008：48-50，30-31.

［8-38］ 国家标准. GB 50325—2010 民用建筑工程室内环境污染控制规范 ［S］. 北京：中国计划出版社，2011.

［8-39］ 国家标准. GB/T 18204.26—2000 公共场所空气中甲醛的测定方法方法 ［S］. 北京：中国标准出版社，2001.

［8-40］ 国家标准. GB/T 18204.25—2000 公共场所空气中氨测定方法 ［S］. 北京：中国标准出版社，2000.

［8-41］ 肖书博，李念平. 现代竹结构房屋室内空气品质的实测与研究 ［J］. 安全与环境学报，2008，8（6）：87-90.

［8-42］ Li Chen，Li Jubai，et al. Determination of volatile organic compounds in indoor air by adsorption/one-step thermal desorption/gas chromatography. Journal of Analytical Science，2005，21（1）：42-44.

［8-43］ 国家标准. GB/T 18883—2002 室内空气质量标准 ［S］. 北京：中国标准出版社，2002.

第**9**章
胶合竹结构桥梁的设计与建造

9.1 桥梁工程背景

为构成现代化城市其城市之间的道路交通系统，需要设计和建造许多桥梁。众所周知，桥梁的作用是跨越沟堑、河流等天然障碍物或人工建造物，以及提供道路等交通设施的立体交叉等[9-1,9-2]。桥梁工程是现代土木工程的重要组成部分。城市化的进程要求人车分离，因而人行天桥和人行地道随着城市的发展应运而生。近年来，由于基础设施的完善，地铁公交系统的迅速建设，过多人行地道的建设必然会影响到城市的给水排水系统、地下水电系统等重要设施。因此，人行天桥通道愈益更具优势[9-3,9-4]。

现在普遍采用的桥梁及人行天桥，以混凝土结构和钢结构为主。钢结构天桥的优点是施工速度快，构件可以工厂预制，现场吊装。而钢结构天桥的主要缺点是：费用较大，需要定期维护，使用寿命较短，对于装修档次比较高的人行天桥，其装修费用要占到土建费用的25%～40%。混凝土人行天桥的特点是结构灵活性大，可浇筑各种形式的桥体，而预应力混凝土能够极大增加桥的跨度，与钢结构相比具有更灵便、更耐用、更经济等优点。其主要缺点是，施工工期较长，对周边商业环境造成一定影响，增加工程的附加成本，现场作业残留的工程废料需要专门进行清理。

在北美、日本及欧洲工业化国家，现代木结构行车桥及人行桥占有相当的份额。木结构桥梁在美国开国后的建设中起到了十分重要的作用，至今仍有许多100多年以上历史的木桥在使用。随着工业化的进程，木材逐步被钢铁和混凝土而取代，但1940年后由于胶合木GluLam的导入，木结构桥梁又有了较大的发展[9-5]。据统计[9-6]，在美国的近60万座所谓国有桥梁（National Bridge Inventory）中有7%的木桥和7.3%的钢梁加木桥面板桥梁。为了鼓励木结构桥梁的应用，美国国会先后于1989年和1991年通过了两个法案，进一步促进了木结构桥梁的研究和发展。

木结构桥梁在中国曾经有非常久远和辉煌的历史。见于张择端的《清明上河图》中的拱桥被称"世界桥梁史中绝无仅有的木拱桥"，且状若彩虹，被广泛称为虹桥。"虹桥"这个称呼最早出现在宋代孟元老《东京梦华录》。20世纪70年代末，文物工作者在浙江浙西南山区发现了类似虹桥结构的木拱廊桥。1979年，茅以升主编的《中国古桥技术史》第二次编写工作会议上提交了一份关于叠梁拱——虹桥的报告。1986年，研究者在闽东北山区发现与浙西南山区基本为同一类型的木拱廊桥。现代木结构桥梁在我国的起步较晚，基本上还没有形成任何规模。但随着国外胶合木技术的引进，木结构桥梁也开始引起国内学者和工程技术人员的关注。最近由南京工业大学刘伟庆教授课题组领衔设计的一座 70m 跨的人行木桥在苏州开工。

本章主要介绍作者课题组最近设计和建造的几个胶合竹 GluBam 结构桥梁工程。

9.2　人行竹桥

9.2.1　工程概况

作者的课题组于 2006 年在湖南大学校区建造了一座小型竹结构人行桥，该桥应当是采用胶竹技术的首座桥梁[9-7]。湖南大学环境与暖通实验室左邻学生宿舍 6 舍，右邻留学生楼，后面是环境工程实验楼，前面是麓山南路公交站台和湖南大学体育馆，但是这栋大楼的地面相对马路的人行道高差为 −2.26m，师生进出大楼非常不便，需要沿着一条 2.67m 的狭窄过道绕行 100m 才能走到门口地势较高的路面，所以急需搭建一座供学生和老师上下用的人行天桥。学校研究决定采用现代竹结构人行天桥方案，以避免较大的施工面积和较长的工期，同时也给起步不久的现代竹结构研究提供一个应用示范机会。

设计采用一主一次两楼梯方案，这样人群能够从实验楼庭院直接走到麓山南路的人行道上，并且次要楼梯能够满足原本的过道人群上下流动（图 9-1）。桥梁造型简洁明快通透，且与周围建筑景观协调，与以往的人行天桥相比，具有重量轻，造价低，建造快，可拆装，结构新颖，维护简单，材料环保等特点。原有扶手栏杆没有进行表面装饰，表现出竹子原有的翠绿色彩，与岳麓山固有的古色古香的风格相得益彰。柱子和梁都用红色油漆和防腐防水涂料进行涂刷，保证其耐久性和安全性。

图 9-1　竹结构人行天桥

9.2.2　设计计算

根据《城市人行天桥与人行地道技术规范》CJJ 69—95 要求[9-8]，天桥与地道应满足最小设计通行能力 2400 人/(h·m)。同时由于桥梁位于湖南大学体育馆附近，所以通行能力的折减系数取为 0.75。经过对原有过道的实地记录情况，记录时间为早上 7∶00～8∶30，下午 5∶00～7∶00，一个星期内最高峰时间段实际通过人流量不大于 100 人/min。考虑到人流量小和工程位置的狭窄，天桥的桥面净宽设计为 1.5m，小于规范要求的 3m，桥下地道的通过净跨为原有过道宽度，约为 2.67m。天桥楼梯设计为单人通过，每阶高度 175mm，踏板踏面长 260mm，由于踏面长不满足最小长度要求，故设计无踢板楼梯，以满足使用要求。

人行天桥下面为人行道，净高约为 2.3m，满足规范要求的最小净高。天桥上空原有配电线需要改线路，按规范要求的 1kV 以下线路电压，考虑非居民区，选择 5m 高度进行改装。

课题组根据所需构件尺寸规格改装一批竹材加工和胶合设备，将原有的 2440mm×1220mm×28mm 的 GluBam 材经过切割、胶合、加压、钻孔、打磨、防水处理等工序，制成竹材梁、竹材柱、竹材横隔板等，预先拼装各个部件，预留孔洞和接口，然后将所有构件用吊车进行现场安装，节省场外作业时间。

人行天桥的施工中，桥墩下部为钢筋混凝土独立基础，地表钻孔后植入 16mm 的竖向螺杆。灌注结构胶养护 5d 后，在其上捣制 250mm 高、350mm 长、300mm 宽混凝土桥墩，如图 9-2 所示。天桥桥柱采用 H 形空心柱，柱板之间用小角钢螺栓连接并涂刷防锈漆和防水涂料，如图 9-3（a）所示。柱高为 2440mm，翼缘厚度为板厚，桥柱与基础用 10mm 厚角钢连接，基础与柱的连接见图 9-3（b）。

人行天桥上部结构采用截面 300mm×90mm 的胶合竹梁，主梁用若干横隔板拼接成的整体，如图 9-4 所示。横隔板的尺寸根据竹材梁之间的间距而定，整个上部结构坐落在横梁上。横梁既是桥柱的连系梁，又作为上部主体结构主要承载构件，上部主体与横梁之间以及横梁与柱子之间都是用角钢连接件固定。在构件之间的连接部位用橡胶垫片隔开，防止由因局部受力过大而引起构件局部破坏。主梁与横梁之间可视为铰接，竹材的韧性与连接件件的缓冲间隙可以吸收行人走动引起的振动能量。柱子与横梁之间采用螺栓与角钢连接，紧固连接位置，减少风荷载与桥面振动对承重构件的影响。

图 9-2　H 形空心胶合竹柱

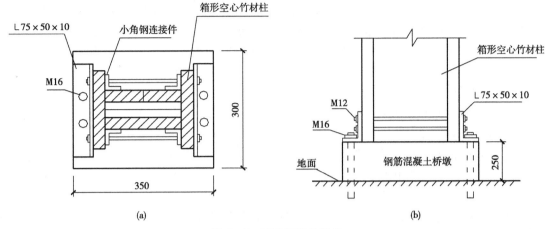

图 9-3　基础与柱的连接

（a）柱底处平面图；（b）基础立面图

图 9-4　桥梁主体结构图

　　人行天桥楼梯与主体之间的连接是将楼梯主梁用螺栓连接到主体框架端部的封口板上，封口板预留孔洞，在楼梯与封口板对接的同时用螺栓钢构件固定。封口板除了起过渡连接的作用外，对梁端也起到找平和横隔作用。因为楼梯梁切面高度较高，封口板的高度要大于主体梁高度，所以封口板下边超过主体梁底面，但是不要将板与横梁连接，否则工程误差和冲击荷载会引起局部应力集中而导致封口板破裂。楼梯梁与主体梁采用相同截面，跨度按照桥高进行三角计算得到精确数值，然后沿梁斜向安装踏板连接件。楼梯切截面角度位置务必准确，确保安装时不会出现缝隙和鼓起，在楼梯梁底垫置橡胶块缓冲压力，楼梯安装如图 9-5 所示。

　　由于天桥的西面紧靠着道路的护坡，所以不考虑楼梯对天桥产生的纵向推力。在另一个次要楼梯的施工设计中，将次要楼梯直接坐落在独立的柱梁框架上，与人行天桥主体结构分离，避免了次要楼梯产生对桥体的侧向推力。将靠护坡的柱子用拉杆固定在护坡上，其他柱子均采用交叉拉杆防止倾覆。主体结构用吊车吊装到横梁上以后用螺栓和角钢连接卡位，然后在桥体表面封一层竹胶板作为混凝土桥面的底模。该地区年均降雨量为1500mL，相对湿度 81%，桥面采取必要的防水措施，在竹胶板桥面上铺设防水卷材后安装板厚 80mm 的竹筋预制混凝土板，上做 20mm 厚的防滑面层，桥面找坡并在桥两侧做散水。桥面预留栏杆扶手螺孔，便于混凝土养护完成后安装栏杆。

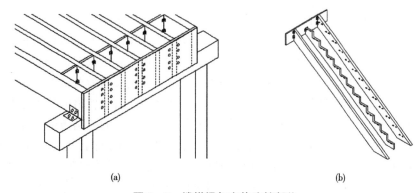

(a)   (b)

图 9-5　楼梯梁与主体连接部位

(a) 天桥主体构造图；(b) 楼梯构造图

　　桥梁柱底的混凝土基础等在现场进行浇筑，其他结构构件都在工厂加工制作，然后运至现场进行装配，主体结构一天安装完成。整个工程使用 3 个技术工人不到 1 个月完成加工和施工[9-9]。

9.2.3　荷载计算

　　根据 CJJ69—95 规定，天桥设计应根据可能同时出现的作用荷载（表 9-1），选择下列荷载组合：

荷载分类表   表 9-1

编号	荷载分类		荷载名称
1	永久荷载（恒载）		结构重力
2			预加应力
3			混凝土收缩及徐变影响力
4			基础变位影响力
5			水的浮力
6	可变荷载	基本可变荷载（活载）	人群
7			
8		其他可变荷载	风力
			雪重力
			温度影响力
9	偶然荷载		地震作用
10			汽车撞击力

　　注：如构件主要为承受某种其他可变荷载而设置，则计算该构件时所承荷载作为基本可变荷载。

　　组合 1：基本可变荷载与永久荷载的一种或几种相组合。

　　组合 2：基本可变荷载与永久荷载的一种或几种与其他可变荷载的一种或几种相组合。

　　组合 3：基本可变荷载与永久荷载的一种或几种与偶然荷载中的汽车撞击力相组合。

组合 4：天桥施工阶段的验算应根据可能出现的施工荷载（如结构重力、脚手架、材料、机具、人群、风力等）进行组合。构件在吊装时构件重力应乘以动力系数或可视构件具体情况做适当增减。

组合 5：结构重力、人群荷载、预应力中的一种或几种与地震作用相组合。

天桥设计荷载组合为结构自重与人群荷载，组合里设计代表值都取标准值，因此分项系数都取 1，不考虑频遇值系数。天桥上部结构，由荷载计算最大竖向挠度不大于 $L/600$（L 为桥梁跨度）。竹结构人行天桥是试验性质的工程，首先根据荷载情况对所需竹梁数量进行预估，然后分别计算两种极限状态下桥梁的安全问题。由于竹材的弹性模量比钢和混凝土都低，在成桥后要严格控制其实际荷载和变形，所以设计的控制指标是挠度变形值。

桥梁主体结构是 6 根大梁间用横隔板固定起来，横隔板的间距为 0.5m，大梁之间的空隙除去梁的厚度后，净距为 0.2m。现行国家标准《混凝土结构设计规范》GB 50010 规定：沿两对边支承的板应按单向板计算；对于四边支承的板，当长边与短边比值大于 3 时，可按沿短边方向的单向板计算；当长边与短边比值小于 3 时，宜按双向板计算。此处，桥面板按单向板计算[9-10]。

首先，分别计算桥梁的恒载和活载，恒载主要由竹梁自重、竹胶合面板自重、混凝土板自重组成，活载分别考虑集中荷载和分布荷载两种情况，比较两种最不利情况。规范规定，人行桥面板及梯道面板的人群荷载按 5kPa 或者 1.5kN 竖向集中力作用在一块构件上计算。桥面混凝土板为预制竹筋混凝土板，尺寸为 1.5m×1m 大小，共 10 块。按人群荷载计算得到桥面总活荷载为 37.5kN，而按每块板集中力计算，总活荷载为 7.5kN，所以取前者作为荷载设计值。

当加载长度为 20m 以下时，

$$W = 5 \times \frac{20 - B}{20} \tag{9-1a}$$

当加载长度大于 20m 时，

$$W = \left(5 - 2 \times \frac{L - 20}{80}\right)\left(\frac{20 - B}{20}\right) \tag{9-1b}$$

其中，W 为单位面积的人群荷载(kPa)；L 为加载长度(m)；B 为半桥宽度(m)。这里计算出来的荷载都低于 5kPa 人群荷载，所以取 5kPa 为最不利荷载。

桥面 80mm 厚竹筋混凝土与 20mm 厚防滑面层的容重约 2400kg/m³，其他部位的竹材构件（如桥面找平层、竹梁、栏杆等）密度为 888kg/m³，找平层为 10mm 厚，桥面栏杆及其他连接件总重约为 90kg。假定桥面荷载为均布荷载，得沿梁跨度方向荷载大小为，

$$q = q_{静} + q_{动} = 1.5 \times 0.1 \times 2.4 \times 10 + 5 \times 1.5 + 90 \times 10 / 1000 = 12 \text{kN/m}$$

首先计算桥梁跨中总挠度，主体结构总共有 6 根梁，在均布荷载下，假定每根梁受力情况相同，将全部梁截面叠加，得到总的抗弯刚度为，

$$EI = E(b_1 h^3 / 12 + b_2 h^3 / 12 + \cdots + b_6 h^3 / 12) = B h^3 / 12 \tag{9-2}$$

其中，b_n 为每根梁的宽度；h 是梁截面高度；B 为各根梁宽度总和。

得到桥面最大挠度为跨中的 $l = \frac{5ql^4}{384EI} = 7.80 \text{mm}$，比规范规定的 $L/600 = 8.33 \text{mm}$ 小，符合变形要求。

接下来验算荷载下竹梁的最大应力，桥面荷载在跨中产生的总弯矩为 37.5kN·m，平均每根梁为 6.25kN·m。通过计算得到跨中截面最外缘竹纤维应力为，$\sigma = M/W =$

$6.25/(bh^2/6)=4.96MPa$，远小于竹材抗弯抗拉强度。

单根梁支座处总剪力为 $T=37.5/6/2=3.125kN$，所以梁的最大剪应力约为 $\tau=1.5\times$ $3.125/bh=0.186MPa$，最大剪应力与最大正应力的比值为 $0.186/4.96=3.75\%$，可以不考虑剪应力对结构的影响。

9.2.4 其他人行竹桥工程

作者的课题组与长沙凯森竹木新技术有限公司于2010年初先后完成了两座较大规模的人行竹桥的设计与建造。两座竹桥均建在东莞万科建筑技术研究院内，一座为长约40m的六跨平面布局呈折线形桥，另一座为四跨总长20m的小型桥梁。两座桥梁均采用梁式结构体系，胶合竹大梁的高度为300mm和450mm两种，宽度为60mm和120mm两种，最长的大梁为10m。图9-6和图9-7是这两种竹结构桥梁的建设情况。

竹结构人行桥的形式还可以有多种多样，2010年10月，由作者团队设计，长沙凯森竹木新技术有限公司施工，在湖南省耒阳市建成了第一座GluBam胶合竹结构的小型彩虹式拱桥，桥宽3m，跨度4m，如图9-8所示。这种桥采用新型胶合竹材料，结合我国独特传统文化和技术的虹桥形式，不仅原材料丰富，而且易于施工和拆卸，是住宅区、景区及城市人行桥绿色环保的选择。

(a)

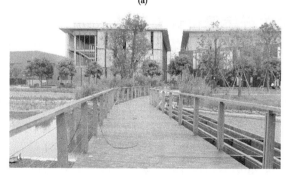

(b)

图9-6 东莞万科园40m长胶竹桥

(a) 胶竹大梁的铺设；(b) 建成后

图 9 - 7　东莞万科园 **20m** 长胶竹桥

(a)

(b)

图 9 - 8　胶竹彩虹桥

（a）建成彩虹桥；（b）结构足尺试验

9.3　现代竹结构车行桥梁设计与建造

9.3.1　工程概述

　　为了进一步验证竹结构桥梁技术的实用性，作者的课题组与长沙凯森公司合作，在湖南省耒阳市设计建设了一座可行车的桥梁，作为当地新农村建设交通网的重要组成部分，设计通行总重不超过 8t 的卡车。桥址位于导子乡，跨越浔江河，连接柳山村和上浔村，桥总长大约 22m 左右。此处原有一座 1m 多宽的石桥，石桥只供行人通行，桥下为灌溉用水的小型水坝，由于多年失修和洪水泛滥，不能满足当地居民的使用要求。

　　为了不破坏水利坝口，所以不摧毁原有的石桥，而是在其上加高桥墩，然后再铺建新的桥体，充分利用原有桥梁的基础、桥墩等结构部分。该方案中，新建桥梁走向与原桥相同，桥下有 3 个过水闸口，所以采用四跨设计，其中原桥的二、三跨合为新桥的一跨，其余两跨跨径与原桥的对应跨相同。桥梁的主跨为 9.6m，采用竹结构梁，其他两跨为钢筋混凝土结构。新建桥梁设计宽度为 3.5m，总长为 22m，如图 9-9 所示。

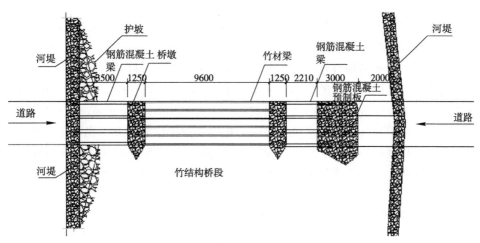

图 9-9　现代竹结构车行桥梁平面简图

9.3.2　车行竹桥的设计与施工

1. 设计概况

竹结构桥梁设计计算参考相关规范如下：《公路桥涵设计通用规范》JTG D60—2004、《公路桥梁抗风设计规范》JTG/T D60—01—2004、《木结构设计规范》GB 50005—2003、《城市桥梁设计准则》CJJ 11—93、《内河通航标准》GBJ 139—90 等[9-11~9-15]。通过计算分析，竹结构桥梁主跨采用 9 根竹梁，截面尺寸为 100mm×600mm。竹梁之间用隔板连接，使主梁构成一个整体结构。桥面板采用厚度为 200mm 的现浇钢筋混凝土板，每块桥面的尺寸为 1.0m×3.5m，计算中不考虑竹梁与混凝土板之间的组合效应。主跨构造如图 9-10 所示。整个桥梁的控制通行总重为 8t 的卡车，设计极限荷载为 16t。

图 9-10　施工中的桥体

依据当地政府提供的水文地质情况，此桥连接的是乡村公路，公路等级为四级，公路桥梁的设计洪水频率为 1/25。根据规范，三四级公路，在交通容许有限度的中断时，可修建漫水桥和过水路面。漫水桥和过水路面的设计洪水频率，应根据容许阻断交通的时间长短和对上下游农田、城镇、村庄的影响以及泥砂淤塞桥孔、上游河床的淤高等因素确定。根据当地居民和政府提供的资料统计，原有的桥遇到 50 年一遇大洪灾时会淹没桥面，所以在原有桥面基础上加高桥墩，使桥面高出 50 年一遇最高危险水面 0.5m，然后对竹梁进行全面防水处理，即使遇到百年一遇的大洪灾也能达到大灾可修的目的。

由于该桥为连接两个村庄的交通，平日只通行小型车辆和行人，并且车流量比较小，所以设计可考虑单车道桥面，取四级公路的通行速度 20km/h，车道宽度取相应的 3.50m。桥可不设人行道，梁底高出计算水位 0.50m，加高部分由钢筋混凝土浇筑，钢筋植入原有桥墩中。桥底留有足够的检修空间，并保持良好的通风。保留原有桥体对新桥体具有一定的防护作用，即使由于过载或其他自然灾害导致桥体坍塌，也能使其完整性，保护下面的水闸系统。

在胶合竹大梁两端底部安装圆盘式橡胶支座，保持其上下表面与梁底面及墩台顶面平整密贴，传力均匀，不会出现脱空。由于竹梁的高宽比较大，为防止梁端的平面外失稳，每个梁端均采用钢制 U 形卡固定，这样也便于竹梁的安装。在各根大梁安装妥当之后，再用隔板将大梁连成整体，横隔板的间距为 1m，为大梁提供侧向支撑。主体结构连接完毕后，再在桥体上表面铺设竹胶板作为桥面的基层。竹桥的结构如图 9-11 所示。

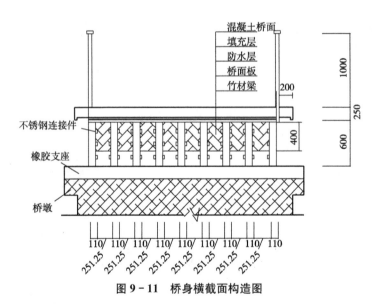

图 9-11　桥身横截面构造图

在基层上，粘贴两层柔性防水卷材，选用材料具有柔韧耐穿刺、耐高温的特性。防水层施工时，首先对基层进行检查，保证表面洁净、干燥，对起拱、裂缝、松动等缺陷处进行处理后再刷冷底子油。刷涂的冷底油要求均匀一致，待冷底油干燥后铺贴防水卷材，卷材之间搭接长度不得低于 80mm，如图 9-12 所示。防水卷材沿桥面两侧一直包过桥面板底面，并且延伸到最外侧的两根大梁的表面防水层，形成整体防水。

图 9 - 12 整体防水处理

混凝土桥面板的浇筑在防水卷材施工完成后进行，桥面板混凝土设计强度等级为C40，厚度为200mm。首先，在桥面四周支200mm高的边模板，并沿桥长方向每隔2m用泡沫板进行分隔；然后分块绑扎好钢筋网，钢筋采用上下双层布置，钢筋直径8mm，间距80mm；最后浇筑混凝土，并进行振捣。桥面铺装符合现行行业标准《公路水泥混凝土路面设计规范》JTG D40的规定，整个桥面混凝土板在半天时间内完成，同时搭建临时通道方便行人通过。

根据桥梁排水的实际情况，在混凝土桥面沿桥中央向桥两侧做成0.5%的坡度，以防止桥面积水。桥两侧由于需要安装栏杆，因而砌筑了栏杆基础，为了桥面排水顺畅，在栏杆基础底部设置排水孔洞，排水孔洞直径100mm，每侧4个。然后在基础上安装栏杆，栏杆高度1.2m。栏杆在转角和桥中部做成可拆卸方式，方便进行维修和进行桥下监测。在完成主跨的竹梁施工后，再建造两端的混凝土桥段，在桥段之间设置伸缩装置，保证能自由伸缩，并使车辆安稳通过。伸缩装置有良好的密水性和排水性。

2. 荷载设计

公路桥涵荷载设计分为永久作用、可变作用和偶然作用三大类。本工程竹结构桥梁为简支梁，并且下部结构为原有桥墩和原有水利工程，所以竹梁要承受的主要永久作用为结构重力；桥面设计为单车道且过桥车辆的时速较低，弯道较小，不考虑车辆制动力和离心力对上部结构的影响，主要考虑汽车荷载、人群荷载和风荷载的作用。本工程为乡村四级公路桥梁，不考虑地震作用，桥下为小型蓄水灌溉水闸，没有船舶、汽车或漂流物的撞击作用。公路桥涵结构设计考虑承载能力极限状态和正常使用极限状态，按其最不利效应组合进行设计。采用基本组合计算公式如下：

$$\gamma_0 S_{ud} = \gamma_0 \left(\sum_{i=1}^{m} \gamma_{Gi} S_{Gik} + \gamma_{Q1} S_{Q1k} + \psi_c \gamma_{Qj} S_{Qjk} \right) \qquad (9-3)$$

式中　S_{ud}——承载能力极限状态下作用基本组合的效应组合设计值；

　　　γ_0——结构重要性系数，本工程属于设计安全等级三级，取0.9；

　　　γ_{Gi}——第 i 个永久作用效应的分项系数；

　　　S_{Gik}——第 i 个永久作用效应的标准值；

γ_{Q1}——在作用效应组合中除汽车荷载效应、风荷载外其他第 j 个可变作用效应的分
项系数，取 1.4，但风荷载分项系数取 1.1；

S_{Qjk}——在作用效应组合中除汽车荷载效应外的第 j 个可变作用效应的标准值；

ψ_c——在作用效应组合中除汽车荷载效应外的其他可变作用效应的组合系数，当永
久作用与汽车荷载和人群荷载组合时，人群荷载的组合系数取 0.80；当除汽
车荷载外尚有两种其他可变作用参与组合时，其组合系数取 0.70；尚有三种
可变作用参与组合时，取 0.60；尚有 4 种可变作用参与组合时，取 0.50。

竹梁需要承受的恒载包括混凝土桥面板、竹梁自重和桥面栏杆等，计算如下：

$$S_{Gk}=0.2\times3.5\times9.6\times24+9\times0.6\times0.1\times9.6\times8.88=207kN$$

恒载按均匀分布于桥体考虑，则竹梁承受的均布荷载为：

$$q_{GK}=207/9.6=21.6kN/m。$$

可变作用主要有汽车荷载、人群荷载和风荷载。竹结构桥梁的跨径小于 50m，人群荷
载标准值为 $3.0kN/m^2$。竹结构桥梁的汽车荷载按规定划分为公路－Ⅱ级，由车道荷载和
车辆荷载组成，车道荷载又由均布荷载和集中荷载组成。乡村桥梁重型车辆较少，设计荷
载采用桥面可通过最大卡车为总荷载 $P_k=80kN$，并且按荷载全部集中作用在桥梁跨中的
最不利情况考虑。

根据规范进行风荷载分析计算，求得的横向作用力很小，因此进行构造处理，即在桥
端的两侧砌筑防止桥体横向移动的挡墩，并且填充缝隙。

正常使用极限状态下的荷载组合为

$$\gamma_0S_{ud1}=0.9\times(21.6+3)=22.14kN/m，$$

$$\gamma_0S_{ud2}=0.9\times80kN=72.00kN$$

整个桥梁采用 9 根大梁，假定每根梁承载的荷载是相等的，所以计算模型中的均布荷载
和集中荷载分别为总荷载的 1/9。车行桥梁中的竹材梁的弹性模量为 10300MPa[9-16]，参考
FRP 增强 GluBam 胶合梁足尺试验结果，引入设计修正系数 c_1[9-17,9-18]，竹梁抗弯刚度如下：

$$E'I=c_1E\times\frac{bh^3}{12}=1.479\times10.3\times10^6\times\frac{0.1\times0.6^3}{12}=27421kN\cdot m^2$$

计算得正常使用极限状态下，竖向荷载引起的跨中挠度 $f=15.3mm$，小于 $L/600=16.0mm$，
满足规范要求。

9.3.3　现代竹结构车行桥梁的成桥试验

为了验证竹桥的安全性和适用性，在工程竣工 30 天后，于 2007 年 12 月 7 日对竹桥
进行了荷载试验。试验中，使用一满载石头的卡车对竹结构跨进行加载。车辆的前后轴间
距为 3.0m，轮距为 1.5m，后轴为承重的主轴。通过实测，此卡车的实际荷载约为 86kN，
其中，前轮轴重约 16kN，后轮轴重约 70kN。在桥梁底部的每根主梁的跨中安装电子位移
计，位移计从下风口往上风口按 1～9 号排序，对每次车辆通过桥梁时，桥梁的变形情况
进行记录。加载情况如图 9-13 所示。

通过影响线分析，后轮压在跨中附近时，跨中弯矩达到最大，为跨中最不利位置。这
种加载方式又分为正载和偏载两种情况：一种是车辆沿桥体主轴通过，另一种是车辆靠近
边梁通过，如图 9-14 所示。

图 9 - 13　成桥试验现场

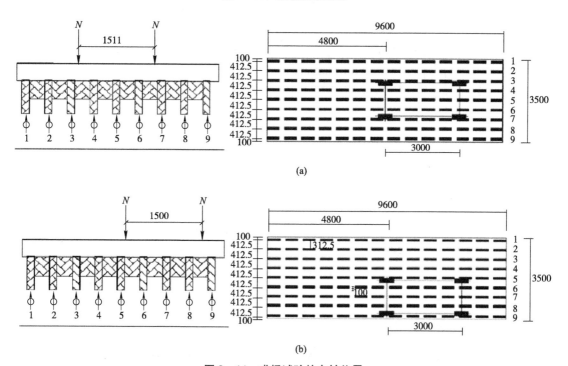

(a)

(b)

图 9 - 14　成桥试验的车轴位置

　　首先让卡车开上竹桥进行一次试压，检查桥梁各连接处的牢固性以及局部压力较大处是否开裂，并记录桥梁在车辆通过后的残余变形情况。在确定桥梁能够安全通行后，即进行正式荷载试验，将卡车缓慢驶入指定位置。待结构变形稳定后，测量各大梁的变形，并观察横隔板与板块接缝处的受力情况。共进行跨中正载和偏载两个工况的试验，每个工况下重复进行 3 次加载。从图 9 - 15 中可以看出，先后 3 次进行试验所记录的数据存在差异，位移增量随试验次数逐次减小，这显然与结构装配存在间隙有关，经过 3 次试压后，结构变形趋于稳定。在跨中正载工况下，各梁的跨中挠度最大值约为 4mm，变形远小于规范要求 $L/600$。而在跨中偏载工况下，竹结构桥梁剪力粘滞效应明显，但跨中挠度值均小于规范要求。最后，还进行了一次支座最不利荷载工况的测试，将卡车的后轴压在桥梁的支座处，进行位移测量，测试结果依然满足规范要求。

　　总体上来讲，竹桥在承受设计荷载大小的车辆通行时，变形较小，能够满足规范要求。经过试验人员仔细观测和数据记录，构件各连接处的接缝紧密，无开裂和破坏现象，竹结构桥梁坚固可靠。

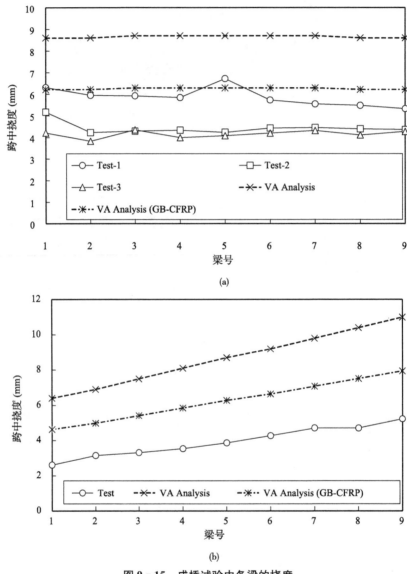

图 9 - 15　成桥试验中各梁的挠度
（a）跨中正载试验结果；（b）跨中偏载试验结果

9.3.4　成桥试验的有限元分析

　　作者对成桥试验结果采用有限元程序 Visual Analysis 进行了模拟。模型考虑胶合竹大梁和置于其上的混凝土板组成单层空间框架。因为在实际工程中混凝土板只是简单放置在大梁上，所以用一个在竹梁上的竖向刚体杆件通过铰接与板连接。沿桥长方向不考虑组合效应，图 9 - 16 给出计算模型，并在图 9 - 15 中给出了分析结果与试验结果对比。分析时采用了两种大梁，即普通胶合竹大梁和采用 CFRP 增强的胶合竹大梁，弯曲弹性模量分别为 10.4GPa 和 14.4GPa。从图 9-16 中可以看出，分析结果比较好的解释了试验的趋势，但如果不考虑 CFRP 的增强作用，分析结果过于保守[9-19,9-20]。

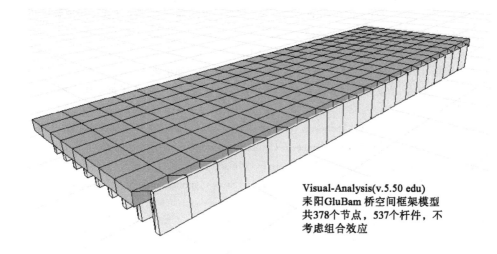

Visual-Analysis(v.5.50 edu)
耒阳GluBam 桥空间框架模型
共378个节点，537个杆件，不
考虑组合效应

图 9-16 计算模型

9.4 竹结构桥梁的长期观测

在竹结构人行天桥和竹结构车行桥梁建成后，课题组定期进行了观察和变形测量。人行桥因为防水处理简单，楼梯及扶手出现了材料的分层裂缝与生物腐蚀，但修复后仍使用至今，竹结构大梁没有进行任何维修，目前仍在使用中。车行竹桥经过 5 年多的使用，目前主体结构状况良好，竹结构主体没有出现可见的破坏现象。

参考文献

[9-1] 杨士全，唐虎翔. 景观桥梁设计 [M]. 上海：同济大学出版社，2003.

[9-2] 范立础，顾安邦. 桥梁工程 [M]. 北京：人民出版社，2000.

[9-3] 伊藤学. 桥梁造型 [M]. 北京：人民交通出版社，1998.

[9-4] 戴志中，郑圣峰. 城市桥空间 [M]. 南京：东南大学出版社，2003.

[9-5] Ritter，Michael A. Timber Bridges：Design，Construction，Inspection，and Maintenance. United States Department of Agriculture Forest Service，Washington，DC：p944，1990.

[9-6] Duwadi，Sheila Rimal；and and Ritter，Michael A. Timber Bridges in the United States. Public Roads，Winter Issue，1997.

[9-7] Zhou，Q.；Shan，B.；and Xiao，Y. Design and Construction of a Modern Bamboo Pedestrian Bridge. Proceedings of the International Conference on Modern Bamboo Structures. ICBS-2007. Changsha. China. 2007. Oct. 28-30.

[9-8] 行业标准. CJJ 69—1995 城市人行天桥与人行地道技术规范 [S]. 北京：中国建筑工业出版社，

1996.

[9-9] 单波，周泉，肖岩. 现代竹结构人行天桥的研发与建造 [J]. 建筑结构，2010，40（1）：92-96.

[9-10] 国家标准. GB 50010—2010 混凝土结构设计规范 [S]. 北京：中国建筑工业出版社，2010.

[9-11] 行业标准. JTG D60—2004 公路桥涵设计通用规范 [S]. 北京：人民交通出版社，2004.

[9-12] 行业标准. JTG/T D60—01—2004 公路桥梁抗风设计规范 [S]. 北京：人民交通出版社，2004.

[9-13] 国家标准. GB 50005—2003 木结构设计规范 [S]. 北京：中国建筑工业出版社，2004.

[9-14] 行业标准. CJJ 11—93 城市桥梁设计准则 [S]. 北京：中国建筑工业出版社，1993.

[9-15] 国家标准. GBJ 139—90 内河通航标准 [S]. 北京：人民交通出版社，1990.

[9-16] 肖岩，杨瑞珍，单波等."结构用胶合竹力学性能试验研究"[J]. 建筑结构学报，2012，11：150-157.

[9-17] Brody, J., Richard, A., Sebesta, K., Wallace, K., Hong, Y., Lopez Anido, R., Davids, W. and Landis, E. FRP-Wood-Concrete Composite Bridge Girders. Structures Congress 2000-Advanced Technology in Structural Engineering, Philadelphia, PA, ASCE Press, 2000.

[9-18] Crews, K. International Guidelines for Design of Stress Laminated Timber Bridge Decks. 5th World Conference on Timber Engineering, Montreux, Switzerland, 1998.

[9-19] Xiao Y., Zhou Q., Shan B.. Design and Construction of Modern Bamboo Bridges. Journal of Bridge Engineering, 2010, 15 (5): 533-541.

[9-20] 肖岩，周泉，单波. 现代竹结构车行桥梁的建造与研究 [J]. 第 18 届全国结构工程学术会议，2009：516-522（Ⅲ）.

附录
代表性工程简介

作者的课题组几年来与长沙凯森竹木新技术有限公司合作实施了很多 GluBam 胶合竹结构示范工程。在此，分类给出几个代表性工程实例。

1. 预制装配式房屋

（1）汶川地震灾区安置房、教室（2008.5～6）

2008 年 5 月 12 日汶川大地震后，作者课题组在湖南大学、美国蓝月基金的支持下，为四川灾区设计和建造了超过 2000m² 的抗震安置教室和办公室。抗震安置房属于预制装配式房屋或简称活动房。建筑方式及功能与常用的轻钢结构活动板房基本相同。抗震安置房以 GluBam 为骨架、普通胶合竹板为覆面板，基本建筑模数为 1220mm，活动房教室标准平面的模数为 8×4 型（附图 1），每间教室面积约为 48m²。所有构件均为工厂预制，现场拼装，从而保证了运输和建造的便利。竹结构活动房的保温，隔声、防火及造价与普通轻钢安置房相比均有显著的优势，受到灾区学生和民众的好评。

附图 1　汶川地震灾区安置房、教室

（2）非洲示范项目（2011.4）

非洲的两个竹结构示范项目由国际竹藤组织资助，湖南大学和美国南加州大学提供科研协作，长沙凯森竹木新技术有限公司负责设计和建造工作。分别建于肯尼亚基苏木的Maseno大学与乌干达首都坎帕拉的Makerere大学。肯尼亚的项目（附图2）建筑面积为56m²，乌干达示范房（附图3）的建筑面积为66m²，两栋建筑均采用钢筋混凝土平板基础。肯尼亚示范房采用6×5建筑模数的预制装配式结构体系，而乌干达示范房采用一种梁柱结构体系配模块化墙面板的装配式房屋，所有连接均采用螺栓、钉、辅以角钢等，施工速度快，运输成本低。

附图2 肯尼亚示范房

附图3 乌干达示范房

2. 轻型框架结构房屋

（1）湖南大学竹结构示范建筑（2007.12）

如附图 4 所示，作为教育部建筑安全与节能重点实验室示范低碳建筑，该单体别墅示范房由湖南大学竹木及组合结构研究所设计建造。结构体系采用轻型胶合竹结构框架体系，类似北美的所谓 2×4 轻型框架体系。建筑面积为 235m²，共二层，设有四个卧室，三个卫生间，两车位车库。2008 年 2 月正式启用。

附图 4　湖南大学竹结构示范别墅

（2）耒阳蔡伦竹海竹结构别墅（2009.9）

附图 5 为湖南省耒阳市蔡伦竹海竹结构示范别墅，采用与湖南大学示范别墅类似的结构体系，总建筑面积为 98m²，建筑为 2 层，建筑高度为 6.92m，屋面防水等级为Ⅱ级。项目建设方为湖南省耒阳市农业综合开发办，由长沙凯森竹木新技术有限公司负责设计和施工。

附图 5　耒阳蔡伦竹海竹结构示范别墅

（3）当代万国城 MOMA 样板竹结构展示间（2010.5）

本工程的建设方为当代置业（湖南）有限公司，由湖南大学建筑学院颜湘琪老师负责建筑设计，长沙凯森竹木新技术有限公司负责竹结构设计和施工，总建筑面积约 800m²，包括了四栋主要单层建筑，用于户型展示，还有两栋独立设备间。所有建筑均采用轻型竹结构框架体系，整个工程累计出工约 10 人，耗时仅约一个月。附图 6 为竣工图。

附图 6 当代万国城 MOMA 样板竹结构展示间竣工图

（4）梅溪湖环湖公建 7 号小品竹木结构工程（2012.9）

本工程的建设方为梅溪湖实业有限公司，湖南大学魏春雨教授主持建筑设计，长沙凯森竹木新技术有限公司负责结构设计和施工。该建筑位于长沙大河西先导区梅溪湖国际新城内，总建筑面积为 133.8m²，单层建筑，建筑高度为 4.25m，设计使用年限为 25 年，屋面防水等级为Ⅱ级。根据建筑设计的复杂性，该建筑的结构体系采用了轻型竹结构框架墙体与重型框架相结合的形式。完成后的 7 号小品如附图 7 所示。

附图 7 梅溪湖环湖公建 7 号小品竹木结构工程

3. 模块化轻型框架结构房屋

北京紫竹院公园竹结构茶楼（2009.6）

本建筑位于北京紫竹院公园里，工程的建设方为国际竹藤组织和北京紫竹院公园，由长沙凯森竹木新技术有限公司负责设计和施工。初始建筑面积约 100m²，于 2009 年 6 月完工，一年后追加了 30m² 的建筑辅助用房。该茶楼分上下两层，如附图 8 所示，设计使用年限为 25 年，屋面防水等级为 Ⅱ 级。该项目所有的墙体都为模块化设计和加工，所有构件均在长沙加工，运至采用现场后进行拼装，运输便利，施工速度快，7 个工人在 8 天内完成了主体结构的施工，一个月内完成全部装修并交付使用。

附图 8 北京紫竹院公园竹结构茶楼

4. 重型框架体系

（1）湖南大学某实验室车间竹结构工程（2011.8）

本工程的建设方为湖南大学车辆与运载工程学院，湖南大学建筑学院姜敏，卢劲松老师负责建筑设计，长沙凯森竹木新技术有限公司负责结构设计和施工，位于湖南大学车辆与运载工程学院内，建筑面积为 333m²，主梁长度 8m，跨度为 7m，单坡屋顶，柱顶高度约为 6m，柱距为 4.25m，主体结构采用竹结构梁柱体系，屋面板和墙面板采用压型钢板。设计使用年限为 10 年，屋面防水等级为 Ⅳ 级，主体结构如附图 9 所示。

（2）某设备库房（2013.1）

本工程主要用于放置设备，为临时仓库，设计使用年限为 5 年。采用竹结构框架体系，建筑为一层，总建筑面积为 216m²，GluBam 胶合竹主梁高度 450mm，最大跨度为 10m，柱子最大高度 5.5m。屋面防水等级为 Ⅳ 级。外墙采用真石漆喷涂装饰，竣工效果如附图 10 所示。

附图 9　湖南大学汽车碰撞安全实验室汽车跑道竹结构工程

附图 10　某设备竹结构库房

（3）梅溪湖环湖公建 2 号小品竹木结构工程（2012.10）

本工程的建设方为梅溪湖实业有限公司，由湖南大学魏春雨教授负责建筑设计，长沙凯森竹木新技术有限公司负责结构设计和施工。该建筑位于长沙大河西先导区梅溪湖国际新城内，总建筑面积为 285.3m²，建筑共一层，建筑最大高度为 7.5m，结构体系采用空间梁柱框架体系，由于屋面为空间组合斜面，所有梁柱构件尺寸均不相同，节点设计极为复杂。主体建筑的最大主梁高度为 700mm，总长度为 15.5m，其中，悬挑部分长度达7m。施工情况及竣工效果如附图 11、附图 12 所示。

5. 竹结构桥梁

（1）竹结构人行天桥（2006.12）

附图 13 的人行天桥由湖南大学竹木及组合结构研究所设计和建造，该桥位于湖大校内，应该是世界首座投入使用的胶合竹结构人行天桥。该桥面对湖南大学体育馆，西邻麓山南路，人行桥长 5.0m，净宽 1.5m，现已投入使用近 7 年，效果良好。

附图 11　主体结构施工中的 2 号小品

附图 12　主体接近完工的 2 号小品

附图 13　竹结构人行天桥

（2）耒阳车行竹结构桥梁（2007.9）

该桥为湖南大学现代竹木及组合结构研究所与耒阳市农业综合开发办合作建设，由长沙凯森竹木新技术有限公司负责设计和施工，建设地点位于湖南省耒阳市导子乡。该竹结构桥梁是在原有旧的石板桥的基础上进行改建而成的，主要利用了原有桥梁的桥墩和桥台。整个桥梁分为三跨，边跨均为混凝土结构，中间跨最大，采用竹结构，跨度为 9.6m，桥面宽为 3.5m，设计通行总重为 8t 的卡车，如附图 14 所示。作为世界首座行车现代竹结构桥梁，该桥被美国著名杂志"Popular Science"（《科技新时代》）评为 2008 年最佳科技成果（The Best of What's New in 2008）。

附图 14　耒阳车行竹结构桥梁

（3）万科东莞建筑技术研究院景观竹结构桥（2010.1）

附图 15，16 所示两座桥为竹结构景观桥梁，由万科地产投资，长沙凯森竹木新技术有限公司负责设计与建造，建于东莞市万科建筑技术研究院的基地内。附图 15 所示的桥梁总长为 38m，单跨最大跨度为 10m，为空间折线型。附图 16 所示桥梁总长为 20m，每跨均为 5m。这两座竹结构景观桥梁均采用梁式桥结构，采用预制 GluBam 胶合大梁、螺栓连接和钉连接等组合而成，用于行人通行。

附图 15　38m 长竹结构桥

附图16 20m长竹结构桥

（4）耒阳蔡伦竹海彩虹桥（2009.10）

该桥系耒阳市农业综合开发办投资建设，由长沙凯森竹木新技术有限公司负责设计与施工，建在蔡伦竹海公园广场。蔡伦竹海竹结构景观桥梁，结构采用清明上河图中的所谓彩虹桥体系，跨度为4m。如附图17所示。

附图17 蔡伦竹海竹结构景观桥

235